Dreamweaver CS6+ASP
动态网站开发从基础到实践

李睦芳 等编著

机械工业出版社
China Machine Press

图书在版编目（CIP）数据

Dreamweaver CS6+ASP动态网站开发从基础到实践 / 李睦芳等编著. —北京：机械工业出版社，2014.3（2016.3重印）

ISBN 978-7-111-44790-0

Ⅰ. ①D… Ⅱ. ①李… Ⅲ. ①网页制作工具 ②网页制作工具－程序设计 Ⅳ. ①TP393.092

中国版本图书馆CIP数据核字（2013）第271930号

版权所有·侵权必究
封底无防伪标均为盗版
本书法律顾问：北京大成律师事务所　韩光/邹晓东

　　本书以Dreamweaver CS6为平台，重点介绍ASP动态网站开发技术以及Access网站数据库管理技术，教会读者怎样完美组合Dreamweaver、ASP、Access来创建一个能在网络上正常运行的动态网站。

　　本书讲述的主要案例包括用户管理系统、新闻发布系统、在线报名系统、在线留言管理系统、博客系统、网上购物系统、网站推广与搜索引擎优化。每一类型的网站都按照总体构思、页面设计、数据库连接、后台管理的方式来组织篇幅，以期读者能全面掌握动态网站建设的技术。

　　随书光盘中包含书中所有实例的素材文件、网站源代码以及重点案例的语音讲解文件。

　　本书适合网页设计制作和网站建设的学习者使用，也可作为Dreamweaver CS6的培训教材，同时还适合网站推广人员阅读参考。

机械工业出版社（北京市西城区百万庄大街22号）　邮政编码　100037
责任编辑：夏非彼　迟振春
中国电影出版社印刷厂印刷
2016年3月第1版第3次印刷
188mm×260mm · 23.5印张
标准书号：ISBN 978-7-111-44790-0
　　　　　ISBN 978-7-89405-173-8
定　　价：49.00元（附光盘）

凡购本书，如有缺页、倒页、脱页，由本社发行部调换
客服热线：（010）88378991　82728184　　　　投稿热线：（010）82728184　88379604
购书热线：（010）68326294　88379649　68995259　　读者信箱：booksaga@126.com

光盘使用说明

重点案例多媒体视频讲解
所有案例的素材文件、源代码和数据库文件

- 888张网页背景图片
- 999个网页小图标
- 11个案例的静态文件与源文件（包括6个本书文件及5个附赠文件）
- 3个案例的完整视频教学文件

资料分类

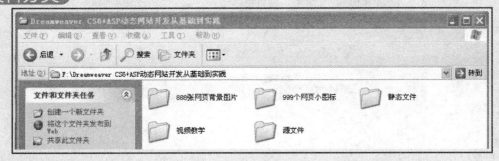

视频教学

在光盘文件夹中双击选定的视频文件，可以播放该视频，视频文件完整地讲解了指定案例的实现流程与操作步骤，由作者亲自讲解。

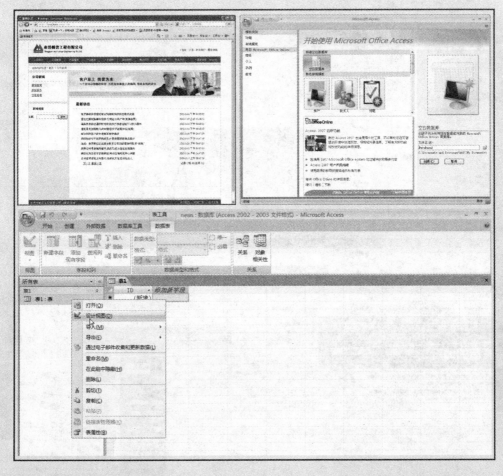

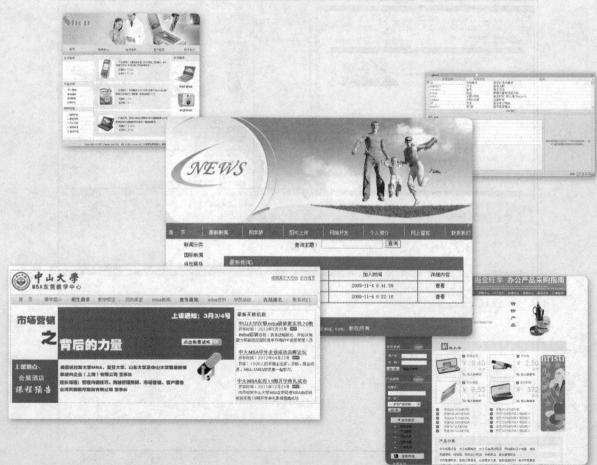

前 言

本书以 Dreamweaver CS6 为平台，重点介绍 ASP 动态网站开发技术以及 Access 网站数据库管理技术、Dreamweaver CS6 在 Dreamweaver CS5 基础上的主要新增功能、搜索引擎的基础知识，教会读者怎样完美组合 Dreamweaver、ASP、Access 来创建一个能在网络上正常运行的动态网站并在搜索引擎中将网站进行优化。

本书讲述的主要案例包括用户管理系统、新闻发布系统、在线报名系统、在线留言管理系统、博客系统、网上购物系统、网站推广与搜索引擎优化。每一类型的网站都按照总体构思、页面设计、数据库连接、后台管理的方式来组织篇幅，以期读者能全面掌握动态网站建设的技术。

本书的内容从易到难，从网站开发到网站优化，并将知识点以图文的形式融入到每一个案例中，使大家在学习理论知识的同时，动手能力得到同步提高，而且本书在语言上力求通俗易懂。

随书光盘中包含所有实例的素材文件、网站源代码以及重点案例的视频教学文件。本书适合网页设计制作和网站建设的学习者使用，也可作为 Dreamweaver CS6 和 ASP 动态网站开发的培训教材，同时还适合网站搜索引擎优化和网站推广人员阅读参考。

除署名作者外，参与本书编写的人员还有肖新荣、黄更华、郑梦希、刘扬、罗梓藤、杨济亮、梁晓玲、周静、曾祥远、李睦意等。

本书在短时间内得以出版，是大家努力的结果，在此，感谢很多在写作过程中给予我帮助的朋友们，他们为此书的编写、出版、发行做了大量的工作，在此向大家致以深深的谢意，由于时间仓促，加上笔者水平有限，疏漏之处在所难免，希望广大读者批评指正。

衷心希望读者通过阅读本书，能够自行制作出满足企业或个人需求的网站设计方案、网站优化方案以及网络营销方案，从而使企业或个人产品能够在网络实践中有所收益。

编 者

2014 年 1 月

目　录

前言

第1章　动态网站开发基础 1
1.1　网站建设工作流程 1
1.1.1　区别静态网页和动态网页 1
1.1.2　定位网站的主题 3
1.1.3　确定网站栏目和整体风格 3
1.1.4　搭建网站首页 4
1.2　域名的申请与使用 5
1.2.1　网站的 IP 地址 5
1.2.2　域名的概念 6
1.2.3　域名的类型 6
1.2.4　域名申请 6
1.2.5　域名解析 9
1.2.6　域名续费 11
1.2.7　域名的选择对搜索引擎优化的影响 11
1.3　网站服务器空间的获取与使用 12
1.4　在本地搭建 ASP+IIS 网站服务器平台 12
1.4.1　安装 IIS 13
1.4.2　配置 Web 服务器 14
1.4.3　设置网站属性 17

第2章　了解 Dreamweaver CS6 20
2.1　Dreamweaver CS6 的安装 20
2.2　Dreamweaver CS6 的新增功能 22
2.3　Dreamweaver CS6 的工作界面 24
2.3.1　菜单栏 25
2.3.2　文档工具栏 25
2.3.3　文档窗口 26
2.3.4　面板组 26
2.3.5　属性面板 26
2.4　使用 Dreamweaver CS6 创建简单网页 27
2.4.1　文本 27
2.4.2　图像 28

	2.4.3 媒体	29
	2.4.4 链接	30
	2.4.5 表单	32
	2.4.6 表格	37
	2.4.7 框架	41
	2.4.8 AP 元素	43
2.5	模板、库的使用	45
	2.5.1 模板	45
	2.5.2 库	47
2.6	站点的建立和管理	49
	2.6.1 建立站点	50
	2.6.2 管理站点	53

第 3 章 HTML 语言和 CSS 基础 54

3.1	Dreamweaver CS6 中的 HTML	54
	3.1.1 新建 HTML 文件	54
	3.1.2 详解 HTML 标签	57
	3.1.3 表格内文字的对齐/布局	70
	3.1.4 跨多行、多列的表元	70
	3.1.5 表格的颜色	70
3.2	链接标签	71
	3.2.1 本地链接	71
	3.2.2 URL 链接	72
	3.2.3 目录链接	72
3.3	CSS 语法	72
3.4	如何在网页中插入 CSS	76
	3.4.1 链入外部样式表	76
	3.4.2 内部样式表	77
	3.4.3 导入外部样式表	77
	3.4.4 内嵌样式	78

第 4 章 VBScript 语言和 ASP 基础知识 79

4.1	VBScript 语言	79
	4.1.1 VBScript 概述	79
	4.1.2 VBScript 数据类型	80
	4.1.3 VBScript 变量	80
	4.1.4 VBScript 运算符	82
	4.1.5 条件语句	82
	4.1.6 循环语句	86

4.1.7　VBScript 过程 87
4.2　ASP 基本知识 88
　　4.2.1　ASP 概述 88
　　4.2.2　ASP 工作原理 88
　　4.2.3　ASP 内置对象 88
　　4.2.4　ASP 的几个常用组件 92
4.3　创建数据库的连接 94
　　4.3.1　Connection 对象 94
　　4.3.2　利用 OLBDE 连接数据库 95
　　4.3.3　利用 ODBC 实现数据库连接 95

第 5 章　用户管理系统 98

5.1　系统的整体设计规划 98
　　5.1.1　页面设计规划 99
　　5.1.2　网页美工设计 99
5.2　数据库的设计与连接 100
　　5.2.1　数据库设计 100
　　5.2.2　连接数据库 105
5.3　用户登录模块的设计 109
　　5.3.1　登录页面 109
　　5.3.2　登录成功和登录失败页面 114
　　5.3.3　用户登录系统功能的测试 118
5.4　用户注册模块的设计 119
　　5.4.1　用户注册页面 119
　　5.4.2　注册成功和注册失败页面 124
　　5.4.3　用户注册功能的测试 124
5.5　用户注册资料修改模块的设计 126
　　5.5.1　修改资料页面 126
　　5.5.2　更新成功页面 129
　　5.5.3　修改资料功能的测试 130
5.6　密码查询模块的设计 131
　　5.6.1　密码查询页面 131
　　5.6.2　完善密码查询功能页面 135
5.7　数据库路径的修改 137

第 6 章　新闻发布系统 139

6.1　系统的整体设计规划 139
　　6.1.1　页面设计规划 140
　　6.1.2　网页美工设计 140

6.2 数据库的设计与连接 141
6.2.1 设计数据库 141
6.2.2 连接数据库 145
6.3 系统页面的设计 147
6.3.1 设计新闻主页面 147
6.3.2 新闻分类页面的设计 155
6.3.3 新闻内容页面的设计 159
6.4 后台管理页面的设计 161
6.4.1 后台管理入口页面 161
6.4.2 后台管理主页面 164
6.4.3 新增新闻页面 170
6.4.4 修改新闻页面 173
6.4.5 删除新闻页面 176
6.4.6 新增新闻分类页面 179
6.4.7 修改新闻分类页面 180
6.4.8 删除新闻分类页面 181

第7章 在线报名系统 183
7.1 系统的整体设计规划 183
7.1.1 页面设计规划 184
7.1.2 页面美工设计 184
7.2 数据库的设计与连接 185
7.2.1 设计数据库 185
7.2.2 连接数据库 189
7.3 在线报名系统的页面设计 192
7.4 后台管理功能的设计 196
7.4.1 管理者登录入口页面 196
7.4.2 后台管理主页面 199
7.4.3 添加、更新跟进记录页面 202
7.4.4 删除报名信息页面 204

第8章 在线留言管理系统 207
8.1 系统的整体设计规划 207
8.1.1 页面设计规划 208
8.1.2 页面美工设计 208
8.2 数据库的设计与连接 209
8.2.1 设计数据库 209
8.2.2 连接数据库 213
8.3 在线留言管理系统的页面设计 216

    8.3.1 留言内容显示页面 216
    8.3.2 留言页面 220
  8.4 后台管理功能的设计 226
    8.4.1 管理者登录入口页面 226
    8.4.2 后台管理主页面 228
    8.4.3 回复留言页面 232
    8.4.4 删除留言页面 234
  8.5 在线留言管理系统的功能测试 236
    8.5.1 前台留言测试 236
    8.5.2 后台管理测试 238

第9章 博客系统 240
  9.1 系统的整体设计规划 241
    9.1.1 页面设计规划 241
    9.1.2 网页美工设计 242
  9.2 数据库的设计与连接 242
    9.2.1 设计数据库 243
    9.2.2 连接数据库 248
  9.3 博客主要页面的设计 251
    9.3.1 博客主页面的设计 251
    9.3.2 博客分类页面的设计 263
    9.3.3 日志内容页面的设计 265
    9.3.4 个人博客主页面的设计 271
    9.3.5 日志分类内容页面的设计 277
  9.4 后台管理页面的设计 281
    9.4.1 后台管理转向页面 281
    9.4.2 一般用户管理页面 283
    9.4.3 日志分类管理页面 289
    9.4.4 修改日志分类页面 293
    9.4.5 删除日志分类页面 295
    9.4.6 日志列表管理主页面 297

第10章 网上购物系统 304
  10.1 网上购物系统的分析与设计 304
    10.1.1 系统分析 304
    10.1.2 模块分析 305
    10.1.3 设计规划 306
  10.2 数据库的设计 309
  10.3 首页的设计 313

- 10.3.1 数据库的连接 314
- 10.3.2 注册及搜索功能的制作 314
- 10.3.3 导航条的制作 318
- 10.3.4 首页的制作 319

10.4 商品动态页面的设计 327
- 10.4.1 商品罗列页面的设计 327
- 10.4.2 商品细节页面的制作 329
- 10.4.3 商品搜索结果页面的制作 332

10.5 商品结算功能的设计 335
- 10.5.1 统计订单 335
- 10.5.2 清除订单 336
- 10.5.3 用户信息确认订单 337
- 10.5.4 订单确认信息 337
- 10.5.5 订单最后确认 338

10.6 订单查询功能的制作 338
- 10.6.1 输入订单查询 338
- 10.6.2 订单查询结果 339

10.7 后台管理页面的制作 339
- 10.7.1 后台登录 339
- 10.7.2 订单处理 340
- 10.7.3 商品管理 344

第 11 章 网站推广与搜索引擎优化 350

11.1 搜索引擎基础 350
- 11.1.1 什么是搜索引擎 350
- 11.1.2 搜索引擎的基本结构 351

11.2 正确制作 SEO 方案 354
- 11.2.1 设定 SEO 目标 354
- 11.2.2 制定 SEO 方案 355

11.3 站内优化 356

11.4 网站的关键字 358
- 11.4.1 选择合适的关键字 358
- 11.4.2 关键字密度 359

11.5 网站外部优化 360

11.6 SEO 的问题和解决方法 361
- 11.6.1 避免关键字堆砌 362
- 11.6.2 网站被屏蔽 362
- 11.6.3 内容被剽窃 362
- 11.6.4 点击欺诈 362

第1章 动态网站开发基础

随着互联网的迅速推广，越来越多的企业和个人得益于网络的发展和壮大，越来越多的网站如雨后春笋般纷纷涌现，但是人们越来越不满足于文字图片等静止不动的页面效果，所以动态网站开发越来越占据网站开发的主流。

动态网站开发其实并不难，只要掌握网站开发工具的用法，了解网站开发的流程和技术，加上自己的想象力，一切都可以实现。本章首先介绍网站的规划、域名的申请等网站开发必备基础和准备工作，然后介绍最流行的中小型动态网站开发平台 Dreamweaver CS6+ASP+IIS+Access 的搭建方法，为动态网站开发做好准备。

本章重要知识点

- 了解网站建设的工作流程
- 掌握网站的空间和域名
- 熟练掌握 ASP 动态网站平台的搭建

1.1 网站建设工作流程

在建设网站之前，首先需要明确网站的建设目的、访问用户定位、实现的功能、发布时间、成本预算、网站风格等。网站建成后，需要维护和推广，网站的基本工作流程如图 1-1 所示。

1.1.1 区别静态网页和动态网页

静态网页是指不应用程序而直接或间接制作成的 HTML 网页，这种网页的内容是固定的，修改和更新都必须通过专用的网页制作工具，例如 Dreamweaver。

动态网页是指使用网页脚本语言通过脚本将网站内容动态存储到数据库，用户访问网站时通过读取数据库来动态生成网页的方法。网页的内容大多存储在数据库中。

那么如何区分动态网站和静态网站呢？方法如下。

1. 从功能方面区分

- 动态网站可以实现静态网站所实现不了的功能，例如：聊天室、BBS 等；而静态的网站则实现不了。

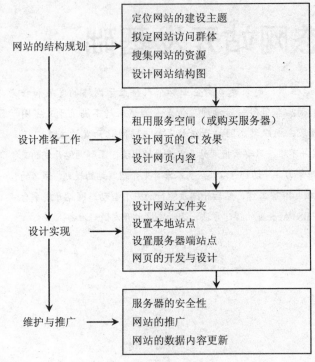

图 1-1 网站的基本工作流程

- 如果是用 Frontpage 或 Dreamweaver 开发出来的静态网站，其源代码是完全公开的，任何浏览者都可以非常轻松地得到其源代码，也就是说，自己设计出来的东西很容易被别人盗用，安全性比较低；如果是用 ASP 开发出来的动态网站，虽然浏览者也可以看到其源代码，但那已经是转换后的代码，安全性相比静态网站而言要高很多。

2．从对数据的利用上区分

- 动态网站可以直接使用数据库，并通过数据源直接操作数据库；而静态网站不可以使用，只能使用表格来死板地实现动态网站数据表中仅有的少部分数据显示，不能执行操作。
- 动态网站是放到服务器上的，若想看到其源程序或者对其进行直接修改都必须在服务器上进行，因此保密性能比较优越；静态网站实现不了信息的保密功能。
- 动态网站可以实现远程数据的调用，静态网站则不可以。

3．从本质上和外观上区分

- 动态网站的开发语言是编程语言，例如 ASP 用 VBScript 或 JavaScript 开发。而静态网站只能利用 HTML 开发，它只是一种标记语言，不能实现程序的功能。
- 动态网站本身就是一个系统，一个可以实现程序几乎所有功能的系统，而静态网站则不是，它只能实现文本以及图片等平面性的展现。
- 静态网站的网页是以 ".html"、".htm" 结尾的，数据方面不能随意修改，而动态网站大部分都是带数据库的，自己可以随时在后台进行在线编辑，网页常以 ".php"、".asp"、

".aspx"等结尾。

1.1.2 定位网站的主题

确定网站的主题名称，尽量使其好听、好记、有意义，还要有新意。因为网站的名称直接关系到浏览者是否容易接受所访问的网站，所以确定网站名称时要注意以下几点。

- 名称要合法、合理、合情：不能用反动的、色情的、迷信的、危害社会安全的名词语句。
- 网站名称要明确用户群体：如"中国旅游网"针对旅游爱好者、"交友网"针对爱交朋友的人群等。
- 名称要易记，不要太拗口、生僻：根据中文网站浏览者的特点，除非特定需要，网站名称最好用中文名称，不要使用英文或者中英文混合型名称。
- 主题要小而精：定位要小，内容要精。如果想制作一个包罗万象的站点，把所有您认为精彩的东西都放在上面，那么往往会事与愿违，给人的感觉是没有主题，没有特色。
- 题材最好是自己擅长或者喜爱的内容：如擅长编程，就可以建立一个编程爱好者网站；对足球感兴趣，可以报道最新的战况、球星动态等。只有这样，在制作时才不会觉得无聊或者力不从心。兴趣是制作网站的动力，没有热情，很难设计出杰出的作品。

不管要建设的是一个单纯传播信息的公益网站，还是商务网站，只有在明确了网站的主题后，才可以更好地进行后续的开发工作。

1.1.3 确定网站栏目和整体风格

栏目的实质是一个网站的大纲索引，索引应该将网站的主体明确地显示出来。在制定栏目的时候，要仔细考虑，合理安排。一般的网站栏目安排要注意以下几个方面。

1．一定要紧扣主题

一般的做法是：将主题按一定的方法分类并将它们作为网站的主栏目。主栏目的个数在总栏目中要占绝对优势，只有这样，网站才能显得专业、主题突出，容易给人留下深刻印象。

2．设定一个最近更新或网站指南栏目

如果您的首页没有安排版面放置最近更新的内容信息，那么就有必要设立一个"最近更新"的栏目。这样做是为了照顾常来的访客，使网页更具人性化。

如果您的首页内容庞大（超过15MB），层次较多，而又没有站内的搜索引擎，建议您设置"本站指南"栏目，可以帮助初访者快速找到他们想要的内容。

3．设定一个可以双向交流的栏目

双向交流的栏目不需要很多，但一定要有，例如论坛、留言板、邮件列表等，可以让浏览者留下他们的信息。有调查表明，提供双向交流的站点比简单的留一个 E-mail 的站点更具亲和力。

任何两个人都不可能设计出完全一样的网站，最主要的原因是他们的风格是不一样的，那

么风格是什么呢？

- 风格是抽象的，是指站点的整体形象给浏览者的综合感受。这个整体形象包括站点的CI（标志、色彩、字体、标语），版面布局，浏览方式，交互性，文字，语气，内容价值，存在意义，站点荣誉等诸多因素。
- 风格是独特的，是站点不同于其他网站的地方。或者色彩，或者技术，或者是交互方式，能让浏览者明确分辨出这是您的网站所独有的。
- 风格是有人性的，通过网站的外表、内容、文字，可以概括出一个站点的个性，情绪。是温文儒雅，是执著热情，是活泼易变，是放任不羁，正如诗词中的"豪放派"和"婉约派"，可以用人的性格来比喻站点。

如何确定网站风格呢？我们可以分以下三个步骤：

1 风格是建立在有价值的内容之上的。一个网站有风格而没有内容，就好比绣花枕头，因此首先必须保证内容的质量和价值。这是最基本的，无须置疑。

2 需要彻底搞清楚希望站点给人的印象是什么。

3 在明确自己的网站印象后，开始努力建立和加强这种印象。

风格的形成不是一次定位的，可以在实践中不断强化、调整、修饰。

1.1.4 搭建网站首页

在我们全面考虑好网站的栏目和整体风格之后，就可以正式动手制作首页了。首页的设计是一个网站成功与否的关键。人们往往在看到首页后就已经对站点有了一个整体的感觉。是否能够促使浏览者继续点击进入，是否能够吸引浏览者留在站点上，就全凭首页设计的功力了，所以，首页的设计和制作是绝对要重视和花心思的。一般首页设计和制作占整个制作时间的30%以上。宁可多花些时间在早期，避免出现全部做好以后再修改的情况，那将是最浪费精力的事。

1．确定首页的功能模块

首页的功能模块是指需要在首页上实现的主要内容和功能。一般的站点都需要这样一些模块：网站名称（Logo）、广告条（Banner）、主菜单（Menu）、新闻（News）、搜索（Search）、友情链接（Links）、版权（Copyright）。

2．设计首页的版面和布局

在功能模块确定后，开始设计首页的版面。就像编辑传统的报刊、杂志一样，我们将网页看作一张报纸、一本杂志来进行排版布局，所以固定的网页版面设计基础依然是必须学习和掌握的。

版面指的是浏览器看到的完整的一个页面（可以包含框架和层）。因为每个人的显示器分辨率不同，所以同一个页面的大小可能出现640×480像素、800×600像素、1024×768像素等不同尺寸。

布局，就是以最适合浏览的方式将图片和文字排放在页面的不同位置，版面布局的流程如下：

1 绘制草案：新建页面就像一张白纸，没有任何表格、框架和约定俗成的东西，可以尽情发挥你的想象力，将想到的景象画上去。这属于创造阶段，不讲究细腻工整，不必考虑细节功能，只以粗陋的线条勾画出创意的轮廓即可。尽可能多画几张，最后选定一个满意的作为继续创作的脚本。

2 粗略布局：在草案的基础上，将你确定需要放置的功能模块安排到页面上。注意，这里我们必须遵循突出重点、平衡谐调的原则，将网站标志、主菜单等重要的模块放在最显眼、最突出的位置，然后在考虑次要模块的摆放。

3 定案：将粗略布局精细化、具体化。

1.2 域名的申请与使用

建立一个网站，首先要有一个自己的网站地址（简称"网址"），网址是由域名来决定的。因此若想建立网站，首先需要注册或转入一个域名。域名是 Internet 网络上的一个服务器或一个网络系统的名字。域名是独一无二的，而且一般都采取先注册先得到的申请方法。

1.2.1 网站的 IP 地址

在 Internet 上有成千上万台主机同时在线，为了区分这些主机，给每台主机都分配了一个专门的地址，称为 IP 地址。通过 IP 地址就可以访问到每一台主机。

IP 地址由 4 部分数字组成，每部分都不大于 256，各部分之间用小数点分开。例如 www.eduboxue.com 就是 218.16.125.16 的域名，在 DOS 操作系统下用 ping www.eduboxue.com 就可以知道该域名的 IP 地址，如图 1-2 所示。

图 1-2　ping 域名所指向的 IP 地址

值得注意的是，每个虚拟主机用户都有一个永久的 IP 地址。

> byte 是字节，是指你向对方发送了一个 32 字节的数据包，32 字节是 ping 命令默认的；time 是发送和返回所用的时间，时间越短说明网速越快，ms 是毫秒；TTL 的全拼 Time To Live，是在 ping 命令中使用的网络层协议 ICMP，所以 TTL 是一个网络层的网络数据包（Package）的生存周期。

1.2.2 域名的概念

域名由若干部分组成，各部分之间用小数点分开，例如设计"博学教育"主机的域名为"eduboxue"，显然域名比 IP 地址好记多了。域名前加上传输协议信息及主机类型信息就构成了网址（URL），例如"博学教育"的 WWW 主机的 URL 就是"http://www.eduboxue.com"。

1.2.3 域名的类型

由于 Internet 源于美国，因此最早的域名并无国家标志，人们按用途把它们分为几个大类，它们分别以不同的扩展名结尾，但随着网络的发展才产生了带国家区域的域名：

- .com：用于商业公司。
- .org：用于组织、协会等。
- .net：用于网络服务。
- .edu：用于教育机构。
- .gov：用于政府部门。
- .mil：用于军事领域。
- .cn：中国专用的顶级域名。

需要注意的是以.cn 结尾的二级域名通常简称为国内域名。注册国际域名没有条件限制，单位和个人均可申请。注册国内域名必须具备法人资格，申请人需将申请表加盖公章，连同单位营业执照副本复印件（或政府机构条码证书复印件）一同提交才能申请注册。

另外还要介绍一下中文通用域名，它是由 CNNIC 推出并管理的域名。中文通用域名的长度在 30 个字符以内，允许使用中文、英文、阿拉伯数字及"-"等字符。中文通用域名兼容简体与繁体，无须重复注册。

1.2.4 域名申请

从商业角度来看，域名是"企业的网上商标"。企业都非常重视自己的商标，而作为网上商标的域名，其重要性和其价值也已被全世界的企业所认识。域名和商标都在各自的范畴内具有唯一性。从企业树立形象的角度来看，域名和商标有着潜移默化的联系；所以，域名与商标有一定的共同特点。许多企业在选择域名时，往往希望用和自己企业商标一致的域名。但是，域名和商标相比又具有更强的唯一性。从域名价值角度来看，域名是互联网上最基础的东西，也是一个稀有的全球资源，无论是做 ICP 和电子商务，还是在网上开展其他活动，都要从域名开始，一个名正言顺和易于宣传推广的域名是互联网企业和网站成功的第一步。域名还被称为"Internet 上的房地产"。

在中国，域名注册通常分为国内域名注册和国际域名注册。目前，国内域名注册统一由中国互联网络信息中心——CNNIC 进行管理，具体注册工作由通过 CNNIC 认证授权的各代理商执行。而国际域名注册现在是由一个来自多国私营部门人员组成的非盈利性民间机构 ICANN 统一管理，具体注册工作也是由通过 ICANN 授权认证的各代理商执行。

1. 域名命名原则

一个好的域名是成功的开始，当要注册一个新的域名时，请记住下列域名命名原则。

- 易记：例如网易现在已在品牌宣传上放弃域名 nease.com 和 netease.com，而改用 163.com，因为后者比前者更好记。
- 同商业活动有直接关系：虽然有好多域名很容易记，但如果同你所开展的商业活动没有任何关系，用户就不能将你的域名同你的商业活动联系起来，这就意味着你还要花钱宣传你的域名。例如，一看到 shop.com 马上就知道这是购物网店。
- 长度要短：长度短的域名不但容易记，而且用户花费更少的时间来输入，例如美国最大的传统连锁书店 Barnes & Noble 开设了网上书店，原来用的域名为 barnesandnoble.com，自从改为 bn.com 后，访问量和销量有了很大的增长。
- 正确拼写：如果你以英文单词或拼音作为域名，一定要拼写正确。
- 不要侵犯别人的商标：新的全球域名政策规定所注册的域名不能包含商标或名人的名字，如果你的域名违反了这条原则，不但会失去所注册域名的拥有权，而且将被罚款和起诉。

2. 域名申请步骤

域名申请的方法是：先申请再批准，即先到先得，批准后得到域名，可以到以下推荐的几个值得信赖的网站申请。中国互联网络信息中心（CNNIC）的注册服务机构有：中国万网（http://www.net.cn）、新网（http://www.xinnet.com）、国网数据（http://www.7data.com），下面将以国网数据为例简单说明申请域名的实际操作步骤。

1 打开国网数据网站 http://www.7data.com。进入网站首页，打开"域名注册"选项卡进入域名注册的界面，如图 1-3 所示。

图1-3 域名注册

2 在文本框中输入想要申请的域名,选择所需要申请的域名类型,单击"查询"按钮查询此域名是否可以使用,如图1-4所示。

图1-4 输入要注册的域名查询是否可以注册

3 如果要申请的域名已被注册,系统会自动提醒,如图1-5所示。

4 如果所申请的域名可以注册,系统会显示此域名还没注册,如图1-6所示。

图1-5 提示已注册的域名   图1-6 提示可以注册的域名

5 查询结果后,可以选择没有注册的域名进入如图1-7所示的界面填写注册信息。

第 1 章　动态网站开发基础

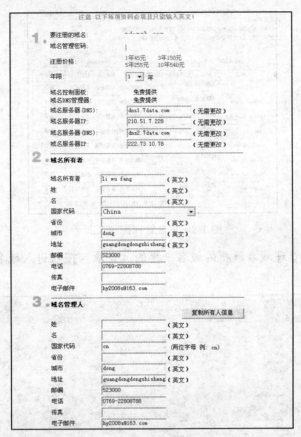

图 1-7　填写域名注册信息

6 仔细填写上面各项信息后单击"确定"按钮，将弹出域名注册成功的提示对话框。

1.2.5　域名解析

在浏览网站的时候用户习惯记忆域名，但机器与机器之间只认 IP 地址，域名与 IP 地址之间是一一对应的，它们之间的转换工作称为域名解析，域名解析需要由专门的域名解析服务器来完成，整个过程是自动进行的。在注册域名之后需要对域名进行解析，即把域名指向服务器的 IP 地址，经过 24 小时（有些服务器所用时间可能会短些，但最少要经过 6 个小时）之后域名解析才可以生效，此时用户在 IE 浏览器中输入域名地址就会自动转向服务器地址，从而实现对网站的访问。下面以一个实例来说明如何进行域名解析。

1 单击个人管理中心的"域名业务管理"进入服务管理页面，可以查看该账号申请的域名及状态并对此域名进行解析，如图 1-8 所示。

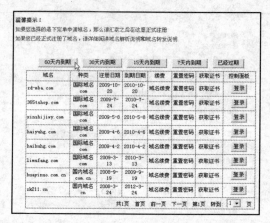

图 1-8 域名管理控制页面

❷ 单击将要进行管理域名解析的域名一栏的"登录"按钮进入域名控制面板，如图 1-9 所示。

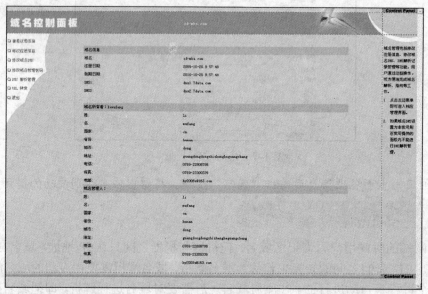

图 1-9 域名控制面板

❸ 选择域名控制面板中的"DNS 解析管理"进入域名 DNS 解析管理页面，如图 1-10 所示。

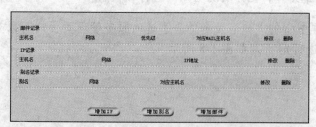

图 1-10 域名 DNS 解析管理页面

第 1 章 动态网站开发基础

说　明

在 DNS 的解析管理页面，用户可根据实际需要，方便地修改或增加域名解析记录等，包括增加 IP、增加别名及增加邮件三个操作。

- 增加 IP，即域名解析操作。
- 增加别名，即增设子域名，指向已有空间。
- 增加邮件，即添加 MX（邮件交换）记录，通过该记录来解析域名的邮件服务器。用户可以将域名下的邮件服务器指向自己的 Mail Server，在线填写服务器的 IP 地址后，即可将域名下的邮件全部转到设定的邮件服务器上。

解析记录增加后，可根据需要进行更改或删除。解析记录修改后，24 小时内生效。

④ 单击"增加 IP"按钮，进入为域名解析的页面，如图 1-11 所示。

⑤ 对指定的域名进行解析，主机名中填写 www 或为空，在解析地址中填写所需要解析域名的主机服务器的 IP 地址，详细填写后单击"增加"按钮即可成功添加记录，等待管理员对此域名进行解析（2~24 小时自动解析完毕），经过几小时之后可以输入主机名进行测试，从而完成域名解析操作，如图 1-12 所示。

图 1-11　给域名添加解析记录

图 1-12　增加域名 IP 解析

1.2.6　域名续费

域名申请后还要保护好自己的域名，域名一般是按年计费，要按时缴费。在费用到期前的一个月内缴费，否则域名会被取消使用权。特别是成名的公司或个人，域名是一个重要的资源。有很多人已经对这些域名虎视眈眈，所以要注意域名的使用期限，及时缴费。

1.2.7　域名的选择对搜索引擎优化的影响

域名对搜索引擎优化的影响主要体现在以下几个方面：

- 搜索引擎对后缀名不同的域名所给的权重也是不同的，就目前而言，搜索引擎对几个域名后缀的权重高低为：gov>edu>org>com。
- 域名的长短不会影响到搜索引擎对域名的友好度，短域名对搜索引擎的使用者而言容易被记忆，对搜索引擎的优化而言，没有影响。
- 域名的拼写方式同样可以影响搜索引擎的优化，选择一个容易记忆的域名可以给用户带来很大的回访几率。

- 域名存在时间的长短对搜索引擎的优化也是有一定影响的，例如，一个新网站与一个老网站设置了一个相同的关键词，甚至内容比老站更新颖，有创意，但在搜索结果中，往往域名时间存在比较长的出现在前面。

1.3 网站服务器空间的获取与使用

当申请好域名之后，下一步就是建立网站服务器。网站服务器要用专线或其他的方式与互联网连接。这种网站服务器除了存放网页为访问者提供浏览服务之外，还可以提供邮箱服务，邮箱是负责收发电子邮件的。此外，还可以在服务器上添加各种各样的网络服务功能，前提是有足够的技术支持。

通常建立网站服务器的模式有两种：购买独立的服务器进行托管和租用虚拟主机。

- 服务器托管就是指在购买了服务器之后，将其托管于一些网络服务机构（该机构要有良好的互联网接入环境），每年支付一定数额的托管费用。
- 租用的服务器空间也就是虚拟主机，用来存放网站的所有网页，所以虚拟主机性能的优劣将直接影响到网站的稳定性，使用时需要考查的指标分别是带宽、主机配置、CGI权限、数据库、服务和技术支持。空间适量即可，对于一般的网站来说，100MB 已是一个足够大的空间。如果单纯放置文字，100MB 相当于 5000 多万个汉字；若以标准网页计算，大致可容纳 1000 页 A4 幅面的网页和 2000 张网页图片。

选择网站空间、服务器时的注意事项。

- 选择空间要稳定、打开速度快。如果网站空间不稳定经常出现关闭的状况，对排名肯定有负面影响。如果搜索引擎搜出来的都是打不开的网站，那用户体验一定很差。
- 最好选择离目标搜索引擎服务器近的空间。不要选择受过处罚的空间；尽量避免与作弊网站放在同一个服务器。因为在搜索引擎对作弊网站进行处罚时容易受到牵连。
- 不要用免费空间，免费空间的质量普遍不高。从一个侧面也可以看出你对网站的不重视，要不然怎么连一点点空间费用都要吝啬呢？
- 外贸型网站最好选用海外空间，中国空间的网站在海外打开时速度会受影响。部分网站在国外打开的速度是很慢的。

1.4 在本地搭建 ASP+IIS 网站服务器平台

Dreamweaver 是一款优秀的网页开发工具，但无法独立创建动态网站，所以必须建立相应的 Web 服务器环境和数据库运行环境。Dreamweaver 支持 ASP、JSP、PHP 等服务器技术，所以在使用 Dreamweaver 之前必须选定一种技术，最常用的是 ASP 服务器技术。在进行 ASP 网页开发之前，首先必须安装编译 ASP 网页所需要的软件环境，IIS 是由微软开发，以 Windows 操作系统为平台，可运行 ASP 网页的网站服务器软件。IIS 内建了 ASP 的编译引擎，在设计网站的计算机上必须安装 IIS 才能测试设计好的 ASP 网页，因此在 Dreamweaver 中创建 ASP

第 1 章 动态网站开发基础

文件前，必须安装 IIS 并创建虚拟网站。

1.4.1 安装 IIS

对于操作系统 Windows Server 2000 或者 Windows Professional XP 而言，系统已经默认安装了 IIS。下面以 Windows Professional XP 为例来介绍如何安装 IIS 服务器，其具体的步骤如下：

❶ 将 Windows Professional XP 系统的安装光盘插入驱动器中。

❷ 打开"开始"菜单，然后执行"设置"|"控制面板"|"添加或删除程序"命令，打开"添加或删除程序"对话框，如图 1-13 所示。

图 1-13 "添加或删除程序"对话框

❸ 从左侧列表中选择"添加/删除 Windows 组件"按钮 ，打开如图 1-14 所示的对话框。

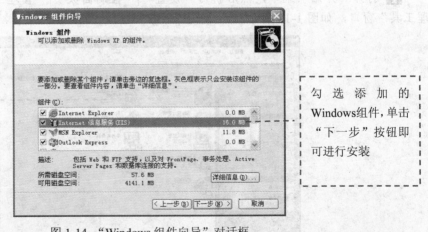

勾选添加的 Windows 组件，单击"下一步"按钮即可进行安装

图 1-14 "Windows 组件向导"对话框

④ 选中"Internet 信息服务（IIS）"复选框后，单击"下一步"按钮，打开如图 1-15 所示的"Windows 组件向导"安装进度对话框。

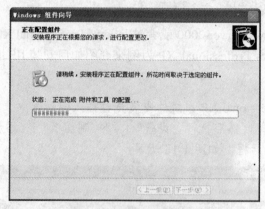

图 1-15　安装进度对话框

⑤ 安装完成后，系统会自动打开"Windows 组件向导"安装结束对话框，单击"完成"按钮完成设置。

在默认状态下，IIS 会被安装到 C 驱动器下的 InetPub 目录中，其中有一个名为 wwwroot 的文件夹，它是访问的默认目录，访问的默认 Web 站点也放置在这个文件夹中。

1.4.2　配置 Web 服务器

完成了 IIS 的安装之后，就可以使用 IIS 在本地计算机上创建 Web 站点了。

1. 打开 IIS

在不同的操作系统中启动 IIS 的方法也不同，下面是在 Windows Professional XP 下启动 IIS 的方法。

① 打开"开始"菜单，然后执行"设置"|"控制面板"|"管理工具"命令，打开"管理工具"窗口，如图 1-16 所示。

安装 IIS 后出现的"Internet 信息服务"

图 1-16　"管理工具"窗口

❷ 在"管理工具"窗口中双击"Internet 信息服务"图标，启动 IIS，如图 1-17 所示。

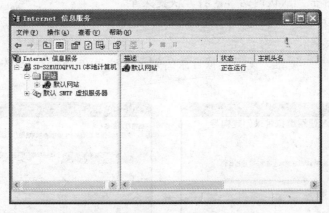

图 1-17　"Internet 信息服务"窗口

2．设置默认的 Web 站点

默认的 Web 站点是在浏览器的地址栏中输入 http://localhost 或 http://127.0.0.1 后显示的站点。该站点中的所有文件实际上位于 C:\Inetpub\wwwroot 文件夹中，其默认主页对应的页面文件名称是 Default.asp。

在图 1-17 所示窗口左侧的"本地计算机"｜"网站"下的"默认网站"上单击鼠标右键，打开如图 1-18 所示的快捷菜单，我们可以通过此菜单对默认站点进行设置，这里采用默认设置。

图 1-18　默认网站的快捷菜单

3．创建新的 Web 站点

应用 Dreamweaver 进行 Web 应用程序的开发时，首先要为开发的 Web 应用程序建立一个新的 Web 站点。一般来说，可以采用 3 种方法建立 Web 站点：真实目录、虚拟目录和真实站点。最常用的方法就是采用虚拟目录创建 Web 站点。

使用虚拟目录创建 Web 站点的步骤如下：

1 启动 IIS，右击"默认网站"，打开快捷菜单。

2 从快捷菜单中选择"新建"|"虚拟目录"命令，打开如图 1-19 所示的"虚拟目录创建向导"对话框。

3 单击"下一步"按钮，设置虚拟目录的别名，这里在"别名"中输入"website"，如图 1-20 所示。

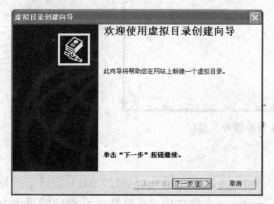
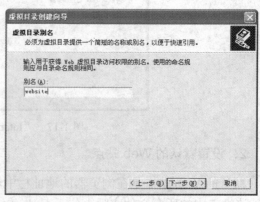

图 1-19 "虚拟目录创建向导"对话框   图 1-20 输入站点名称

4 单击"下一步"按钮，打开如图 1-21 所示的"网站内容目录"对话框，提示用户输入虚拟目录的真实位置，本例输入的路径为 D:\designem，表示 designem 文件夹里放置的就是个人网站的所有文件。

5 单击"下一步"按钮，打开如图 1-22 所示的"访问权限"对话框，提示用户为当前目录设置访问权限。

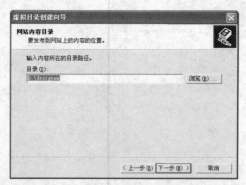
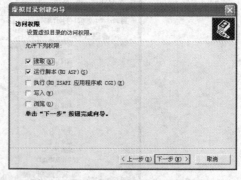

图 1-21 输入虚拟目录的真实位置   图 1-22 设置虚拟目录的访问权限

════════════════════ 说　明 ════════════════════

该对话框中各个选项的含义如下。

- 读取：允许客户读取虚拟目录中的内容。通常该复选框必须选中，否则用户就无法访问站点了。

- 运行脚本（如 ASP）：允许在虚拟目录中放置包含脚本的动态网页，以实现 Web 应用程序的相关功能。因为要开发基于 ASP 的 Web 应用程序，所以应该选中该复选框。
- 执行（如 ISAPI 应用程序或 CGI）：在该虚拟目录中执行二进制程序。一般并不介绍如何开发服务器端的执行程序，所以该复选框可以不选中。
- 写入：允许用户通过浏览器向站点中写入文件，对于一个安全站点来说，该复选框不应该被选中，以免用户从站点中读取源文件，或是任意删除站点中的文件。
- 浏览：当用户访问该虚拟目录时，如果目录中没有默认主页，则在浏览器中以目录的形式显示站点中的所有文件，通常，在站点中，如果不是为了提供下载文件功能，应该避免选中该复选框。

6 单击"下一步"按钮，打开"已成功完成虚拟目录创建向导"对话框，单击"完成"按钮，即可完成操作。

1.4.3 设置网站属性

在 IIS 中可以设置站点的多种属性。例如要设置站点属性，可以按照如下方法进行操作：启动 IIS，在"Internet 信息服务"窗口的左侧选择要设置属性的站点，这里选择"默认网站"，然后单击鼠标右键，在打开的菜单中选择"属性"命令，即可打开站点的"默认网站 属性"对话框，如图 1-23 所示。

1．设置"网站"选项卡

在"默认网站 属性"对话框的"网站"选项卡中，可以设置用于标识网站站点的有关参数。

- 网站标识：在"网站标识"选项组中，可以重新修改站点的"描述"名称、"IP 地址"和"TCP 端口"。
- 连接：在"连接超时"文本框中，可以设置保持连接的持续时间。一旦用户同服务器的连接时间超出了这里设置的时间，且没有进行任何操作，则服务器将断开与用户的连接。该时间以秒为单位。如果选中"保持 HTTP 连接"复选框，则可以激活网站站点与 HTTP 的保持连接功能。
- 启用日志记录：如果选中"保持 HTTP 连接"复选框，则可以激活网站站点的记录功能，以记录用户的活动细节，并按所选格式创建日志。通过阅读日志，可以了解哪些用户访问了站点，还可以知道用户访问了什么信息，可以在"活动日志格式"列表中选择需要的格式。

2．设置"主目录"选项卡

在"默认网站 属性"对话框中打开"主目录"选项卡，进入如图 1-24 所示的对话框。主目录的属性设置也相当重要，在浏览器里输入的域名所指向的文件夹就是指这个主目录。

 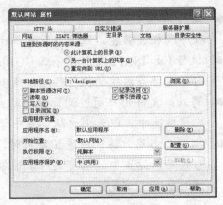

图 1-23 "默认网站属性"对话框　　　　图 1-24 "主目录"选项卡

限于篇幅，这里不对对话框中所有的选项进行解说，只介绍一些较重要的设置。

- 连接到资源时的内容来源：通过该设置可以选择主目录的位置，其中包含如下 3 个选项。

  ➢ "此计算机上的目录"：如果选中该单选按钮，则将站点的主目录设置在本地计算机上，这时可以在"本地路径"文本框中输入目录的全路径，如 D:\designem。

  ➢ "另一台计算机上的共享"：如果选中该单选按钮，则可以在局域网上的其他计算机的共享目录中共享该站点的主目录。

  ➢ "重定向到 URL"：如果选中该单选按钮，则将该站点指向另外的 URL，通常适用于将多个 IP 地址指向一个站点的情况。

- 本地路径：当选中"此计算机上的目录"或"另一台计算机上的共享"单选按钮时，会在对话框上显示访问许可设置的内容项，其中最重要的是"本地路径"文本框路径的输入，只有正确输入定义站点的文件夹名字，才可以访问到网站的内容。其中还包括"读取"和"写入"两个复选框。需要注意的是，一般"读取"复选框是一定要选中的，这样才可以访问该主目录下的文件，而"写入"功能最好关闭。

- 应用程序设置：该设置可以控制 Web 应用程序的一些相应选项。应用程序是指两个被标记为应用程序的启动点目录之间所包含的全部目录和文件。如果将站点的主目录标记为应用程序启动点，则站点中的每个虚拟目录和真实目录都自动加入到应用程序中。建议将站点的主目录设置为应用程序。

- 执行权限：可以控制应用程序运行的权限，其包括如下一些选项。

  ➢ "无"：在当前选中目录中不允许任何程序或脚本运行。

  ➢ "纯脚本"：如果选择该项，则使映射到脚本引擎的应用程序可以在该目录下运行，而无须拥有"执行"权限。可以对包含 ASP 脚本、Internet 数据库接口（IDC）脚本或其他脚本的目录使用"脚本"权限。"脚本"权限比"执行"权限安全，因为在这种权限下二进制文件是无法运行的。

  ➢ "脚本和可执行文件"：允许任何应用程序在该目录中运行，包括映射到脚本引擎的应用程序和 Windows NT 二进制文件，如.dll 和.exe 文件。

3. 设置"文档"选项卡

在通过 URL 地址访问站点目录时，如果没有明确指定要打开文档的名称，就会打开这里设置的默认文档。如果选中的目录是主目录，则默认文档就是常说的"主页"。打开"文档"选项卡，进入如图 1-25 所示的对话框，即可进行相应设置。

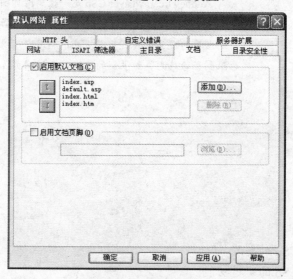

图 1-25 设置默认文档

默认文档的名称是 index.htm 和 default.asp，通过单击"添加"按钮，可以添加新的默认文档名称，或是选择某个文档后单击"删除"按钮，删除不需要的默认文档名称。通过单击文档名称左方的箭头按钮，可以改变默认文档的优先级顺序。

第 2 章 了解 Dreamweaver CS6

Adobe Dreamweaver CS6 是一款集网页制作和管理网站于一身的所见即所得网页编辑器，Dreamweaver CS6 是第一套针对专业网页设计师特别发展的视觉化网页开发工具，利用它可以轻而易举地制作出跨越平台限制和跨越浏览器限制的充满动感的网页。

本章重要知识点

- Dreamweaver CS6 的安装
- Dreamweaver CS6 的新增功能
- Dreamweaver CS6 的工作界面
- Dreamweaver CS6 插入文本、表格、表单、图像、视频
- Dreamweaver CS6 插入链接、层、表单、框架
- 在 Dreamweaver CS6 中使用 AP 元素、模板、库

2.1 Dreamweaver CS6 的安装

了解 Dreamweaver CS6 以后，首先要对 Dreamweaver CS6 软件进行安装，可以使用光盘安装 Dreamweaver CS6 软件或在 Adobe 官方网站上下载，也可到其他网上下载简体中文版进行安装。安装 Dreamweaver CS6 的详细操作步骤如下：

1 首先运行 Dreamweaver CS6 安装程序，运行 Dreamweaver CS6 安装程序后将弹出"Adobe Dreamweaver CS6"安装程序窗口，如图 2-1 所示。

2 选择好安装位置后，单击"下一步"按钮提取文件进行安装，如图 2-2 所示。

3 提取文件后，进入 Adobe Dreamweaver CS6 选择安装程序页面，如果有序列号请选择序列号安装，如果没有请选择试用版本，如图 2-3 所示。

第 2 章　了解 Dreamweaver CS6

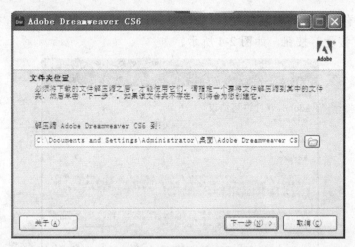

图 2-1　选择安装位置

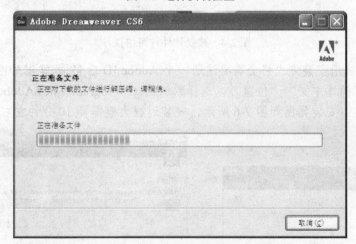

图 2-2　正在准备文件

图 2-3　选择安装

4️⃣ 如果选择有序列号的安装方式,则将弹出 Adobe 软件许可协议界面,在语言上选择"简体中文",单击"接受"按钮,如图 2-4 所示。

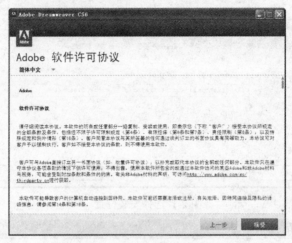

图 2-4　接受软件许可协议

5️⃣ 如果选择试用安装方式将会需要注册一个 Adobe ID 后登录,弹出如图 2-5 所示的安装界面,语言选择"简体中文",位置可以选择默认的 C:\Program Files\Adobe,单击"安装"按钮即可进行安装。安装界面如图 2-6 所示,安装过程大概需要 10 分钟左右,请耐心等待。

图 2-5　安装

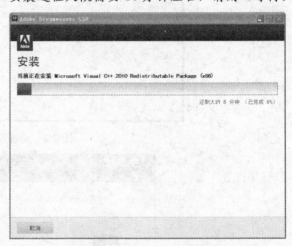

图 2-6　软件正在安装

6️⃣ 安装完成后就可以启动软件了。

2.2　Dreamweaver CS6 的新增功能

Dreamweaver CS6 可使用更新的"实时视图"和"多屏预览"面板来高效创建和测试跨平台、跨浏览器的 HTML5 内容,利用增强的 jQuery 和 PhoneGap 可构建出更出色的移动应用程序,并通过重新设计的多线程 FTP 传输工具来缩短上传大文件所需的时间。

第 2 章　了解 Dreamweaver CS6

1. 新站点管理器

虽然大部分功能保持不变，但"管理站点"对话框（"站点"|"管理站点"）给人一种焕然一新的感觉。附加功能包括创建或导入 Business Catalyst 站点等。

2. 基于流体网格的 CSS 布局

在 Dreamweaver 中使用新增的强健流体网格布局来创建能应对不同屏幕尺寸的最合适的 CSS 布局。在使用流体网格生成 Web 页时，布局及其内容会自动适应用户的查看装置，无论台式机、绘图板或智能手机都可以，选择"文件"|"新建流体网格布局"命令，弹出"新建文档"对话框，如图 2-7 所示。

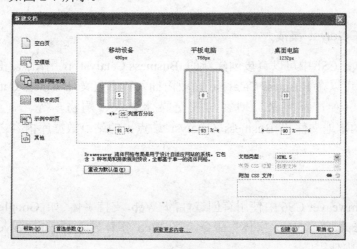

图 2-7　新建网格布局

3. CSS 过渡效果

使用新增的"CSS 过渡效果"面板可将平滑属性的变化应用于基于 CSS 的页面元素，以响应触发器事件，如悬停、单击和聚焦。常见的例子是当您悬停在一个菜单栏上时，它会逐渐从一种颜色变成另一种颜色。选择"窗口"|"CSS 过渡效果"命令，在打开的"CSS 过渡效果"面板中可以直接创建 CSS 过渡效果。

4. 多个 CSS 类选区

现在可以将多个 CSS 类应用于单个元素。选择一个元素，打开"多类选区"对话框，然后选择所需类，在应用多个类之后，Dreamweaver 会根据用户的选择来创建新的多类。

5. PhoneGap Build 集成

通过与令人激动的新增 PhoneGap Build 服务的直接集成，Dreamweaver CS6 用户可以使用其现有的 HTML、CSS 和 JavaScript 技能来生成适用于移动设备的本机应用程序。打开 PhoneGap Build 面板，选择"站点"|"PhoneGap Build"命令登录到 PhoneGap Build 后，可以直接在 PhoneGap Build 服务上生成 Web 应用程序，并且将生成的本机移动应用程序下载到本地桌面或移动设备上。PhoneGap Build 服务负责管理您的项目，并允许您为大多数流

行的移动平台生成本机应用程序，包括 Android、iOS、BlackBerry、Symbian 和 WebOS。

6. jQuery Mobile 1.0 和 jQuery Mobile 色板

Dreamweaver CS6 附带 jQuery 1.6.4，以及 jQuery Mobile 1.0 文件。jQuery Mobile 起始页可以从"新建文档"对话框中获得。现在，当您创建 jQuery Mobile 页时，还可以在两种 CSS 文件之间进行选择：完全 CSS 文件或被拆分成结构和主题组件的 CSS 文件。

通过使用新的"jQuery Mobile 色板"面板（"窗口"|"jQuery Mobile 色板"），可在 jQuery Mobile CSS 文件中预览所有色板（主题），然后，使用此面板来应用色板，或从 jQuery Mobile Web 页的各种元素中删除它们。使用此功能可将色板逐一应用于标题、列表、按钮和其他元素。

7. Business Catalyst 集成

在 Dreamweaver CS6 中可以直接创建新的 Business Catalyst 试用站点。在登录到 Business Catalyst 站点后，可以在 Business Catalyst 面板内插入和自定义 Business Catalyst 模块，即可访问丰富的功能（如产品目录、博客与社交媒体集成、购物车等），为您提供一种在 Dreamweaver 中的本地文件和 Business Catalyst 站点上的站点数据库内容之间进行集成的方式。

8. Web 字体

可以在 Dreamweaver CS6 中使用有创造性的 Web 支持字体（如 Google 或 Typekit Web 字体）：选择"修改"|"Web 字体"命令，将 Web 字体导入 Dreamweaver 站点，Web 字体即可在 Web 页中使用。

9. 简化的 PSD 优化

Dreamweaver CS5 中的"图像预览"对话框在 Dreamweaver CS6 中叫做"图像优化"对话框。打开此对话框后，在"文档"窗口中选择一个图像，然后单击属性检查器中的"编辑图像设置"按钮。当更改"图像优化"对话框中的设置时，"设计"视图中会显示图像的即时预览。

10. 对 FTP 传递的改进

Dreamweaver CS6 使用多路传递来使用多个渠道同时传输选定文件。Dreamweaver CS6 也允许您同时使用获取和放置操作来传输文件。如果有足够的可用带宽，FTP 多路异步传递可显著加快传输进度。

2.3 Dreamweaver CS6 的工作界面

Dreamweaver CS6 是世界顶级软件厂商 Adobe 推出的一套拥有可视化编辑界面，用于制作并编辑网站和移动应用程序的网页设计软件。由于它支持代码、拆分、设计、实时视图等多种方式来创作、编写和修改网页，对于初级人员而言，需编写任何代码就能快速创建 Web 页面。Dreamweaver CS6 的工作界面包含菜单栏、文档工具栏、文档窗口、属性面板和面板组，如图

2-8 所示。

图 2-8　Dreamweaver CS6 的工作界面

2.3.1　菜单栏

Dreamweaver CS6 菜单栏包含"文件"、"编辑"、"查看"、"插入"、"修改"、"格式"、"命令"、"站点"、"窗口"和"帮助"等功能，使用这些功能可以方便地访问与正在处理的对象或窗口有关的属性，当设计师制作网页时可通过菜单栏执行所需要的功能，如图2-9 所示。

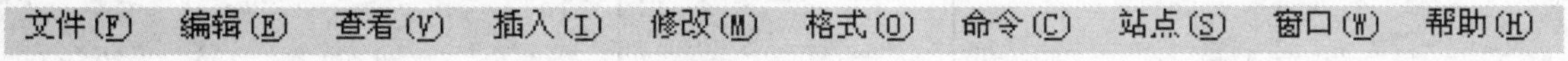

图 2-9　菜单栏

2.3.2　文档工具栏

文档工具栏中包含"代码"、"拆分"、"设计"、"实时视图"、"检查"、"多屏幕"、"浏览"和"标题"等按钮：单击"代码"按钮将进入代码编辑窗口；单击"拆分"按钮将进入代码和设计窗口；单击"设计"按钮将进入可视化编辑窗口；在"设计"模式下单击"多屏幕"按钮可应用"多屏幕"功能，多屏幕功能可在视图中根据自己的要求选择手机或电脑中的显示模式；单击"检查"按钮将对代码的语法进行检查；单击"浏览"按钮可利用 IE 对编辑好的程序进行浏览；在"标题"文本框中输入的文字用来显示网页的标题信息，即代码中<title>和</title>中的内容。文档工具栏如图 2-10 所示。

图 2-10　文档工具栏

2.3.3 文档窗口

文档窗口用于显示当前的文档内容。可以选择"设计"、"代码"和"拆分"三种形式查看文档。

- "设计"视图是一个可视化页面布局、可视化编辑和快速应用程序开发的设计环境，在该视图中，Dreamweaver CS6 中显示的文档具有完全编辑的可视化表示形式，类似于在浏览器中查看时看到的内容。
- "代码"视图是一个用于编写和编辑 HTML、JavaScript 等服务器语言代码，如 ASP、PHP 或标记语言，以及任何其他类型的手工编码环境。
- "拆分"视图可以在单个窗口中同时看到同一文件的"代码"视图和"设计"视图。

2.3.4 面板组

Dreamweaver CS6 的面板组嵌入在操作界面之中，在面板中进行操作时，对文档的相应更改也会同时显示在窗口之中，使得效果更加明了，使用者可以直接看到文档所做的修改，这样更加有利于编辑，如图 2-11 所示。

图 2-11 面板组

2.3.5 属性面板

属性面板可以显示文档中选定对象的属性，同样也可以修改它们的属性值，随着选择元素对象的不同，在属性面板中显示的属性也不同，如图 2-12 所示。

图 2-12 属性面板

2.4 使用 Dreamweaver CS6 创建简单网页

在各类网站设计工具中,功能多、实用性强的工具非 Dreamweaver CS6 莫属,它是公认的最佳网页制作工具,文本是网页最基本的元素,对文本的控制和布局在网页设计中是最常见的,如图像的编辑、页面之间的链接等。

2.4.1 文本

一般来说网页中出现最多的就是文本,所以对文本的样式控制占了很大的比重,下面将介绍如何在 Dreamweaver CS6 中插入文本、设置文本属性,详细的操作步骤如下。

1. 首先打开一个文档或新建一个文档。
2. 将光标置于文档中,便可输入文字,如图 2-13 所示。

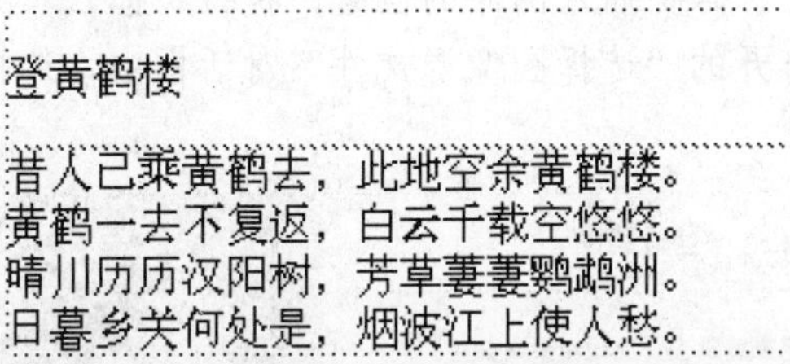

图 2-13　输入文字

3. 选中文字,执行"窗口"|"属性"命令,打开"属性"面板,在"大小"文本框中,将文字"大小"设置为"14"像素,将会弹出"新建 CSS 规则"对话框,在打开的"新建 CSS 规则"对话框中的"选择器名称"中将其命名为".1",如图 2-14 所示,设置好文字大小后,效果如图 2-15 所示。

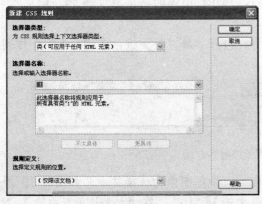

图 2-14　设置文字大小 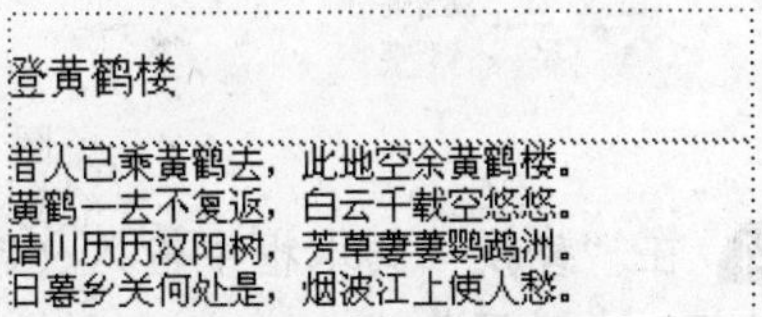　　　　图 2-15　文字大小效果

4. 选中文字,在"属性"面板中,单击"编辑规则"按钮将弹出刚刚新建的".1 的 CSS 规则定义"对话框,在".1 的 CSS 规则定义"对话框中的"Font-family"中设置文字的字体。在"Color"中设置颜色,效果如图 2-16 所示。

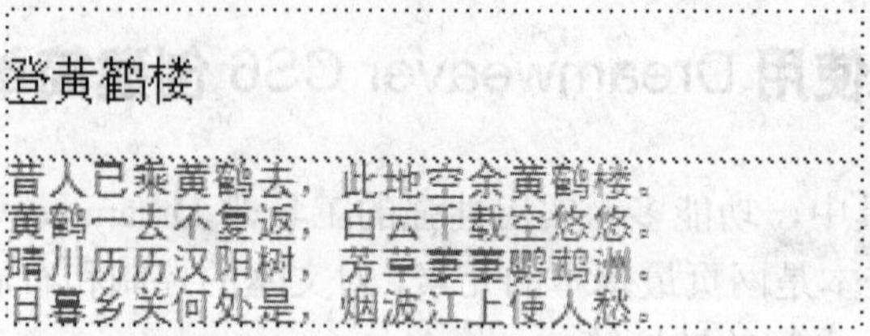

登黄鹤楼
昔人已乘黄鹤去，此地空余黄鹤楼。
黄鹤一去不复返，白云千载空悠悠。
晴川历历汉阳树，芳草萋萋鹦鹉洲。
日暮乡关何处是，烟波江上使人愁。

图 2-16　文字效果

2.4.2　图像

图像在网页中起到的主要作用是美化网页，同时也可以让浏览者加深印象，所以作用很大。插入和编辑图像的详细操作步骤如下：

1 首先打开一个文档或新建一个文档。

2 在文档中将光标置于需要插入图像的位置，执行“插入”|“图像”命令，打开“选择图像源文件”对话框，在打开的“选择图像源文件”对话框中，选择本地计算机上的一个图像插入，效果如图 2-17 所示。

登黄鹤楼
昔人已乘黄鹤去，此地空余黄鹤楼。
黄鹤一去不复返，白云千载空悠悠。
晴川历历汉阳树，芳草萋萋鹦鹉洲。
日暮乡关何处是，烟波江上使人愁。

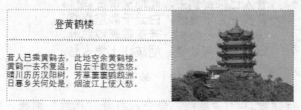

图 2-17　插入图像

提示　在“选择图像源文件”对话框中可以选择插入本地图像，还可以插入网络中的图像，即在 URL 文本框中输入需要插入的 URL 图像的网络地址就可以了。

3 选中图像，执行“窗口”|“属性”命令，打开“属性”面板，在“对齐”下拉列表中选择“左对齐”选项，如图 2-18 所示。

属性
图像, 52K
宽(W) 200
高(H) 150
源文件(S) 1.jpg
链接(L)
替换(T)
编辑
地图(M)
垂直边距(V)
水平边距(P)
目标(R)
原始
边框(B)
对齐(A) 左对齐
顶端
居中
底部
文本上方
绝对居中
绝对底部
右对齐
类(C) 无

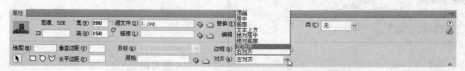

图 2-18　设置图像对齐方式

4 在“替换”文本框中输入文字“黄鹤楼”，设置图像的替换文本，如图 2-19 所示。在“边框”中设置像素为“1”，在“垂直边框”中输入“10”，在“水平边框”中输入“10”，效果如图 2-20 所示。

第 2 章　了解 Dreamweaver CS6

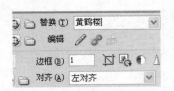

图 2-19　图像替换文本

图 2-20　图像边框

5 如果需要裁剪图像，首先需要选择裁剪的图像，执行"窗口"|"属性"命令。在"属性"面板中单击 按钮。单击 按钮后，图像周围会出现 8 个控制点，通过拖动这些控制点可以改变图像的大小，如图 2-21 所示。

6 选择好裁剪的位置后双击即可完成图像的裁剪工作，如果需要优化图像，可执行"窗口"|"属性"命令，在"属性"面板中单击 按钮。单击 按钮后，打开"图像预览"对话框，如图 2-22 所示，在"图像预览"对话框中进行相应的设置后单击"确定"按钮即可完成对图像的优化。

图 2-21　图像的裁剪

图 2-22　"图像预览"对话框

2.4.3　媒体

多媒体对象和图像一样，都在网页中起到美化网页的作用，利用 Dreamweaver CS6 制作网页时可以插入各种媒体对象，如 Flash。插入多媒体的操作步骤如下：

1 首先打开一个文档或新建一个文档。

2 在文档中将光标置于需要插入 Flash 动画的位置，执行"插入"|"媒体"|"SWF"命令，打开"选择 SWF"对话框，在打开的"选择 SWF"对话框中，选择本地计算机上的一个.swf 文件，效果如图 2-23 所示。

 Flash 动画是一种高质量的矢量动画。使用 Dreamweaver 制作网页时，可以插入.swf 或.swt 格式的 Flash 动画。

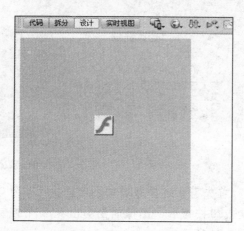

图 2-23　插入 Flash 动画

2.4.4　链接

网页中的链接主要有文字链接、图像链接、锚点链接和电子邮件链接等多种类型，通过这些不同的链接类型来传递信息。

创建链接都是在"属性"面板中的"链接"文本框中完成的，创建链接的详细操作步骤如下。

1．文字链接

① 首先打开一个文档或新建一个文档。

② 选中要设置链接的文字，执行"插入"|"超级链接"命令，打开"超级链接"对话框，单击"超级链接"对话框中"链接"后面的 按钮选择需要转向的网页，如图 2-24 所示。

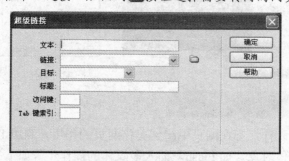

图 2-24　选择链接文件

③ 在打开的"超级链接"对话框中，可以设置其链接的打开方式，链接的打开方式有"_blank"、"_new"、"_parent"、"_self"、"_top"。

2．图像链接

图像链接和文本链接一样，在网页中是最基本的链接，创建的方式也相同。

① 图像热点链接可以将一幅图像分割为若干个区域，并将这些区域设置成热点区域，再将这些不同的热点区域链接到不同的页面，选中图像，单击"属性"面板中的 按钮，在"爱

情诗歌"图像上拖动,绘制一个矩形热点,如图 2-25 所示。

② 在"属性"面板中的"链接"文本框中选择需要转向的页面,这样就完成了矩形热点的绘制。

3．电子邮件

① 通过电子邮件链接,可以将信息传送到对应的邮箱中,方便用户与网站管理者、服务商之间的沟通。选中文字"邮件联系我们",执行"插入"|"电子邮件链接"命令,在打开的"电子邮件链接"对话框中输入要链接的电子邮箱,如图 2-26 所示。

图 2-25　绘制一个矩形热点

图 2-26　"电子邮件链接"对话框

② 单击"确定"按钮,完成"电子邮件链接"对话框的设置,如图 2-27 所示。

图 2-27　添加电子邮件链接

4．锚点链接

在制作网页时,有些内容比较多,为了方便浏览,可以在页面中设置锚点链接,从而通过锚点链接快速转向。

① 将光标置于文字"第一节"的前面,执行"插入"|"命名锚记"命令,打开"命名锚记"对话框。在锚记名称文本框中输入"no1",如图 2-28 所示。

② 单击"确定"按钮插入锚记,如图 2-29 所示。

③ 选中表格中的文字"回到顶部",如图 2-30 所示,在"属性"面板中的"链接"文本框中输入"#no1",no1 就是刚刚命名锚记的名称,这样就可以设置锚记链接,如图 2-31 所示,设置成功后,当单击文字"回到顶部"时,将转到页面的头部"第一节"前面。

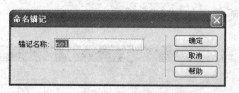

图 2-28　输入锚记名称　　　　　　图 2-29　插入锚记 no1

图 2-30　选择文字

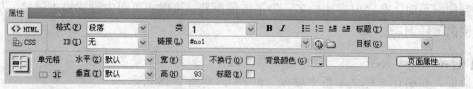

图 2-31　设置锚记链接

2.4.5　表单

　　使用表单可以加强访客与站点管理员的信息收集工作,表单从用户那里收集信息后,将这些信息提交给服务器进行处理,如图 2-32 所示是创建的表单网页。

第 2 章 了解 Dreamweaver CS6

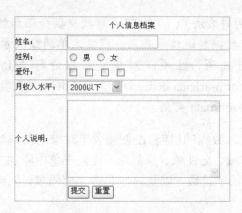

图 2-32　表单效果

<form></form>标记之间的部分都属于表单的内容。表单标记具有"action"、"method"和"target"属性。

- action 的值是处理程序的程序名，如<form action="URL">，如果这个属性是空值（""），则当前文档的 URL 将被使用，当用户提交表单时，服务器将执行这个程序。
- method 用来定义处理程序从表单中获得信息的方式，可取 GET 或 POST 中的一个。
- target 属性用来指定目标窗口或目标帧。可选当前窗口"_self"、父级窗口"_parent"、顶层窗口"_top"、空白窗口"_blank"。

创建表单的具体操作方法如下：

1. 打开文档。
2. 将光标置于要插入表单的位置，执行"插入"|"表单"|"表单"命令即可插入表单，如图 2-33 所示。

图 2-33　插入表单

对于创建的表单，可在"属性"面板中进行相应的设置，如图 2-34 所示。

图 2-34　"属性"面板

- 表单 ID：默认的名称是 form1，一个页面可以有多个 form 表单，不同的表单位采用不同的表单名称以示区别，表单名称的采用是为了一些程序脚本的应用，例如，表单检测，所以表单名称的重要性不言而喻。
- 动作：即该表单将信息内容提交的页面地址，该动作指向的页面是脚本程序用来接受并处理信息的。

- 方法：提交表单有两种方法。（1）GET 是将提交数据添加到"动作"的指向页面。（2）POST 是直接将提交数据发送给服务器。提交表单的默认方法是 PSOT。
- 编码类型：属于可选项，主要是对提交数据进行 MIME 的编码类型，默认是 Application/x-www-form-urlencoded，如果需要上传文件到数据库中的 OLE 对象，则使用指定的 multipart/form-data 类型。

表单对象是允许用户输入数据的机制。在创建表单对象之前，首先必须在页面中插入表单。有 3 种类型的表单域：文本域、文件域、隐藏域。在向表单中添加文本域时，可以指定域的长度、含的行数、最多可输入的字符数，以及该域是否为密码域。创建表单对象的具体操作步骤如下：

❶ 将光标放置在表单内，执行"插入"|"表格"命令，打开"表格"对话框，如图 2-35 所示。

图 2-35　"表格"对话框

❷ 将"行数"设置为 7，"列"设置为 2，"表格宽度"为 600 像素，"边框粗细"设置为 0 像素，"单元格边距"设置为 0，"单元格间距"设置为 0，单击"确定"按钮，插入的表格如图 2-36 所示。

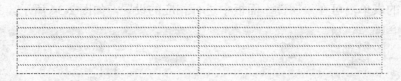

图 2-36　插入表格

❸ 将光标置于第 2 行第 1 列，输入文字"姓名："，并将"属性"面板的"水平"设置为"居中对齐"，如图 2-37 所示。

❹ 将光标旋转于第 2 行第 2 列的单元格中，执行"插入"|"表单"|"文本域"命令插入文本域。选中文本域，在"属性"面板中，将"字符宽度"设置为 20，"最多字符数"设置为 30，"类型"设置为"单行"，"文本域"为"name"，如图 2-38 所示。

第 2 章　了解 Dreamweaver CS6

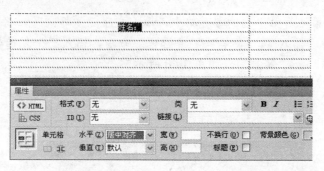

图 2-37　输入文字并设置水平对齐方式

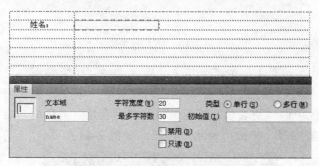

图 2-38　插入文本框并设置属性

说　　明

文本域有以下三种类型。

- 单行文本域：通常提供单字或短语响应，如姓名或者地址。
- 多行文本域：为访问者提供一个较大的区域，使其输入响应。
- 密码域：是特殊类型的文本域。

5 将光标置于第 3 行第 1 列的单元格中，输入文字"性别："，将光标置于第 3 行第 2 列的单元格中，执行"插入"|"表单"|"单选按钮"命令，插入单选按钮，在其右边输入文字"男"，再次执行"插入"|"表单"|"单选按钮"命令，插入单选按钮，在其右边输入文字"女"，如图 2-39 所示。

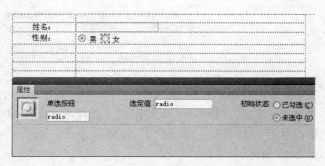

图 2-39　插入单选按钮

⑥ 将光标置于第 4 行第 1 列的单元格中，输入文字"爱好："，将光标置于第 4 行第 2 列的单元格中，执行"插入"｜"表单"｜"复选框"命令，插入三个复选框，在其右边输入文字"看书"、"打球"、"其他"，如图 2-40 所示。

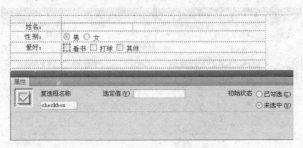

图 2-40　插入复选框

⑦ 将光标置于第 5 行第 1 列的单元格中，输入文字"工资情况："，将光标置于第 5 行第 2 列的单元格中，执行"插入"｜"表单"｜"列表菜单"命令，插入列表菜单，选中列表菜单，单击"属性"面板中的"列表值"按钮，打开"列表值"对话框，在"列表值"对话框中单击⊞按钮，添加所需内容，单击"确定"按钮，如图 2-41 所示。

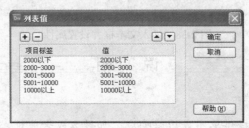

图 2-41　设置列表值

⑧ 将光标置于第 6 行第 1 列的单元格中，输入文字"个人说明："，将光标置于第 6 行第 2 列的单元格中，插入文本域，如图 2-42 所示。

⑨ 选中文本域，在"属性"面板中，将"字符宽度"设置为 30，"行数"设置为 7，"类型"设置为"多行"，"文本域"设置为 content，如图 2-43 所示。

图 2-42　插入文本域　　　　　　　　　图 2-43　"属性"面板

⑩ 选中第 7 行单元格，执行"修改"｜"表单"｜"合并单元格"命令，合并单元格，将光标置于合并的单元格，执行"插入"｜"表单"｜"按钮"命令，插入一个"提交"按钮和一个"重置"按钮，如图 2-44 所示。

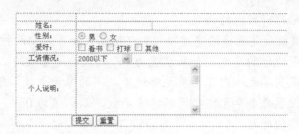

图 2-44 插入"提交"按钮和"重置"按钮

11 选中插入的按钮,在"属性"面板中的"值"文本框中输入"提交",将"动作"设置为"提交表单",如图 2-45 所示,将光标置于按钮的右侧,单击"属性"面板中的"居中对齐"按钮,将其对齐方式设置为"居中对齐",选中插入的按钮,在"属性"面板中的"值"文本框中输入"重置",将"动作"设置为"重设表单",如图 2-46 所示。

图 2-45 设置"提交"按钮

图 2-46 设置"重置"按钮

2.4.6 表格

表格是用于在页面上显示表格式数据,以及对文本和图形进行布局的有力工具,在 Dreamweaver CS6 中,用户可以插入表格并设置表格的相关属性,也可以添加和删除表格的行和列,还可以对表格进行拆分和合作,对表格进行操作的步骤如下:

1 打开 HTML 文档,将鼠标定位在要插入表格的位置。
2 执行菜单栏中的"插入"|"表格"命令,弹出"表格"对话框,如图 2-47 所示。

图 2-47 "表格"对话框

说　　明

对"表格"对话框中主要选项的说明如下:

- 行数:定义表格中的行。

- 列：定义表格中每一行内的列数。
- 表格宽度：编辑框后是表格的宽度单位，包括像素和百分比两种单位，默认值为像素。
- 边框粗细：设置边框的厚度。如果设置为0，则表格是隐藏的。
- 单元格边距：设置单元格内容与单元格边界之间的像素个数，默认值为0。
- 单元格间距：设置每个单元格之间的像素个数，默认值为0。
- 标题：输入表格的标题。
- 摘要：输入所建表格的说明。

3 在"表格"对话框中输入行数为7、列为2、表格宽度为600像素等，其他项都为默认值，单击"确定"按钮，即可创建一个简单的HTML表格。

4 在Dreamweaver CS6中插入表格后，在"设计"视图中，可以打开表格的"属性"面板，也可以在面板中设置表格的各种属性，例如选择"宽"文本框，输入一个数字，表示表格的宽度，在右侧可以选择像素或百分比，默认值是像素，如图2-48所示。

图2-48 "属性"面板

说 明

对"属性"面板的说明如下。

- 在"属性"面板中的"填充"文本框输入一个数字"0"，表示单元格边框和内容之间为空白。
- 在"属性"面板中的"间距"文本框输入一个数字，表示单元格之间的距离。
- 在"属性"面板中单击"对齐"下拉菜单，可以选择表格的对齐方式："左对齐"、"居中对齐"和"右对齐"。默认为"左对齐"。假如选择表格的对齐方式为"右对齐"，那么在"代码"视图中查看的源代码为：

`<table width="400" border="0" align="right" cellpadding="0" cellspacing="0">`

- 在"属性"面板中的"边框"文本框输入一个数字，表示表格的边框宽度。

5 在Dreamweaver CS6中插入表格以后，在"设计"视图中，可以改变单元格的高度和宽度。改变了单元格的高度，也就是改变了单元格所在行中行的高度；改变了单元格的宽度，也就是改变了单元格所在列中列的宽度。将鼠标移动到单元格的边框上，当鼠标变成"⇕"形状时，按下鼠标左键上下拖动鼠标，可以改变单元格的高度，如图2-49所示。

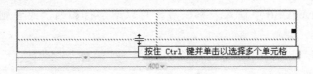

图 2-49　拖动表格高度

⑥ 也可利用鼠标单击欲改变高度的单元格,或者按住 Ctrl 键的同时利用鼠标单击单元格,选中单元格以后,弹出单元格的"属性"面板,在"高"文本框中输入一个数字,如 50,即可设定这个单元格的高度(也是行的高度)为 50 像素,如图 2-50 所示。

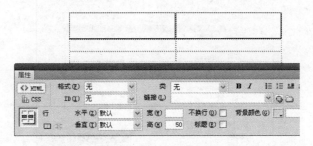

图 2-50　设置表格高度

⑦ 将鼠标移动到单元格的边框上,当鼠标变成"↔"形状时,按下鼠标左键左右拖动鼠标,可以改变单元格的宽度,如图 2-51 所示。

图 2-51　拖动表格宽度

⑧ 当鼠标变成"↔"形状时,按住 Shift 键,再按下鼠标左键左右拖动鼠标,停止拖动后,先松开鼠标左键,再松开 Shift 键,这样只改变了鼠标左边的列宽,而表格中其他列的宽度不变,但是,表格的宽度会相应的增加或者减少。

⑨ 也可以利用鼠标单击欲改变宽度的单元格,或者按住 Ctrl 键的同时利用鼠标单击单元格,选中单元格以后,在单元格的"属性"面板中的"宽"文本框中输入一个数字,如 200,即可设定这个单元格的宽度(也是这一列的宽度)为 200 像素,如图 2-52 所示。

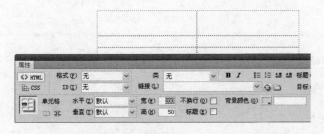

图 2-52　设置表格宽度

10 在 Dreamweaver CS6 中插入表格以后，可以增加行和列，或者删除行和列。

===说　明===

增加和删除行列的方式如下。

- 选择"插入"|"表格对象"命令，在弹出的子菜单中选择想要的操作即可，如图 2-53 所示。

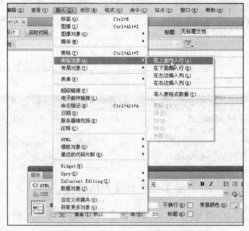

图 2-53　增加表格的行和列

- 单击鼠标右键，在弹出的快捷菜单中选择"表格"命令，在子菜单中选择"插入行"、"插入列"、"删除行"、"删除列"即可，如图 2-54 所示。

图 2-54　快捷菜单

删除行或列时必须首先选择整个行或列，否则，不能删除行或列，而只能删除单元格中的数据。

11 在 Dreamweaver CS6 中可通过对单元格的合并和拆分生成各种各样、简单的或者复杂的表格。

===说　明===

单元格的合并和拆分方法如下。

（1）合并单元格

1️⃣ 选择几个要合并的单元格，必须是相邻的单元格，如图 2-55 所示。

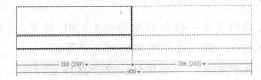

图 2-55　选择单元格

2️⃣ 在表格的"属性"面板中单击 ▢ 按钮即可合并单元格。

3️⃣ 合并单元格的结果如图 2-56 所示。

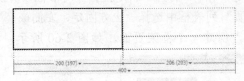

图 2-56　合并单元格

（2）拆分单元格

1️⃣ 选择一个单元格，如图 2-57 所示。

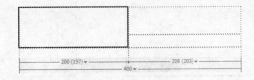

图 2-57　选择单元格

2️⃣ 在表格的"属性"面板中单击 ⚌ 按钮即可弹出"拆分单元格"对话框，如图 2-58 所示。

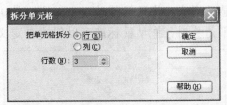

图 2-58　"拆分单元格"对话框

3️⃣ 在"拆分单元格"对话框中，如果选择"行"，就要输入要拆分的行数；如果选择"列"，就要输入要拆分的列数。

4️⃣ 单击"确定"按钮，单元格拆分成功。

2.4.7　框架

框架的作用就是把浏览器窗口分成若干个区域，每个区域可以分别显示不同的网页，使得用户在浏览网页时如同使用资源管理器一样方便。在 Dreamweaver CS6 中创建网页框架集需要两步：显示框架边框和创建网页框架集。

框架由两个部分组成：框架集和单个框架。

- 框架集是在一个文档内定义一组框架结构的 HTML 网页，它定义了一个网页中的框架数目、每个框架的大小、载入每个框架的网页源等。
- 单个框架是指在网页中定义的一个区域，每个区域可以分别显示。

创建框架集和创建框架是同步的，只是创建框架就一定形成了框架集，同样创建框架集就一定具有框架。在 Dreamweaver CS6 中创建框架页面的详细操作步骤如下：

1 执行"文件" | "新建"命令，打开"新建文档"对话框，切换到"示例中的页"选项卡，选择"框架页"，在"示例页"列表框中选择"上方固定、左侧嵌套"选项，如图 2-59 所示。

2 单击"确定"按钮，创建一个框架页面，如图 2-60 所示。

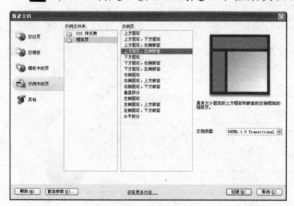
图 2-59　选择框架

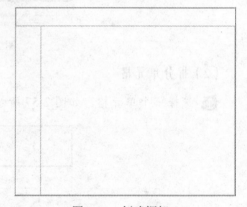
图 2-60　创建框架

3 若想创建自定义的框架集，可以执行"查看" | "可视化助理" | "框架边框"命令，把框架边框的"设计"窗口显示出来，将鼠标移动到"文档"窗口的边框，鼠标指针变化为垂直双向箭头、移动箭头或水平箭头时，拖动鼠标就可以创建自定义的框架集，如图 2-61 所示。

图 2-61　创建框架集

④ 如果需要删除其中一个框架，则拖动该框架将其压缩到其他边框即可。

⑤ 将鼠标移动到最上面的框架页，按 Ctrl+S 组合键保存这个框架页，保存名为 top.html，如图 2-62 所示。

⑥ 利用同样的方法，将其他两个框架页保存名为 left.html 和 right.html，再执行"文件"|"保存全部"命令，对整个框架集进行保存，保存名为 index.html，如图 2-63 所示。

图 2-62 保存框架页

图 2-63 保存框架集

2.4.8 AP 元素

AP 元素，即绝对定位元素，是指在网页中具有绝对位置的页面元素。AP 元素中可以包含文本、图像或其他任何网页元素。

Dreamweaver 中默认的 AP 元素通常是指拥有绝对位置的 Div 标签和其他具有绝对位置的标签。

在 Dreamweaver 中，使用 AP 元素可以设计网页布局。同时可以利用 AP 元素的特点，通过一些条件限制来显示特定位置的 AP 元素来完成某些特殊效果。例如，两个等大的并处在相同位置的 AP 元素，通过单击来切换前后位置。

具有绝对位置的 Div 标签，即 AP Div，又称为层。它是 HTML 网页的一种元素，可以放置在网页的任意位置。层可以包含文本、图像或 HTML 文档中允许放入的其他元素。

层是网页中的一个区域，在一个网页中可以有多个层存在，它最大的魅力在于各个层可以重叠，并且可以设定各层的属性和关系。

使用层可以更灵活有效地制作页面，它可与表格相互转换。与表格的功能相比，层与表格相似，而且能够相互转化，但层在操作上自由度更高。

层的详细操作步骤如下：

① 执行"插入"|"布局对象"|"AP Div"命令，如图 2-64 所示。

图 2-64　创建 AP div 层

2 若想在"属性"面板中查看和设置 AP 元素的属性值，只要选择一个"AP Div"，执行"窗口"|"属性"命令，打开如图 2-65 所示的"属性"面板，即可通过设置"属性"面板来更改 AP Div 的属性。

图 2-65　"属性"面板

3 将移动至需要选择的 AP Div 边框，光标指针变成，单击鼠标左键即可选择该 AP Div。

4 在 AP Div 的内部单击，显示 AP Div 的选择柄，单击选择柄，即可选中 AP Div，如果选择柄不可见，可在该 AP Div 中的任意位置单击以显示该选择柄。

> **提示**
>
> 如果在文档中不显示 AP Div 标记，可执行"编辑"|"首选参数"命令，打开"首选参数"对话框，在"分类"列表框中选择"不可见元素"选项，勾选"AP 元素的锚点"复选框，如图 2-66 所示，单击"确定"按钮。
>
>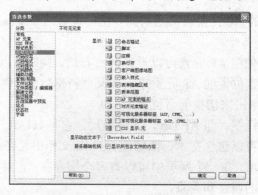
>
> 图 2-66　"首选参数"对话框

5 打开"AP 元素"面板，在"AP 元素"面板中选择 AP Div 名称，若在选择的同时按住 Shift 键可以选择多个 AP Div。

6 创建 AP Div 完毕后，用户可以再次调整它的大小，可以单独调整 AP Div 的大小，也可以同时调整多个 AP Div 的大小，使它们具有相同的宽度和高度。选中 AP Div 的边框，拖动即可调整 AP Div 的大小，如图 2-67 所示。调整到合适的大小后松开鼠标，即可将 AP Div 调整为合适的大小。也可以选中需要调整大小的 AP Div，打开"属性"面板，在"宽"和"高"

文本框中输入相应的数值即可。

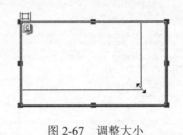

图 2-67　调整大小

7 单击 AP Div 的边框，按住鼠标左键进行拖动，将其拖动到相应的位置，松开鼠标左键，即可移动 AP Div。

2.5　模板、库的使用

模板和库可以使网页具有统一的风格，同时对于多个页面相同的部分，可以定义为模板或库。

2.5.1　模板

采用模板的最大好处就是当对模板进行修改更新时，所有采用了该模板的网页文档的锁定区域都能同步更新，从而达到整个站点风格变化的统一性。

在 Dreamweaver 中，模板就是一个网页文档，该文件将自动保存到站点根目录下的 Templates 文件夹中，文件扩展名为.dwt。

模板具有固定的版面布局结构，可以用来作为站点中新建网页文档的布局，同时在模板中还可以定义文档的可编辑区域，使应用该模板的网页能对此区域自行编辑处理，当然在模板未定义可编辑区域前，应用模板的网页则被锁定，不能进行相关的编辑。

在 Dreamweaver CS6 中，用户可以将现有的网页文档创建为模板，然后根据需要加以修改，或创建一个空白模板，在其中输入需要显示的文档内容。模板实际上也是文档，其扩展名是.dwt，存放在根目录的 Templates 文件夹中，模板文件夹并不是一开始就有的，它只是在创建模板的时候才自动生成的。在 Dreamweaver 中创建模板的详细操作步骤如下：

1 执行"文件"|"新建"命令，打开"新建文档"对话框。

2 在对话框中选择"空模板"选项，在"模板类型"列表框中选择"HTML 模板"选项，在"布局"列表框中选择"列固定，居中，标题和脚注"。

3 单击"创建"按钮，创建一个新的模板文档，如图 2-68 所示。

不要将模板移动到 Templates 文件夹之外，或者将任何非模板文件放在 Templates 文件中，此外不要将 Templates 文件夹移动到本地根文件夹之外，这样做将引起模板中的路径错误。

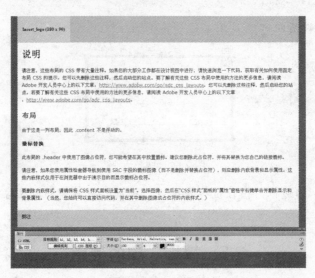

图 2-68 创建模板

④ 执行"文件"|"另存为模板"命令，打开"另存为模板"对话框，将其文档进行保存，命名为 index.dwt。

⑤ 在创建模板之后，只有可编辑区域才能将模板应用到网站的网页中，打开创建的模板文件 index.dwt，将光标置于要插入编辑区域的位置，执行"插入"|"模板对象"|"可编辑区域"命令，如图 2-69 所示。

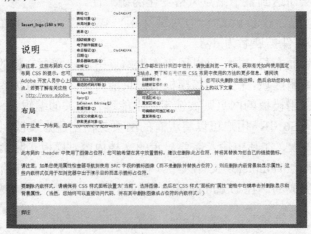

图 2-69 执行"可编辑区域"命令

⑥ 选择"可编辑区域"命令后，打开"新建可编辑区域"对话框，如图 2-70 所示。

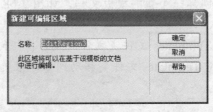

图 2-70 "新建可编辑区域"对话框

> 在命名可编辑区域时，不能使用某些特殊字符，如单引号（'）、双引号（"）、尖括号（<>），以及"与（&）"符号等。在模板中，可编辑区域以浅蓝色加亮显示，新建的可编辑区域用名称表示。它实际上是一个占位符，表明当前可编辑区域在文档中的位置。

7 单击"确定"按钮，在模板中插入可编辑区域。

2.5.2 库

库是一种特殊的 Dreamweaver 文件，其中包含已创建的便于放在网页上的单独"资源"或是资源的集合。库用来存储想要在整个网站上经常重复使用或更新的页面元素，这些元素称为库项目。

使用库项目时，Dreamweaver 不是在网页中插入库项目，而是向库项目中插入一个链接，如果以后要更改库项目，系统将自动在任何已经插入该库项目的页面中更新库的实例。在 Dreamweaver 中创建库项目的具体操作步骤如下。

1 执行"文件"|"新建"命令，打开"新建文档"对话框，选择"空白页"选项卡，在"页面类型"中选择"库项目"选项，如图 2-71 所示。

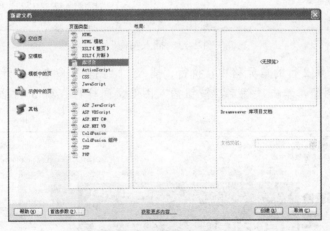

图 2-71 新建库项目

2 单击"创建"按钮，创建一个库项目。

3 执行"插入"|"表格"命令，打开"表格"对话框，将"行数"设置为 3，"列"设置为 1，如图 2-72 所示。

图 2-72 插入表格

4 单击"确定"按钮插入表格。

5 将光标置于第 1 行的单元格中，执行"插入"|"图像"命令，打开"选择图像源文件"对话框。

6 在对话框中选择一个图像，单击"确定"按钮插入图像，如图 2-73 所示。

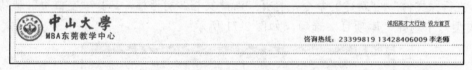

图 2-73 插入图像

7 将光标置于第 2 行的单元格中，执行"插入"|"图像"命令，打开"选择图像源文件"对话框，选择一个图像，单击"确定"按钮插入图像，同样再在第 3 行插入图像，如图 2-74 所示。

图 2-74 插入图像

8 选择"文件"|"保存"命令，打开"另存为"对话框，在对话框中的"文件名"文本框中输入"top"，"保存类型"设置为"Library Files（*lbi）"，如图 2-75 所示。

图 2-75 保存库文件

9 单击"保存"按钮,保存库文件。

在 Dreamweaver 中,另一种维护文档风格的方法是使用库项目,如果说模板从整体上控制了文档风格的话,库项目则从局部上维护了文档的风格,把库项目插入到页面时,实际内容以及对项目的引用就会被插入文档中,打开文档,执行"窗口"|"资源"命令,打开"资源"面板,单击"库"按钮,打开如图 2-76 所示的对话框。选中库文件将其拖动到文档中就可以使用库文件了。

图 2-76 "资源"面板

2.6 站点的建立和管理

在 Dreamweaver 中,"站点"是指属于 Web 站点和文档的本地或远程的存储位置,Dreamweaver 站点提供了一种方法,使用户可以组织和管理所有的 Web 文档,将站点上传到 Web 服务器中,以方便维护。

2.6.1 建立站点

使用 Dreamweaver 站点功能可以更好地管理和组织站点内的资源。在建立站点后，可以实现自动跟踪和维护链接等功能，为了充分发挥这些功能就必须建立 Dreamweaver 站点。

定义 Dreamweaver 站点，就是建立一个存放和组织站点资源的文件夹，并定义这个文件夹的相关网站信息，例如服务器、数据库等站点信息。建立站点的详细操作步骤如下：

1 启动 Dreamweaver CS6，选择菜单栏中的"站点"|"新建站点"命令，弹出"站点设置对象"对话框，如图 2-77 所示。

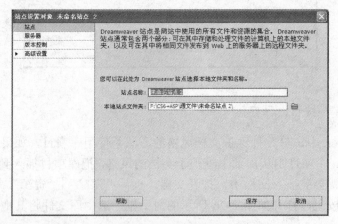

图 2-77　建立站点

2 在"站点名称"文本框中设置站点名称为 gbook，单击"本地站点文件夹"文本框右侧的 按钮，弹出"选择根文件夹"对话框，选择本地站点的文件夹，如图 2-78 所示。

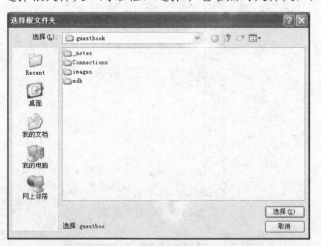

图 2-78　"选择根文件夹"对话框

3 单击"选择"按钮，确定本地站点根目录的位置，然后单击"保存"按钮，即可完成本地站点的创建，在"文件"面板中将显示刚创建的本地站点，如图 2-79 所示。

第 2 章　了解 Dreamweaver CS6

图 2-79　刚创建的站点

④ 在"站点设置对象 gbook"对话框中选择"服务器"选项，如图 2-80 所示，在其中可以指定远程服务器和测试服务器，单击 ➕ 按钮，进入服务器设置界面，如图 2-81 所示。

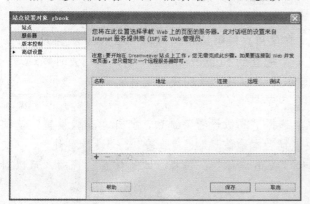

图 2-80　选择"服务器"

图 2-81　服务器设置界面

⑤ 输入"服务器名称"为 gbook，在"连接方法"下拉菜单中选择"本地/网络"，单击"服务器文件夹"右侧的 📁 按钮，选择对应的根文件，Web URL 设置为 http://localhost/，如图 2-82 所示。

图 2-82　设置服务器

⑥ 单击"保存"按钮，完成服务器的设置，在"站点设置对象 gbook"对话框中选择"版本控制"选项，可以切换到"版本控制"选项卡，在"访问"下拉列表中选择 Subversion 选项，

如图 2-83 所示，表示 Dreamweaver 可以连接到 Subversion（SVN）的服务器。

图 2-83 "版本控制"选项卡

 Subversion 是一种版本控制系统，它使用户能够协作编辑和管理 Web 服务器上的文件。Dreamweaver CS6 并不是一个完整的 Subversion 客户端，但用户可以通过 Dreamweaver CS6 获得文件的最新版本，以及更改和提交文件。

⑦ 在"站点设置对象 gbook"对话框中选择"高级设置"选项，打开"高级设置"选项卡。在该选项卡中又包含多个子选项，其中包括"本地信息"、"遮盖"、"设计备注"、"文件视图列"、Contribute、"模板"、Spry 和"Web 字体"。选择"本地信息"选项，可以对本地信息进行设置，如图 2-84 所示。

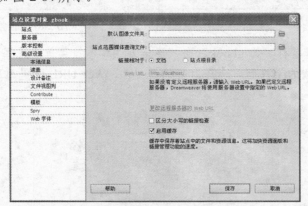

图 2-84 设置"本地信息"选项

⑧ 单击"默认图像文件夹"右侧的 按钮，选择对应根文件夹中的 images 文件，如图 2-85 所示。

第 2 章　了解 Dreamweaver CS6

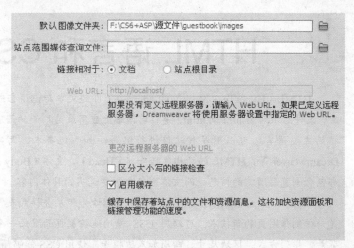

图 2-85　选择图像文件夹

⑨ 单击"保存"按钮，完成站点的建立。

2.6.2　管理站点

在 Dreamweaver 中可以创建多个站点，这些站点被统一寄存在"管理站点"对话框中，通过该对话框，可以方便地在多个站点之间切换，并且还可以对站点进行添加或删除操作。

选择"站点"|"管理站点"命令，即可弹出"管理站点"对话框，如图 2-86 所示。"管理站点"对话框中包括对站点的所有操作，可以对站点进行新建、编辑、复制、删除、导出及导入等操作。

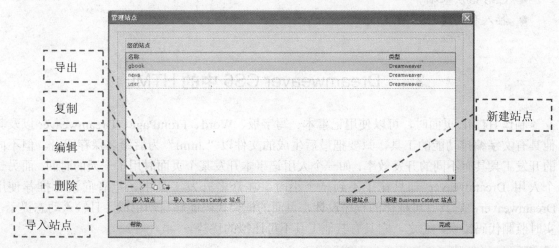

图 2-86　"管理站点"对话框

第 3 章 HTML 语言和 CSS 基础

HTML（HyperText Mark-up Language）即超文本标记语言或超文本链接标记语言，文件后缀名为.htm 或.html，是目前网络上应用最为广泛的语言，也是构成网页文档的主要语言，可以用多种软件进行编写，如：记事本、写字板、FrontPage 或 Dreamweaver 等，HTML 的结构包括头部（Head）、主体（Body）两大部分，其中头部包含浏览器所需的信息，而主体则包含所要说明的具体内容。

CSS（Cascading Style Sheets）的中文翻译为"层叠样式表"，简称样式表，它是一种制作网页的新技术。可以用 CSS 精确地控制页面里每一个元素的字体样式、背景、排列方式、区域尺寸、四周加入边框等。使用 CSS 能够简化网页的格式代码、加快下载显示的速度、外部链接样式等，可以同时定义多个页面，大大减少了重复劳动的工作量。

本章重要知识点

- Dreamweaver CS6 中的 HTML
- 常用的 HTML 标记
- CSS 语法基础
- 插入和创建 CSS 样式

3.1 Dreamweaver CS6 中的 HTML

制作 HTML 页面时，可以使用记事本、写字板、Word、FrontPage、Dreamweaver 以及其他具有文字编排功能的工具，只要把最后生成的文件以".html"为后缀名保存即可。但不同的开发工具具有不同的开发效率，如一个人用记事本开发某个页面时用了一天的时间，而另一个人用 Dreamweaver 却只花了不到一个小时。在众多开发工具中，笔者向读者推荐使用 Dreamweaver，它具有可视化的程序设计，页面的框架代码能够自动生成，且输入动态提示，实时监测代码错误，总之，它具有其他工具不可比拟的优势。

3.1.1 新建 HTML 文件

下面利用 Dreamweaver 新建一个 HTML 文件，步骤如下：

1 启动 Dreamweaver CS6，打开 Dreamweaver CS6 的工作界面，如图 3-1 所示。

第 3 章 HTML 语言和 CSS 基础

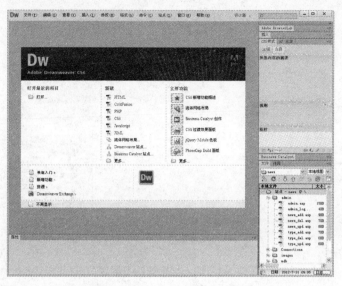

图 3-1 Dreamweaver CS6 的启动界面

② 执行"新建"|"HTML"命令，即可创建 HTML 新文档，如图 3-2 所示。

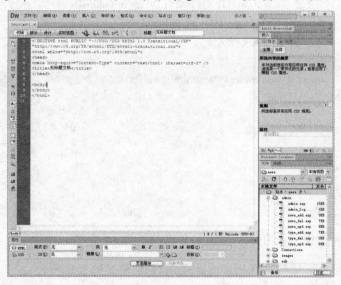

图 3-2 新建的 HTML 页面

③ 在"标题"文本框中输入"第一个 HTML 网页"，单击 拆分 按钮，在窗口中输入"这是我制作的第一个页面"，如图 3-3 所示。

图 3-3　输入文字说明及标题

把"代码"窗口的代码复制出来进行分析，代码如下：

```
<!DOCTYPE html PUBLIC "-//W3C//DTD XHTML 1.0 Transitional//EN"
"http://www.w3.org/TR/xhtml1/ DTD/xhtml1-transitional.dtd">
<html xmlns="http://www.w3.org/1999/xhtml">
<head>
<meta http-equiv="Content-Type" content="text/html; charset=utf-8" />
<title>第一个 HTML 网页</title>
</head>

<body>
这是我制作的第一个页面
</body>
</html>
```

可以注意到上面的代码具有以下几个最基本的特点：

- 有很多用"< >"括起的代码，这就是 HTML 语言的标记符号。
- 代码主要由 head、body 两部分组成。
- 代码中有很多成对出现的标记，如出现<html>后，后面会出现与之对应的</html>；如前面出现<head>，后面会出现与之对应的</head>。在成对出现的标记中第 1 个表示开始，第 2 个表示结束，并且结束的标记要多一个斜杠。

接下来看看这些标注所代表的意义。

- html：表示被<html>及</html>涵盖的内容是一份 HTML 文件，不过本标注也可以省略。
- head：此标注用来注明此份文件的作者等信息，除了 <title> 会显示在浏览器的标题列之外，其他并不会显示出来，故 <meta> 可以省略。
- meta：表示一个 meta 变量，其作用是声明信息或向 Web 浏览器提供具体的指令。
- body：被此标注所涵盖的数据表示 HTML 文件的内容，会被浏览器显示在显示窗口，不过本标注也可以省略。
- title：表示该页面的标题，这两个标记中间的字符将会显示在浏览器的标题栏上，如上面实例的"我的第一个页面"就会显示在浏览器的标题栏上。

3.1.2 详解 HTML 标签

在 Dreamweaver CS6 中自动生成的 HTML 语言节省了很多人工编写代码的工作，提高了网页编程工作人员的工作效率。但对于 ASP.NET 这样需要直接在代码窗口中进行编辑的设计网页编程人员，掌握常用的 HTML 标记还是非常必要的，在上一小节中介绍了基础的标记，在本节中将系统介绍常用的 HTML 标签。

标签（"<"和">"括起来的句子）是用来分割和标记文本的元素，以形成网页文本的布局、文字的格式及五彩缤纷的画面。标签包括单标签、双标签。

- 单标签：只需单独使用就能完整地表达意思，称之为单标签，这类标记的语法是："<标签名称>"，最常用的单标签是
，它表示换行。
- 双标签：另一类标记称为"双标签"，它由"始标签"和"尾标签"两部分构成，必须成对使用，其中始标签告诉 Web 浏览器从此处开始执行该标记所表示的功能，而尾标签告诉 Web 浏览器在这里结束该功能，始标签前加一个斜杠（/）即成为尾标记。这类标记的语法是："<标签>内容</标签>"，其中"内容"部分就是要被这对标签施加作用的部分。例如想突出某段文字的显示效果，就将此段文字放在<EM> </EM>标记中，如："<EM>第一：</EM>"。

1. 标题标签

一般文章都有标题、副标题、章和节等结构，HTML 中也提供了相应的标题标签<Hn>，其中 n 为标题的等级，HTML 共提供 6 个等级的标题，n 越小，标题字号就越大，以下列出所有等级的标题：

<H1>...</H1>	第一级标题
<H2>...</H2>	第二级标题
<H3>...</H3>	第三级标题
<H4>...</H4>	第四级标题
<H5>...</H5>	第五级标题
<H6>...</H6>	第六级标题

请看下面的例子：

```
<html>
<head>
<title>标题示例</title>
```

```
</head>
<body>
这是一行普通文字<P>
<H1>一级标题</H1>
<H2>二级标题</H2>
<H3>三级标题</H3>
<H4>四级标题</H4>
<H5>五级标题</H5>
<H6>六级标题</H6>
</body>
</html>
```

运行后的网页效果如图 3-4 所示。

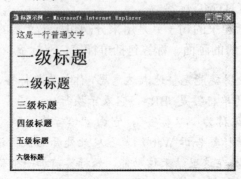

图 3-4　不同级标题效果

从结果可以看出，每一个标题的字体都为黑体，文字内容的前后都插入空行。

2．换行标签

在编写 HTML 文件时，不必考虑到太细的设置，也不必理会段落过长的部分会被浏览器切掉。因为，在 HTML 语言规范里，每当浏览器窗口被缩小时，浏览器会自动将右边的文字转折至下一行，所以，编写者对于自己需要断行的地方，应加上
标签。

请看下面的例子：

```
<html>
<head>
<title>换行示例</title>
</head>
<body>
登鹳雀楼<br>白日依山尽，<br>黄河入海流。<br>欲穷千里目，<br>更上一层楼。
</body>
</html>
```

运行后的效果如图 3-5 所示。

第 3 章 HTML 语言和 CSS 基础

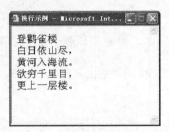

图 3-5 换行标签的效果

3. 段落标签

为了排列的整齐、清晰，文字段落之间常用<P></P>来做标记。文件段落的开始由<P>来标记，段落的结束由</P>来标记，</P>是可以省略的，因为下一个<P>的开始就意味着上一个<P>的结束。<P>标签还有一个属性 ALING，它用来指明字符显示时的对齐方式，一般有 CENTER、LEFT、RIGHT 三种。

下面，用例子来说明这个标签的用法。

```
<html>
<head>
<title>段落标签</title>
</head>
<body>
<P ALIGN=CENTER>
浣溪沙 <P ALIGN=CENTER>一曲新词酒一杯，去年天气旧亭台，夕阳西下几时回。
<P ALIGN=CENTER>无可奈何花落去，似曾相识燕归来，小园香径独徘徊。
</P>
</body>
</html>
```

运行后的效果如图 3-6 所示。

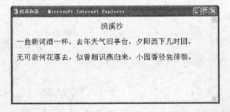

图 3-6 段落标签的效果

4. 水平线段标签

这个标签可以在屏幕上显示一条水平线，用以分割页面中的不同部分。
<HR>有 4 个属性：

- size 表示水平线的宽度。
- width 表示水平线的长，用占屏幕宽度的百分比或像素值来表示。

- align 表示水平线的对齐方式，包括 LEFT、RIGHT、CENTER 三种。
- noshade 表示线段无阴影属性，为实心线段。

下面用几个例子来说明水平线段标签的用法。

（1）size 的使用实例

```
<HTML>
<HEAD>
<TITLE>线段粗细的设定</TITLE>
</HEAD>
<BODY>
<P>这是第一条线段，无 size 设定，取内定值 SIZE=1 来显示<BR>
<HR>
<P>这是第二条线段，SIZE=5<BR>
<HR SIZE=5>
<P>这是第三条线段，SIZE=10<BR>
<HR SIZE=10>
</BODY>
</HTML>
```

运行后的效果如图 3-7 所示。

图 3-7　设置效果

（2）width 的使用实例

```
<HTML>
<HEAD>
<TITLE>线段长度的设定</TITLE>
</HEAD>
<BODY>
<P>这是第一条线段，无 WIDTH 设定，取 WIDTH 内定值 100%来显示<BR>
<HR SIZE=3>
<P>这是第二条线段，WIDTH=50(点数方式)<BR>
<HR WIDTH=50 SIZE=5>
<P>这是第三条线段，WIDTH=50%(百分比方式)<BR>
<HR WIDTH=50% SIZE=7>
</BODY>
</HTML>
```

运行后的效果如图 3-8 所示。

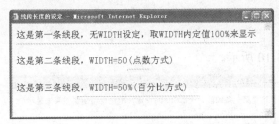

图 3-8　设置效果

（3）align 的使用实例

```
<HTML>
<HEAD>
<TITLE>线段排列的设定</TITLE>
</HEAD>
<BODY>
<P>这是第一条线段，无 ALIGN 设定，(取内定值 CENTER 显示)<BR>
<HR WIDTH=50% SIZE=5>
<P>这是第二条线段，向左对齐<BR>
<HR WIDTH=60% SIZE=7 ALIGN=LEFT>
<P>这是第三条线段，向右对齐<BR>
<HR WIDTH=70% SIZE=2 ALIGN=RIGHT>
</BODY>
</HTML>
```

运行后的效果如图 3-9 所示。

图 3-9　设置效果

（4）noshade 的使用实例

```
<HTML>
<HEAD>
<TITLE>无阴影的设定</TITLE>
</HEAD>
<BODY>
<P>这是第一条线段，无 NOSHADE 设定，取内定值阴影效果来显示<BR>
<HR WIDTH=80% SIZE=5>
<P>这是第二条线段，有 NOSHADE 设定<BR>
```

```
<HR WIDTH=80% SIZE=7 ALIGN=LEFT NOSHADE>
</BODY>
</HTML>
```

运行后的效果如图 3-10 所示。

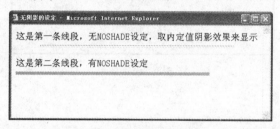

图 3-10　无阴影设置效果

5. 文字标签

网页主要是由文字及图片组成，在网页中那些千变万化的文字效果又是由哪些常用的标签进行控制呢？下面主要介绍文字的大小、字体、样式及颜色的控制方法。

（1）文字的大小设置

用于设置字号大小的是 FONT，FONT 有一个属性 SIZE，通过指定 SIZE 属性就能设置字号大小，而 SIZE 属性的有效值范围为 1~7，其中默认值为 3。

实例：

```
<html>
<head>
<title>字号大小</title>
</head>
<body>
<font size=7>这是 size=7 的字体</font><P>
<font size=6>这是 size=6 的字体</font><P>
<font size=5>这是 size=5 的字体</font><P>
<font size=4>这是 size=4 的字体</font><P>
<font size=3>这是 size=3 的字体</font><P>
<font size=2>这是 size=2 的字体</font><P>
<font size=1>这是 size=1 的字体</font><P>
<font size=-1>这是 size=-1 的字体</font><P>
</body>
</html>
```

运行后的效果如图 3-11 所示。

图 3-11　不同大小

（2）文字的字体与样式

在 HTML 4.0 以上的版本中提供了定义字体的功能，即利用 FACE 属性来完成这个工作。FACE 的属性值可以是本机上的任一字体类型，但有一点麻烦的是：只有对方的电脑中装有相同的字体才可以在他的浏览器中出现预先设计的风格。格式如下：

```
<font face="字体">
示例：
<HTML>
<HEAD>
<TITLE>字体</TITLE>
</HEAD>
<BODY>
<CENTER>
<FONT face="楷体_GB2312">欢迎光临</FONT><P>
<FONT face="宋体">欢迎光临</FONT><P>
<FONT face="仿宋_GB2312">欢迎光临</FONT><P>
<FONT face="黑体">欢迎光临</FONT><P>
<FONT face="Arial">Welcom my homepage.</FONT><P>
<FONT face="Comic Sans MS">Welcom my homepage.</FONT><P>
</CENTER>
</BODY>
</HTML>
```

运行后的效果如图 3-12 所示。

图 3-12　不同字体

HTML 还提供了一些标签用于产生文字的加粗、斜体、下划线等效果，现将常用的标签列举如下：

- <B> </B>：粗体。
- <I> </I>：斜体。
- <U> </U>：加下划线。
- <TT> </TT>：打字机字体。
- <BIG> </BIG>：大型字体。
- <SMALL> </SMALL>：小型字体。
- <BLINK> </BLINK>：闪烁效果。
- <EM> </EM>：表示强调，一般为斜体。
- <STRONG> </STRONG>：表示特别强调，一般为粗体。
- <CITE> </CITE>：用于引证、举例，一般为斜体。

实例：

```
<html>
<head>
<title>字体样式</title>
</head>
<body>
<B>黑体字</B>
<P> <I>斜体字</I>
<P> <U>加下划线</U>
<P> <BIG>大型字体</BIG>
<P> <SMALL>小型字体</SMALL>
<P> <BLINK>闪烁效果</BLINK>
<P><EM>Welcome</EM>
<P><STRONG>Welcome</STRONG>
<P><CITE>Welcome</CITE></P>
</body>
</html>
```

运行后的效果如图 3-13 所示。

（3）文字的颜色

文字颜色的设置格式如下：

`<font color=color_value>…</font>`

这里的颜色值可以是一个十六进制数（用"#"作为前缀），也可以是以下 16 种常用颜色名称，如表 3-1 所示。

图 3-13　不同字体样式效果

表 3-1 常用颜色值表

颜色	颜色值	颜色	颜色值
黑色	Black = "#000000"	深绿色	Green = "#008000"
银色	Silver = "#C0C0C0"	浅绿色	Lime = "#00FF00"
灰色	Gray = "#808080"	橄榄绿	Olive = "#808000"
白色	White = "#FFFFFF"	黄色	Yellow = "#FFFF00"
棕色	Maroon = "#800000"	深蓝色	Navy = "#000080"
红色	Red = "#FF0000"	蓝色	Blue = "#0000FF"
深紫色	Purple = "#800080"	蓝绿色	Teal = "#008080"
紫色	Fuchsia = "#FF00FF"	浅蓝色	Aqua = "#00FFFF"

实例：

```
<HTML>
<HEAD>
<TITLE>文字的颜色</TITLE>
</HEAD>
<BODY BGCOLOR=000080>
<CENTER>
<FONT COLOR=WHITE>七彩网络</FONT><BR>
<FONT COLOR=RED>七彩网络</FONT> <BR>
<FONT COLOR=#00FFFF>七彩网络</FONT><BR>
<FONT COLOR=#FFFF00>七彩网络</FONT><BR>
<FONT COLOR=#FFFFFF>七彩网络</FONT> <BR>
<FONT COLOR=#00FF00>七彩网络</FONT><BR>
<FONT COLOR=#C0C0C0>七彩网络</FONT><BR>
</CENTER>
</BODY>
</HTML>
```

运行后的效果如图 3-14 所示。

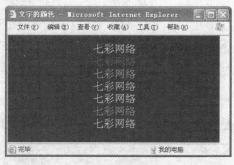

图 3-14 不同颜色

（4）位置控制

通过 ALIGN 属性可以选择文字或图片的对齐方式，LEFT 表示向左对齐，RIGHT 表示向右对齐，CENTER 表示居中。基本语法如下：

```
<html>
<head>
<title>位置控制</title>
</head>
<body>
<div>
<div align="lift">你好!<br>
</div>
    <div align="center">你好!<br>
</div>
    <div align="right">你好!<br>
</div>
</div>
</body>
</html>
```

运行后的效果如图 3-15 所示。

图 3-15　不同位置

另外，ALIGN 属性也常常用在其他标签中，引起其内容位置的变动。
如：

```
<P ALIGN=#>
<HR ALIGN=#>        #＝left / right / center
<H1 ALIGN=#>
```

（5）无序号列表

无序号列表使用的标签是<ul></ul>，每一个列表项前使用<LI>。其结构如下所示：

```
<UL>
<LI>第一项
<LI>第二项
```

```
<LI>第三项
</UL>
```

实例：

```
<html>
<head>
<title>无序列表</title>
</head>
<body>
这是一个无序列表：<P>
<UL>
国际互联网提供的服务有：
<LI>WWW 服务
<LI>文件传输服务
<LI>电子邮件服务
<LI>远程登录服务
<LI>其他服务
</UL>
</body>
</html>
```

运行后的效果如图 3-16 所示。

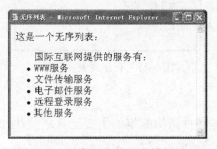

图 3-16　无序列表的文字排版效果

（6）序号列表

序号列表和无序号列表的使用方法基本相同，使用的标签为<OL></OL>，每一个列表项前使用<LI>。每个项目都有前后顺序之分，多数用数字表示。其结构如下所示：

```
<OL>
<LI>第一项
<LI>第二项
<LI>第三项
</OL>
```

实例：

```
<html>
<head>
<title>有序列表</title>
</head>
<body>
这是一个有序列表：<P>
<OL>
国际互联网提供的服务有：
<LI>WWW 服务
<LI>文件传输服务
<LI>电子邮件服务
<LI>远程登录服务
<LI>其他服务
</OL>
</body>
</html>
```

运行后的效果如图 3-17 所示。

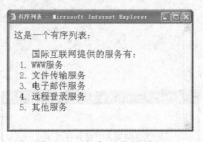

图 3-17　有序列表的效果

6．表格标签

在网页中表格是作为搭建网页结构框架的主要工具之一，因此掌握好表格中常用的标签也是非常重要的。

（1）表格的基本结构

表格主要嵌套在<tabel>和<tabel>标签里面，一对<tabel>标签表示一个表格，表格的基本结构如下。

- <table> </table>：定义表格。
- <caption> </caption>：定义标题。
- <tr>：定义表行。
- <th>：定义表头。
- <td>：定义表元（表格的具体数据）。

实例：

```
<table border=1>
<tr><th>姓名</th><th>性别</th><th>年龄</th>
<tr><td>李睦芳</td><td>男</td><td>22</td>
</table>
```

运行后的效果如图 3-18 所示。

图 3-18 表格效果

（2）表格的标题

表格标题的位置可由 ALIGN 属性来设置，其位置分为表格上方和表格下方。下面为表格标题位置的设置格式。

设置标题位于表格上方：

```
<caption align=top> …</caption>
```

设置标题位于表格下方：

```
<caption align=bottom> … </caption>
```

实例：

```
<table border=1>
<caption align=top>用户</caption>
<tr><th>姓名</th><th>性别</th><th>年龄</th>
<tr><td>李睦芳</td><td>男</td><td>22</td>
</table>
```

运行后的效果如图 3-19 所示。

图 3-19 表格标题效果

（3）表格的尺寸设置

一般情况下，表格的总长度和总宽度是根据各行和各列的总和自动调整的，如果要固定表格的大小，可以使用下列方式：

```
<table width=n1 height=n2>
```

width 和 height 属性分别指定一个固定的宽度和长度，n1 和 n2 可以用像素来表示，也可以用百分比（与整个屏幕相比的大小比例）来表示。

（4）边框的尺寸设置

边框是用 border 属性来体现的，表示表格的边框厚度和框线，将 border 设成不同的值，会有不同的效果。

①格间线宽度

格与格之间的线为格间线，它的宽度可以使用<TABLE>中的 CELLSPACING 属性加以调节。格式是：

```
<TABLE   CELLSPACING=#>          #表示要取用的像素值
```

②内容与格线之间的宽度

还可以在<TABLE>中设置 CELLPADDING 属性，用来规定内容与格线之间的宽度。格式为：

```
<TABLE   CELLPADDING=#>          #表示要取用的像素值
```

3.1.3 表格内文字的对齐/布局

表格中数据的排列方式有两种，分别是左右排列和上下排列。左右排列是以 ALIGN 属性来设置，而上下排列则由 VALIGN 属性来设置。其中左右排列的位置可分为 3 种：居左（left）、居右（right）和居中（center）；而比较常用的上下排列有 4 种：上齐（top）、居中（middle）、下齐（bottom）和基线（baseline）。

3.1.4 跨多行、多列的表元

要创建跨多行、多列的表元，只需在<TH>或<TD>中加入 ROWSPAN 或 COLSPAN 属性，这两个属性的值表明了表元中要跨越的行或列的个数。

- 跨多列的表元 <th colspan=#><td colspan=#>: colspan 表示跨越的列数，例如 colspan=2 表示这一格的宽度为两个列的宽度。
- 跨多行的表元 <th rowspan=#><td rowspan=#>: rowspan 所要表示的意义是指跨越的行数，例如 rowspan=2 就表示这一格跨越表格两个行的高度。

3.1.5 表格的颜色

在表格中，既可以对整个表格填入底色，也可以对任何一行、一个表元使用背景色。

第3章 HTML语言和CSS基础

- 表格的背景色格式：<table bgcolor=#>。
- 行的背景色格式：<tr bgcolor=#>。
- 表元的背景色格式：<th bgcolor=#>或 <td bgcolor=#>。

3.2 链接标签

利用超级链接可以实现在文档间或文档中的跳转。超级链接是由两个端点和一个方向构成。在一般情况下，将开始位置的端点叫做源端点，将目标位置的端点叫做目标端点，链接就是由源端点向目标端点的一种跳转。目标端点可以是任意的网络资源，如可以是一个网页、一幅图像、一段程序等。

一个链接的基本格式如下：

<A HREF="资源地址">链接文字</A>

- 标签<A>表示一个链接的开始，</A>表示链接的结束。
- 属性"HREF"定义了这个链接所指的地方。
- 通过单击"链接文字"可以到达指定的文件。

链接分为本地链接、URL 链接和目录链接。在各种链接的各个要素中，资源地址是最重要的，一旦路径上出现差错，该资源就无法从用户端取得，下面就分别介绍这三个链接。

3.2.1 本地链接

对同一台机器上的不同文件进行的连接称为本地链接，使用 UNIX 或 DOS 系统中文件路径的表示方法，采用绝对路径或相对路径来指示一个文件。

1. 绝对路径

绝对路径是包含服务器协议（在网页上通常是 http://或 ftp://）的完全路径。绝对路径包含的是精确位置，而不用考虑源文档的位置。但是如果目标文档被移动，则超级链接无效。创建当前站点以外文件的超级链接时必须使用绝对路径。

2. 相对路径

相对的路径是指和当前文档所在的文件夹相对的路径，例如文档 test.swf 在文件夹 Flash 中，它指定的就是当前文件夹内 Flash 的文档。…/test.swf 指定的是当前文件夹上级目录中的文档；而/test/test.swf 指定的是 Flash 文件夹下 test 文件夹中的 test.swf 文档。和文档相对的路径通常是最简单的路径，可以用来链接与当前文档位于同一文件夹中的文件。

> 在创建和文档相对的路径之前必须保存新文件，因为在没有定义文件起始点的情况下，与文档相对的路径是无效的。在文档保存之前，Dreamweaver CS6 会自动使用以 File://开头的绝对路径。

一般情况下是不用绝对路径的,因为资源常常是放在网上供其他人浏览的,写成绝对路径,即把整个目录中的所有文件移植到服务器上时,用户将无法访问到带有"C:\"的资源地址,所以最好写成相对路径,从而避免重新修改文件资源路径的麻烦。

3.2.2 URL 链接

如果链接的文件位于其他服务器上,就要弄清所指向的文件采用的是哪一种 URL 地址。URL 的意思是统一资源定位器,通过它可以以多种通信协议与外界沟通从而存取信息。

URL 的链接形式是:

协议名://主机.域名/路径/文件名

其中协议包括:

- File: 本地系统文件。
- http: WWW 服务器。
- ftp: FTP 服务器。
- telnet: 基于 TELNET 的协议。
- mailto: 电子邮件。
- news: Usenet 新闻组。
- gopher: GOPHER 服务器。
- wais: WAIS 服务器。

3.2.3 目录链接

前面所谈的资源地址,只是单纯的指向一份文件,但是,对于直接指到某文件上部、下部或是中央部分,以上方法都无法做到。这时可以使用目录链接。

制作目录链接的方法是:

- 首先把某段落设置为链接位置,格式是:<A NAME="链接位置名称"></A>。
- 然后,在调用此链接部分的文件,定义连接:<A HREF="文件名#链接位置名称">链接文字</A>。如果是在一个文件内跳转,文件名可以省略不写。

3.3 CSS 语法

CSS 就是 Cascading Style Sheets,中文翻译为"层叠样式表",简称样式表,它是一种制作网页的新技术。使用 CSS 能够简化网页的格式代码,加快下载显示的速度,外部链接样式可以同时定义多个页面,大大减少了重复劳动的工作量。

CSS 的定义是由 3 个部分构成:选择符(selector)、属性(property)和属性的取值(value)。基本格式如下:

selector {property: value} 选择符 {属性:值}

选择符可以是多种形式,一般是定义样式的 HTML 标记,例如 BODY,P,TABLE……

可以通过此方法定义它的属性和值,属性和值要用冒号隔开:

body {color: black}

选择符 body 是指页面的主体部分,color 是用于控制文字颜色的属性,black 是颜色的值,此例的效果是设置页面中的文字为黑色。

如果属性的值是由多个单词组成,必须在值上加引号,如字体的名称经常是几个单词的组合:

p {font-family: "sans serif"}

用于定义段落字体为 sans serif。

如果需要对一个选择符指定多个属性,可以使用分号将所有的属性和值分开:

p {text-align: center; color: red}

即段落居中排列,并且段落中的文字为红色。

为了使定义的样式表方便阅读,可以采用分行的书写格式:

```
p
{
text-align: center;
color: black;
font-family: arial
}
```

可以把相同属性和值的选择符组合起来书写,用逗号将选择符分开,这样可以减少样式的重复定义:

- h1, h2, h3, h4, h5, h6 {color: green}:这个组里包括了所有的标题元素,每个标题元素的文字都为绿色。
- p, table{ font-size: 9pt }:段落和表格里的文字尺寸为 9 号字。

利用类选择符能够把相同的元素分类定义为不同的样式,定义类选择符时,应在自定义类的名称前面加一个点号。假如想要两个不同的段落:一个段落向右对齐,一个段落居中,可以先定义两个类:

p.right {text-align: right}
p.center {text-align: center}

然后用在不同的段落里,只要在 HTML 标记里加入定义的 class 参数即可:

```
<p class="right">
这个段落是向右对齐的
</p>
<p class="center">
```

这个段落是居中排列的
</p>

类的名称可以是任意英文单词或以英文开头与数字的组合，一般以其功能和效果进行简要命名。

类选择符还有一种用法，在选择符中省略 HTML 标记名，这样可以把几个不同的元素定义成相同的样式，例如定义.center 的类选择符为文字居中排列。

.center {text-align: center}

这样的类可以被应用到任何元素上。下面令 h1 元素（标题 1）和 p 元素（段落）都归为"center"类，即两个元素的样式都跟随".center"这个类选择符：

<h1 class="center">
这个标题是居中排列的
</h1>
<p class="center">
这个段落也是居中排列的
</p>

这种省略 HTML 标记的类选择符是我们最常用的 CSS 方法，使用这种方法，可以很方便地在任意元素上套用预先定义好的类样式。

在 HTML 页面中 ID 参数指定了某个单一元素，ID 选择符是用来对这个单一元素定义单独的样式。

ID 选择符的应用和类选择符类似，只要把类换成 ID 即可。下面将上例中的类用 ID 替代：

<p id="intro">
这个段落向右对齐
</p>

定义 ID 选择符时，要在 ID 名称前加上一个"#"号。和类选择符相同，定义 ID 选择符的属性也有两种方法。在下面这个例子中，ID 属性将匹配所有 id="intro"的元素（字体尺寸为默认尺寸的 110%；粗体；蓝色；背景颜色透明）：

```
#intro
{
font-size:110%;
font-weight:bold;
color:#0000ff;
background-color:transparent
}
```

在下面这个例子中，ID 属性只匹配 id="intro"的段落元素：

```
p#intro
{
font-size:110%;
font-weight:bold;
color:#0000ff;
background-color:transparent
}
```

可以单独对某种元素的包含关系定义样式表，元素 1 里包含元素 2，这种方式只对在元素 1 里的元素 2 定义，对单独的元素 1 或元素 2 无定义，例如：

```
table a
{
font-size: 12px
}
```

在表格内的链接改变了样式，文字大小为 12 像素，而表格外的链接文字仍为默认大小。

层叠性就是继承性，样式表的继承规则是外部的元素样式会保留下来继承给这个元素所包含的其他元素。事实上，所有在元素中嵌套的元素都会继承外层元素指定的属性值，有时会把很多层嵌套的样式叠加在一起，除非另外更改。例如在 DIV 标记中嵌套 P 标记（P 元素里的内容会继承 DIV 定义的属性）：

```
div { color: red; font-size:9pt}
……
 <div>
 <p>
这个段落的文字为红色 9 号字
 </p>
 </div>
```

另外，当样式表的继承遇到冲突时，总是以最后定义的样式为准。如果上例中定义了 P 的颜色：

```
div { color: red; font-size:9pt}
p {color: blue}
……
<div>
<p>
这个段落的文字为蓝色 9 号字
</p>
</div>
```

我们可以看到段落里的文字大小为 9 号字（是继承 div 属性的），而 color 属性则依照最后定义的样式。

不同的选择符定义相同的元素时，要考虑到不同的选择符之间的优先级。因为 ID 选择符是最后加在元素上的，所以优先级最高，其次是类选择符，最后是 HTML 标记选择符。如果想超越这三者之间的关系，可以用!important 提升样式表的优先权，例如：

```
p { color: #FF0000!important }
.blue { color: #0000FF}
#id1 { color: #FFFF00}
```

我们同时对页面中的一个段落加上这三种样式，它最后会被!important 声明的 HTML 标记为红色文字。如果去掉!important，则依照优先权最高的 ID 选择符为黄色文字。

可以在 CSS 中插入注释来说明代码的意思，注释有利于你或别人以后编辑和更改代码时理解代码的含义。在浏览器中，注释是不显示的。CSS 注释以 "/*" 开头，以 "*/" 结尾，示例代码如下：

```
/* 定义段落样式表 */
p
{
text-align: center; /* 文本居中排列 */
color: black; /* 文字为黑色 */
font-family: arial /* 字体为 arial */
```

3.4 如何在网页中插入 CSS

前面已了解了 CSS 的语法，但要想在浏览器中显示出效果，就要让浏览器识别并调用。当浏览器读取样式表时，要依照文本格式来读，这里介绍 4 种在页面中插入样式表的方法：链入外部样式表、内部样式表、导入外部样式表和内嵌样式。

3.4.1 链入外部样式表

链入外部样式表是把样式表保存为一个样式表文件，然后在页面中<link>标记中链接到这个样式表文件，<link>标记必须放到页面的<head>内，示例代码如下：

```
<head>
...
<link rel="stylesheet" type="text/css" href="mystyle.css">
...
</head>
```

上面这个例子表示浏览器从 mystyle.css 文件中以文档格式读出定义的样式表。rel="stylesheet" 是指在页面中使用这个外部的样式表；type="text/css" 是指文件的类型是样式表文本；href="mystyle.css"是文件所在的位置。

一个外部样式表文件可以应用于多个页面。当改变这个样式表文件时，所有页面的样式都随之而改变。这个方法在制作大量相同样式页面的网站时非常有用，不仅减少了重复的工作量，而且有利于以后的修改、编辑，即使是在浏览时也减少了重复下载代码。

样式表文件可以用任何文本编辑器（例如：记事本）打开并编辑，一般的样式表文件扩展名为.css。内容是定义的样式表，不包含 HTML 标记，mystyle.css 这个文件的内容如下（定义水平线的颜色为土黄；段落左边的空白边距为 20 像素；页面的背景图片为 images 目录下的 back40.gif 文件）：

```
hr {color: sienna}
p {margin-left: 20px}
body {background-image: url("images/back40.gif")}
```

3.4.2 内部样式表

内部样式表是把样式表放到页面<head>里，这些定义的样式就应用到页面中了，样式表是用<style>标记插入的，从下例中可以看出<style>标记的用法：

```
<head>
...
<style type="text/css">
hr {color: sienna}
p {margin-left: 20px}
body {background-image: url("images/back40.gif")}
</style>
...
</head>
```

3.4.3 导入外部样式表

导入外部样式表是指在内部样式表的<style>里导入一个外部样式表，导入时可应用@import，看下面这个实例：

```
<head>
……
<style type="text/css">
<!--
@import "mystyle.css"
其他样式表的声明
-->
</style>
……
</head>
```

例中@import "mystyle.css"表示导入 mystyle.css 样式表，注意使用时外部样式表的路径。

方法和链入样式表的方法很相似，但导入外部样式表的输入方式更有优势。实质上它相当于存在于内部样式表中。注意：导入外部样式表必须在样式表的开始部分，即在其他内部样式表的上面。

3.4.4 内嵌样式

内嵌样式是混合在 HTML 标记里使用的，利用这种方法，可以很简单地对某个元素单独定义样式。内嵌样式的使用是直接在 HTML 标记里加入 style 参数。而 style 参数的内容就是 CSS 的属性和值，如下例：

```
<p style="color: sienna; margin-left: 20px">
这是一个段落
</p>
```

第 4 章 VBScript 语言和 ASP 基础知识

VBScript 是 Microsoft 公司推出的脚本语言，为 Microsoft Visual Basic 的简化版本，是 Microsoft 特意为在浏览器中进行工作而设计的，其编程方法和 Visual Basic 基本相同。它具有易学易用，既可编写服务器脚本，也可编写客户端脚本语言的特点。

本章重要知识点
- VBScript 数据类型
- VBScript 变量
- VBScript 运算符
- VBScript 条件语句
- VBScript 循环类型
- VBScript 过程
- ASP 基础知识
- ASP 内置对象

4.1 VBScript 语言

VBScript 是一种 Microsoft 公司推出的脚本语言，其目的是为了加强 HTML 的表达能力，提高网页的交互性，增进客户端网页上处理数据与运算的能力。

4.1.1 VBScript 概述

一般情况下，VBScript 与 HTML 结合在一起使用，融入在 HTML 或 ASP 文件当中。在 HTML 代码中，必须使用<SCRIPT>标签，才能使用脚本语言，格式如下：

```
<SCRIPT>
    语言主体信息
</SCRIPT>
```

例如，可以利用 VBScript 语言将一段欢迎词写入 HTML 页面的代码中：

```
<SCRIPT   LANGUAGE="VBscript">
    Window.Document.Write("您好！欢迎你开始学习 VBScript 语言")
</SCRIPT>
```

Document 是 Window 中的子对象，Write 是 Document 对象中的方法，LANGUAGE="VBscript"标识该程序是基于 VBScript 代码的。

4.1.2　VBScript 数据类型

　　VBScript 只有一种数据类型，称为 Variant。Variant 是一种特殊的数据类型，根据使用的方式，它可以包含不同类别的信息。因为 Variant 是 VBScript 中唯一的数据类型，所以它也是 VBScript 中所有函数的返回值的数据类型。

　　最简单的 Variant 可以包含数字或字符串信息。Variant 用于数字上下文中时作为数字处理，用于字符串上下文中时作为字符串处理，也就是说，如果使用看起来像是数字的数据，则 VBScript 会假定其为数字并以适用于数字的方式处理。与此类似，如果使用的数据只可能是字符串，则 VBScript 将按字符串处理，也可以将数字包含在引号（""）中使其成为字符串。

　　除简单的数字或字符串以外，还可以进一步区分数值信息的特定含义。例如，使用数值信息表示日期或时间。此类数据在与其他日期或时间数据一起使用时，结果也总是表示为日期或时间，而且也会按照最适用于其包含变量的数据方式进行操作，还可以使用转换数据的子类型。

　　下面是几种在 VBScript 中通用的值：

- True/False：表示布尔值。
- Empty：表示没有初始化的变量。
- Null：表示没有有效的数据。
- Nothing：表示不应用的变量。

在程序设计中，可以使用 VarType 返回数据的 Variant 子类型。

4.1.3　VBScript 变量

　　声明变量的一种方式是使用 Dim、Public 和 Private 在脚本中显式声明变量。例如声明一个 abc 的变量：

```
Dim abc
```

声明多个变量时，使用逗号分隔变量。例如：

```
Dim abc,def,hij
```

　　另一种方式是通过直接在脚本中使用变量名这一间接方式隐式声明变量。这通常不是一个好习惯，因为这样有时会由于变量名被拼错而导致在运行脚本时出现意外的结果。因此，最好使用 Option Explicit 显式声明所有变量，并将<%Option Explicit%>作为脚本的第一条语句放在页面代码的第一行。

对变量命名时必须遵循 VBScript 的标准命名规则：

- 第一个字符必须是字母。
- 不能包含嵌入的句点。
- 长度不能超过 255 个字符。
- 在被声明的作用域内必须唯一。

变量的作用域由声明它的位置决定。如果在过程中声明变量，则只有该过程中的代码可以访问或更改变量值，此时变量具有局部作用域并被称为过程级变量。如果在过程之外声明变量，则该变量可以被脚本中的所有过程所识别，称为 Script 级变量，具有脚本级作用域。

变量存在的时间称为存活期。Script 级变量的存活期从被声明的那一刻起，直到脚本运行结束。对于过程级变量，其存活期仅是该过程运行的时间，过程结束后，变量随之消失。

给变量赋值时，变量在表达式左边，要赋的值在表达式右边。例如：

Abc=100

大多数情况下，只需为声明的变量赋一个值，只包含一个值的变量被称为标量变量。有时，将多个相关值赋给一个变量更为方便，因此可以创建包含一系列值的变量，称为数组变量。数组变量和标量变量是以相同的方式声明的，唯一的区别是声明数组变量时变量名后面带有括号()。下例声明了一个包含 5 个元素的一维数组：

Dim abc(4)

虽然括号中显示的数字是 4，但由于在 VBScript 中所有数组都是基于 0 的，所以这个数组实际上包含 5 个元素。在基于 0 的数组中，数组元素的数目为括号中显示的数目加 1。

在数组中可以使用索引为数组的每个元素赋值，例如从 0~4，将数据赋给数组的元素：

Dim abc(0)=10
Dim abc(1)=20
Dim abc(2)=30
Dim abc(3)=40
Dim abc(4)=50

与此类似，使用索引也可以检索到所需数组元素的数据。例如：

…
MyVariable = abc(3)
…

数组并不仅限于一维，数组的维数最大可以为 60（尽管大多数人不能理解超过 3 或 4 的维数）。声明多维数组时可用逗号分隔括号中每个表示数组大小的数字。在下例中，**MyVariable** 变量是一个有 5 行和 10 列的二维数组：

Dim MyVariable(4,9)

在二维数组中，括号中第一个数字表示行的数目，第 2 个数字表示列的数目。

也可以声明动态数组，即在运行脚本时大小发生变化的数组。对数组的最初声明使用 Dim 语句或 ReDim 语句。但是对于动态数组，括号中不包含任何数字。例如：

Dim MyVariable()
ReDim AnotherArray()

要使用动态数组，必须随后使用 ReDim 确定维数和每一维的大小。在下例中，ReDim 将动态数组的初始大小设置为 10，而后面的 ReDim 语句将数组的大小重新调整为 15，同时使用 ReDim 关键字在重新调整大小时保留数组的内容。

ReDim MyVariable(10)
…
ReDim Preserve MyVariable(15)

重新调整动态数组大小的次数是没有任何限制的，将数组的大小调小时，将会丢失被删除元素的数据。

4.1.4　VBScript 运算符

VBScript 有一套完整的运算符，包括算术运算符、比较运算符和逻辑运算符。

运算符具有优先级：首先计算算术运算符，然后计算比较运算符，最后计算逻辑运算符。所有比较运算符的优先级相同，按照从左到右的顺序计算。运算符及其优先级如表 4-1 所示。

表 4-1　VBScript 运算符及其优先级

算术运算符		比较运算符		逻辑运算符	
描述	符号	描述	符号	描述	符号
求幂	^	等于	=	逻辑非	Not
负号	–	不等于	<>	逻辑与	And
乘	*	小于	<	逻辑或	Or
除	/	大于	>	逻辑异或	Xor
整除	\	小于等于	<=	逻辑等价	Eqv
求余	Mod	大于等于	>=	逻辑隐含	Imp
加	+	对象引用比较	Is		
减	–				

4.1.5　条件语句

使用条件语句可以编写进行判断和重复操作的 VBScript 代码。在 VBScript 中使用以下条件语句。

1. If…Then…Else 语句

If…Then…Else 语句用于计算条件是否为 True 或 False，并且根据计算结果指定要运行的语句。通常情况下，条件是使用比较运算符对值或变量进行比较的表达式。有关比较运算符的详细信息，可参阅比较运算符。If…Then…Else 语句可以按照需要进行嵌套。例如：

```
Sub AlertUser(Value)
If Value = 0 then
Alertlabel.ForeColor =vbRed
Alertlabel.Font.bold = True
Alertlabel..Font..Italic =True
Else
    Alertlabel.ForeColor =vbBlack
    Alertlabel.Font.bold = False
    Alertlabel..Font..Italic= False
End if
End Sub
```

If 语句的执行体执行完后，必须用 End If 结束。

If…Then…Else 语句可以采用一种变形：允许用户从多个条件中选择，即添加 ElseIf 子句以扩充 If…Then…Else 语句的功能，使用户可以控制基于多种可能的程序流程。例如：

```
Sub GetMyValue(Value)
If Value = 0 then
        Msgbox Value
ElseIf Value =1 then
        Msgbox Value
ElseIf Value =2 then
        Msgbox Value
Else
        Msgbox"数值超出了范围"
End if
End Sub
```

用法如下：

```
<!DOCTYPE html PUBLIC "-//W3C//DTD XHTML 1.0 Transitional //EN"
"http://www.w3.org/TR/xhtml1/DTD/xhtml1-transitional.dtd">
<html xmlns="http://www.w3.org/1999/xhtml">
<head>
<meta http-equiv="Content-Type" content="text/html; charset=utf-8" />
<title>If…Then…Else 语句运用</title>
```

```
</head>
<body>
<Script Language=VBScript>
<!--
dim hour
hour=15
if hour<8 then
        document.write "早上好！"
elseif hour>=8 and hour<12 then
        document.write "上午好！"
elseif hour>=12 and hour<18 then
        document.write "下午好！"
else
        document.write "晚上好！"
end if
    -->
</Script>
</body>
</html>
```

这段代码显示了时间，主体意思是 DIM 定义一个变量，名为 hour，为这个变量赋值为 15，当 hour 的值少于 8 的时候，显示"早上好"；当 hour 的值大于或等于 8 且少于 12 的时候，显示"上午好"；当 hour 的值大于或等于 12 且少于 18 的时候，显示"下午好"；其他值则显示"晚上好"，效果如图 4-1 所示。

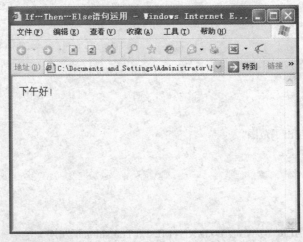

图 4-1　If…Then…Else 语句

2．Select Case 语句

在上面的 If…Then…Else 语句中可以添加任意多个 ElseIf 子句以提供多种选择，但这样使用经常会变得很累赘。在 VBScript 语言中对多个条件进行选择时建议使用 Select Case 语句。

使用 Select Case 结构进行判断可以从多个语句块中选择执行其中的一个，Select Case 语句使用的功能与 If…Then…Else 语句类似，表达式的结果将与结构中每个 Case 的值比较。如果匹配，则执行与该 Case 关联的语句块。示例代码如下：

```
<html>
<head>
<title>select case 示例</title>
</HEAD>
<body>
<Script Language=VBScript>
<!--
dim Number
Number = 3
select case Number
        Case 1
        msgbox "弹出窗口 A"
        Case 2
        msgbox "弹出窗口 B"
        Case 3
        msgbox "弹出窗口 C"
        Case else
        msgbox "弹出窗口 D"

end select
-->
</Script >
</body>
</html>
```

得到的效果如图 4-2 所示。

图 4-2　Select Case 语句

> Select Case 只计算开始处的一个表达式（只计算一次，而 If…Then…Else 语句计算每个 ElseIf 语句的表达式，这些表达式可以各不相同，仅当每个 ElseIf 语句计算的表达式都相同时，才可以使用 Select Case 结构代替 If…Then…Else 语句。

4.1.6 循环语句

循环语句是指重复执行的一组语句。循环可分为 3 类：一类在条件变为 False 之前重复执行语句；一类在条件变为 True 之前重复执行语句；另一类则按照指定的次数重复执行语句。

在 VBScript 中可使用下列循环语句。

1．Do…LOOP

当（或直到）条件为 True 时循环。如：计算 1+2+…+100 的总和，其代码如下：

```
<%
Dim I Sum
Sum=0
i=0
Do
I=i+1
Sum=Sum+1
Loop Until i=100
Response.Write(1+2+…+100= & Sum)
%>
```

2．While…Wend

当条件为 True 时循环。其语法形式为：

```
While (条件语句)
    执行语句
Wend
```

3．For…Next

指定循环次数，使用计数器重复运行语句。其语法形式为：

```
For counter =start to and step
    执行语句
Next
```

4．For Each…Next

对于集合中的每项或数组中的每个元素，重复执行一组语句。

4.1.7 VBScript 过程

在 VBScript 中，过程被分为两类：Sub 过程和 Function 过程。

1．Sub 过程

Sub 过程是包含在 Sub 和 End Sub 语句之间的一组 VBScript 语句，执行操作但不返回值。过程可以使用参数（由调用过程传递的常数、变量或表达式）。如果 Sub 过程无任何参数，则 Sub 语句必须包含空括号"()"。

例如，下面的 Sub 过程使用两个已有的（或内置的）函数，即 InputBox 和 MsgBox 来提示用户输入信息，然后显示结果。代码如下：

```
Sub ShowDialog()
Temp = InputBox("请输入你的名字")
MsgBox "您好" &CStr(temp) & "!"
End Sub
```

2．Function 过程

Function 过程是包含在 Function 和 End Function 语句之间的一组 VBScript 语句。Function 过程与 Sub 过程类似，但是 Function 过程可以返回值、可以使用参数（由调用过程传递的常数、变量或表达式）。如果 Function 过程无任何参数，则 Function 语句必须包含空括号"()"。Function 过程通过函数名返回一个值，这个值是在过程的语句中赋给函数名的。Function 返回值的数据类型总是 Variant。

在下面的示例中，ShowInputName 函数将返回一个组合字符串，并利用 Sub 过程输出结果。代码如下：

```
Sub ShowDialog()
Temp = InputBox("请输入你的名字")
MsgBox AVGMYScore(temp)
End Sub
Function ShowInputName (inputName)
    AVGMYScore="您好："  & CStr(inputName) & "!"
End Function
```

3．在代码中使用 Sub 和 Function 过程

调用 Function 过程时，函数名必须用在变量赋值语句的右端或表达式中。例如：Showinfo=showInputName(temp) 或 Msgbox AVGMyScore(temp)。

调用 Sub 过程时，只须输入过程名及所有参数值，参数值之间使用逗号分隔，不需要使用 Call 语句，但如果使用了此语句，则必须将所有参数包含在括号之中。例如：

```
Call MyProc(firstarg,secondarg)
MyProc firstarg,secondarg
```

4.2 ASP 基本知识

ASP 是 Active Server Pages 的简称，是解释型的脚本语言环境，它能很好地将脚本语言、HTML 标记语言和数据库结合在一起，可以通过网页程序来操控数据库。

4.2.1 ASP 概述

Active Server Pages 是一个编程环境，在其中可以混合使用 HTML、脚本语言以及组件来创建服务器端功能强大的 Internet 应用程序。如果你以前创建过一个站点，其中混合了 HTML、脚本语言以及组件，就可以在其中加入 ASP 程序代码。通过在 HTML 页面中加入脚本命令，可以创建一个 HTML 用户界面，并且，还可以通过使用组件包含一些商业逻辑规则。组件可以被脚本程序调用，也可以由其他的组件调用。

ASP 具有以下特点：

- ASP 不需要进行编译就可以直接执行，并整合于 HTML 标记语言中。
- ASP 不需要特定的编辑软件，使用一般的软件就可以设计，如记事本。
- 使用一些简单的脚本语言，如 JavaScript、VBScript 的一些基础知识再结合 HTML 标记语言就可以制作出完美的网站。
- 兼容各种 IE 浏览器。
- 使用 ASP 编辑的程序安全性比较高。
- ASP 采用了面向对象技术。

4.2.2 ASP 工作原理

当在 Web 站点中融入 ASP 功能后，将发生以下事情：

1. 用户调出站点内容，默认页面的扩展名是 .asp。
2. 浏览器从服务器上请求 ASP 文件。
3. 服务器端脚本开始运行 ASP。
4. ASP 文件按照从上到下的顺序开始处理，执行脚本命令，执行 HTML 页面内容。
5. 页面信息发送到浏览器。

因为脚本是在服务器端运行的，所以 Web 服务器完成所有处理后，将标准的 HTML 页面送往浏览器。这就意味着，ASP 只能在可以支持的服务器上运行。让脚本驻留在服务器端的另外一个益处是：用户不可能看到原始脚本程序的代码，用户看到的仅仅是最终产生的 HTML 内容。

4.2.3 ASP 内置对象

ASP 的内置对象是 ASP 的核心，ASP 的主要功能都建立在这些内置对象的基础之上，常用的 ASP 内置对象有 Application 对象、Request 对象、Response 对象、Server 对象、Session

对象等，下面将一一进行介绍。

1. Application 对象

Application 对象在应用程序的所有访问者间共享信息，并可以在 Web 应用程序运行期间持久地保持数据。如果不加以限制，所有的客户都可以访问这个对象。Application 对象通常用来实现存储应用程序级的全局变量、锁定与解锁全局变量以及网站计数器等功能。

Application 对象包含的集合、方法和事件如表 4-2 所示。

表 4-2 对 Application 的说明

类型	名称	说明
集合	Contents	存储在 Application 对象中的所有变量及值的集合
	StaticObjects	使用<object>元素定义的存储于 Application 对象中的所有变量的集合
方法	Contents.Remove	通过传入变量名来删除指定的存储于 Contents 中的变量
	Contents.RemoveAll	删除全部存于 Contents 中的变量
	Lock	锁定在 Application 中存储的变量，不允许其他客户端修改，调用 Unlock 或本页面执行完毕后解锁
	Unlock	手动解除对 Application 变量的锁定
事件	Application_OnStart	当事件应用程序启动时触发
	Application_OnEnd	当事件应用程序结束时触发

2. Request 对象

Request 对象用来获取客户端传来的任何信息，包括通过 POST 方法或 GET 方法、cookies 以及客户端证书从 HTML 表单传递的参数。通过 Request 对象也可以访问发送到服务器的二进制数据。Request 对象通常用来实现读取网址参数、读取表单传递的数据信息、读取 Cookie 的数据、读取服务器的环境变量以及文件上传的功能。Request 对象包含的集合、方法和事件如表 4-3 所示。

表 4-3 对 Request 的说明

类型	名称	说明
集合	ClientCertificate	客户证书集合
	Cookies	客户发送的所有 Cookies 值的集合
	Form	客户提交的表单（Form）元素的值，变量名与表单中元素的 name 属性一致
	QueryString	URL 参数中的值，如果 Form 的 Method 属性设为 GET，则会把所有的 Form 元素名称和值自动添加到 URL 参数中
	ServerVariables	预定义的服务器变量
属性	TotalBytes	客户端发送的 HTTP 请求中 Body 部分的总字节数
方法	BinaryRead(count)	从客户端提交的数据中获取 count 字节的数据，返回一个无符号型的数组

3. Response 对象

Response 对象用来控制发送给客户端的信息，包括直接发送信息到浏览器、重定向浏览器到其他 URL 或设置 Cookie 值，Response 对象通常用来实现输出内容到网页客户端、网页重定向、写入 Cookie 和文件下载等功能。Response 对象包含的集合、方法和属性如表 4-4 所示。

表 4-4　Response 对象的说明

类型	名称	说明
集合	Cookies	设置客户端 Cookie 的值，当前响应中发送给客户端所有 Cookie 值的集合，每一个成员都是只读的
属性	Buffer	是否启用缓存，此句必须放在 ASP 文件的第一行。启用 Buffer 之后，只有所有脚本执行完毕后才会向客户端输出
	CacheControl	设置代理服务器是否可以缓存 ASP，以及缓存的级别
	Charset	设置字符集，如简体中文为 gb2312
	ContentType	设置 HTTP 内容类型，如"text/html"
	Expires	设置或返回一个页面缓存在浏览器中的有效时限，以分钟计算
	ExpiresAbsolute	设置页面缓存在浏览器中到期的绝对时间
	IsClientConnected	判断客户端是否已经断开连接
	LCID	设定或获取日期、时间或货币的显示格式
	Status	设置服务器的返回状态
方法	AddHeader(HeaderName, HeaderValue)	向 HTTP 头中加入额外的信息，其中 HeaderName 可以重复，信息一旦加入，无法删除
	AppendToLog	向 Web 服务器手动加入一条日志
	BinaryWrite	向 HTTP 输出流中写入不经过任何字符转换的数据,用于各客户端传送图片或下载文件
	Clear	清空缓存
	End	停止处理 ASP 文件，直接向客户端输入现在的结果
	Flush	向客户端立即发送缓存中的内容
	Redirect	向浏览器发送一个重定向的消息,浏览器接收到此消息后重定向到指定页
	Write	向 HTTP 输出流中写入一个字符串

4. Server 对象

Server 对象提供对服务器上的方法和属性的访问。其中大多数方法和属性是作为实用程序的功能服务。Server 对象通常用来实现组件的创建、获取服务器的物理路径、对字符串进行 HTML 编码和转向执行其他 ASP 文件等功能。Server 对象包含的方法和属性如表 4-5 所示。

表 4-5　Server 对象的说明

类型	名称	说明
属性	ScriptTimeout	设置脚本超时，当一个 ASP 页面在一个脚本超时期限之内仍没有执行完毕，ASP 将终止执行并显示超时错误
方法	CreateObject	创建已注册到服务器的 ActiveX 组件
方法	Execute	用于停止当前网页的运行，并将控制权交给 URL 中所指定的网页
方法	GetLastError	返回一个 ASPError 对象，用来描述错误的详细信息。值得注意的是，必须向客户端发送一些数据后这个方法才会起作用
方法	HTMLEncode	将输入的 HTML 字符串转换为 HTML 编码
方法	MapPath	将虚拟路径映射为绝对路径，如使用 Access 数据库时，为防止下载，将其放在站点应用程序之外，然后通过此方法找到数据库在服务器上的绝对路径
方法	Transfer	停止执行此 ASP 文件，转向执行另外一个 ASP 文件
方法	URLEncode	将输入的字符串进行 URL 编码

5．Session 对象

可以使用 Session 对象来存储特定会话（Session）所需的信息，当一个客户端访问服务器时，就会建立一个会话。当用户在应用程序的不同页面间跳转时，不会丢弃存储在 Session 对象中的变量，这些变量在用户访问应用程序页的整个期间都会保留。可以使用 Session 对象来显式结束会话并设置闲置会话的超时时限。Session 对象包含的集合、属性、方法和事件如表 4-6 所示。

表 4-6　Session 对象的说明

类型	名称	说明
集合	Contents	使用脚本命令（赋值语句）向 Session 中存储的数据，可以省略 Contents 而直接访问，如：Session("var")
集合	StaticObjects	使用<object>标记定义的存储于 Session 对象中的变量集合，运行期间不能删除
属性	CodePage	设置当前 Session 的代码页
属性	LCID	设定当前 Session 的日期、时间或货币的显示格式
属性	SessionID	返回 Session 的唯一标识
属性	Timeout	设置 Session 的超时时间，以分钟为单位，在 IIS 中默认设置为 20 分钟
方法	Abandon	当 ASP 文件执行完毕时释放 Session 中存储的所有变量，当下次访问时，会重新启动一个 Session 对象。如果不显式调用此方法，只有当 Session 超时时才会自动释放 Session 中的变量
方法	Contents.Remove	删除 Contents 集合中的指定变量
方法	Contents.RemoveAll	删除 Contents 集合中的全部变量
事件	Session_OnEnd	声明于 global.asa 中，客户端首次访问时或调用 Abandon 后触发
事件	Session_OnStart	声明于 global.asa 中，Session 超时或者调用 Abandon 后触发

4.2.4 ASP 的几个常用组件

1. 浏览器兼容组件

不同的浏览器支持不同的功能,如有些浏览器支持框架,有些不支持。利用这个组件,可以检查浏览器的能力,使网页针对不同的浏览器显示不同的页面(如对不支持 Frame 的浏览器显示不含 Frame 的网页)。该组件的使用很简单,需要注意的是,要正确使用该组件,必须保证 Browscap.ini 文件是最新的。

组件的使用与对象类似。但是组件在使用前必须先创建,而使用内置对象前不必创建,浏览器兼容组件的属性如表 4-7 所示。

表 4-7 浏览器兼容组件的属性

属性	说明
Browser	指定浏览器的名字
Version	指定浏览器的版本号
Majorver	浏览器的主版本(小数点以前的)
Minorver	浏览器的次版本(小数点以后的)
Frames	指定浏览器是否支持框架
Cookies	指定浏览器是否支持 Cookie
Tables	指定浏览器是否支持表格
Backgroundsounds	指定浏览器是否支持背景音乐
VBScript	指定浏览器是否支持 JavaScript
JavaApplets	指定浏览器是否支持 Java 小程序
ActiveXControls	指定浏览器是否支持 ActiveX 控件
Beta	指定浏览器是否为测试版本
Platform	指定浏览器运行的平台
Cdf	指定浏览器是否支持信道定义格式(CDF)

浏览器兼容组件只有一个 value 方法,用于为当前代理用户从 Browscap.ini 文件中提取一个指定的值。

2. 文件访问组件

文件访问组件提供文件的输入/输出方法,使得在服务器上可以毫不费力地存取文件,文件访问组件利用对象的属性及方法对文件及文件夹进行存取访问。其对象和集合如表 4-8 所示。

表 4-8 文件访问组件的对象和集合

类型	名称	说明
对象	FileSystemObject	该对象可以建立、检索、删除目录及文件
	TextStream	该对象提供读写文件的功能
	File	该对象可以对单个文件进行操作
	Folder	该对象可以处理文件夹
	Drive	该对象可以实现对磁盘驱动器或网络驱动器的操作
集合	Files	该集合代表文件夹中的一系列文件
	Folders	该集合的积压项与文件夹中的各子文件夹相对应
	Drives	该集合代表了本地计算机或映射的网络驱动器中可以使用的驱动器

3. 广告轮显组件

使用广告轮显组件可以维护、修改广告 Web 页面，可使每次打开或者重新加载网页时，随机显示广告。在使用该组件前，首先应该建立一个旋转时间表文件（用于设置自动旋转图像及相应时间等信息），并确保已设置了需要的组件属性。广告轮显组件的属性和方法如表 4-9 所示。

表 4-9 广告轮显组件的属性和方法

类型	名称	说明
属性	Border	该属性用于指定能否在显示广告时给广告加上一个边框以及广告边界大小
	Clickable	该属性指定该广告是不是一个超链接，其默认值是 true
	Targetframe	该属性指定超链接后的浏览 Web 页面，其默认值是 no frame
方法	GetAdvertisement	该方法可以取得广告信息

4. 内容链接组件

内容链接组件可以把一系列的 Web 页连接到一起。内容链接组件提供了 6 种方法，可以从内容链接列表文件中提取不同的条目，无论是相对当前网页的条目还是使用索引编号的绝对条目。其属性和方法如表 4-10 所示。

表 4-10 内容链接组件的属性和方法

类型	名称	说明
属性	About	该属性是一个只读属性，返回正在使用组件的版本信息
方法	GetListCount	该方法返回指定列表文件中包含项的数量
	GetListIndex	该方法返回列表文件中当前页的索引
	GetPreviousURL	该方法从指定的列表文件中返回当前页的上一页的 URL
	GetPreviousDescription	该方法从指定的列表文件中返回当前页的上一页的说明行
	GetNthURL	该方法从指定的列表文件中返回指定索引页面的 URL
	GetNthDescription	该方法从指定的列表文件中返回指定索引页面的说明行

5. 其他常见 ASP 组件

除了前面介绍的组件以外，ASP 还包含其他一些常用的组件，这些组件都相当于一个小工具，能够完成网站开发所需的特定功能。

（1）Data Access 组件

数据库访问组件是利用 ASP 开发 Web 数据库时最重要的组件，可以利用该组件在应用程序中访问数据库，然后可以显示表的整个内容，允许用户构造查询以及在 Web 页执行其他一些数据库操作。

（2）Content Rotator 组件

该组件实现的是文本（HTML）代码的轮流播放。使用该组件时，同样需要一个定时文件，该文件被称为内容定时文件，在该文件中包含了每个文件的值及其需要被显示的时间比例。Content Rotator 组件通过读取该文件中的信息，自动在 Web 页面中插入需要被定时的 HTML 代码，网站开发人员只要维护内容定时文件就可实现不同页面中定时文件的播放。

（3）Permission Checker 组件

该组件能让网站开发人员方便地引用操作系统的安全机制，判断一个 Web 用户是否有访问 Web 服务器上某一个文件的权限。

（4）Logging Utility 组件

该组件提供了访问 Web 服务器日志文件的功能，它允许从 ASP 网页内读入或更新数据。

（5）Tools 组件

该组件相当于一个工具包，它提供了有效的方法，可以在网页中检查文件是否存在，处理一个 HTML 表单和生成随机整数。

4.3 创建数据库的连接

数据库网页动态效果的实现就是将数据库中的记录显示在网页上，因此，如何在网页中创建数据库连接，并读取出数据显示，就是开发动态网页的一个重点。

4.3.1 Connection 对象

Connection 对象是与数据存储进行连接的对象，它代表一个打开的、与数据源的连接。Connection 对象指定使用的 OLEDB 提供者，如果是客户端/服务器数据库系统，该对象可以等价于到服务器的实际网络连接。取决于提供者所支持的功能，Connection 对象的某些集合、方法或属性有可能无效。

实际上如果没有显式创建一个 Connection 对象连接到数据存储，那么在使用 Command 对象和 RecordSet 对象时，ADO 会隐式地创建一个 Connection 对象。建议显式创建 Connection

对象，然后在需要使用的地方引用它。因为，通常在进行数据库操作时，需要运行不止一条数据操作命令，如果不显式地创建一个 Connection 对象，在每运行一条命令时就会隐式地创建一个 Connection 对象实例，这样会导致效率下降。创建一个 Connection 对象实例很简单，使用 Server 对象的 CreateOjbect(ADODB. Connection)即可。

4.3.2 利用 OLBDE 连接数据库

利用 OLEDB 创建 Access 数据库的连接格式如下：

```
<%
Set conn=server.createobject("adodb.connection")
Conn.open "provider=microsoft.jet.oledb.4.0;data source= "文件路径"
%>
```

需要注意的是，参数 data source 提供的是 Access 数据库路径。

利用 OLEDB 对 SQL Server 数据库创建连接，格式如下：

```
<%
Set conn=server.createobject("adodb.connection")
Conn.open "provider=SQLoledb;data source= local;uid=sa;pwd=123456 database=db"
%>
```

上述代码中，各参数的意义如下：

- 参数 provider 用来规定这次连接使用的是 OLEDB 提供的程序名称。
- 参数 data source 用来提供 SQL Server 名称，如 SQL Server 位于名为 local 的机器上。此参数值应设为 local。若数据库服务器与网络服务器位于同一台机器，应将此参数设为 local Server。
- 参数 uid 表示连接中用到的 SQL Server 系统用户名。
- 参数 pwd 包含 SQL 系统用户的密码，可以在 SQL 企业管理器中设置此密码。
- 参数 database 指定位于 Database Server 上的一个特定数据库，此参数也是可选的。若不指定一个数据库，则会用到 SQL 系统默认的数据库。

4.3.3 利用 ODBC 实现数据库连接

可以利用 ODBC 实现数据库连接，具体的连接步骤如下：

1 依次单击"控制面板"|"管理工具"|"数据源(ODBC)"|"系统 DSN"，打开"ODBC 数据源管理器"中的"系统 DSN"选项卡，如图 4-3 所示。

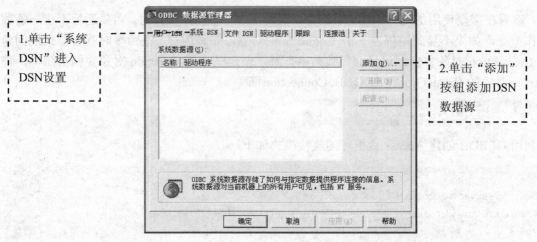

图 4-3　"ODBC 数据源管理器"中的"系统 DSN"选项卡

② 单击"添加（D）"按钮，打开"创建新数据源"对话框，选择 Driver do Microsoft Access （*.mdb）选项，如图 4-4 所示。

图 4-4　"创建新数据源"对话框

③ 单击"完成"按钮，打开"ODBC Microsoft Access 安装"对话框，在"数据源名（N）"文本框中输入 connodbc，如图 4-5 所示。

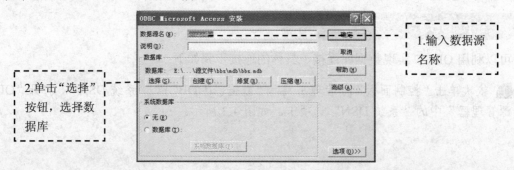

图 4-5　"ODBC Microsoft Access 安装"对话框

④ 单击"选择（S）"按钮，打开"选择数据库"对话框，单击"驱动器（V）"文本框

右边的三角按钮▼，从下拉列表框中找到数据库所在的盘符以及保存数据库的文件夹，单击"确定"按钮回到"ODBC Microsoft Access 安装"对话框中，再次单击"确定"按钮，将返回到"ODBC 数据源管理器"中的"系统 DSN"选项卡，可以看到"系统数据源"中已经添加了一个名称为 connodbc、驱动程序为"Driver do Microsoft Access（*.mdb）"的系统数据源，如图 4-6 所示。

图 4-6　"ODBC 数据源管理器"中的"系统 DSN"选项卡

5 再次单击"确定"按钮，完成"ODBC 数据源管理器"中"系统 DSN"的设置。

6 创建系统 DSN 以后，就可以在 ASP 中使用它了，其代码如下：

```
<%
Set conn= server.createobject("adodb.connection")
Conn.open "dsn=connodbc"
%>
```

7 从代码中可以看出，这里创建了一个 ADO Connection 对象，利用 open 可打开数据。

第 5 章 用户管理系统

在动态网站中，用户管理系统是非常必要的。通过用户注册信息的统计，可以让管理员了解到网站的访问情况；通过用户权限的设置，可以限制网站页面的访问权限。一个典型的用户管理系统，一般应该具备用户注册功能、资料修改功能，当用户不记得密码时应该有取回密码功能以及用户注销身份功能等。

本章将要制作的用户管理系统的网页及网页结构列表如图 5-1 所示。

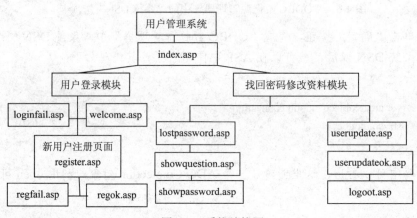

图 5-1 系统结构图

本章重要知识点

- 网站结构的搭建
- 创建数据库和数据库表
- 建立数据源连接
- 掌握用户管理系统中页面之间信息传递的技巧和方法
- 用户管理系统的常用功能设计与实现

5.1 系统的整体设计规划

本系统的主要结构分为用户登录和找回密码两个部分，整个系统中共有 12 个页面，各个页面的名称和对应的文件名、功能如表 5-1 所示。

第 5 章 用户管理系统

表 5-1 用户管理系统网页设计表

页面名称	功能
index.asp	实现用户管理系统的登录功能的页面
welcome.asp	用户登录成功后显示的页面
loginfail.asp	用户登录失败后显示的页面
register.asp	新用户用来注册输入个人信息的页面
regok.asp	新用户注册成功后显示的页面
regfail.asp	新用户注册失败后显示的页面
lostpassword.asp	丢失密码后进行密码查询使用的页面
showquestion.asp	查询密码时输入提示问题的页面
showpassword.asp	答对查询密码问题后显示的页面
userupdate.asp	修改用户资料的页面
userupdateok.asp	成功更新用户资料后显示的页面
logoot.asp	退出用户系统的页面

提示：在制作网站的时候，一般都要在制作之前设计好网站各个页面之间的链接关系，绘制出系统脉络图，从而方便后面整个系统的开发与制作。

5.1.1 页面设计规划

在本地站点上建立站点文件夹 member，其下将创建的文件夹及文件如图 5-2 所示。

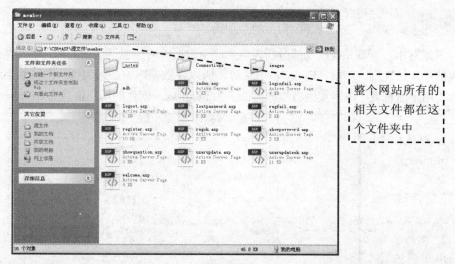

图 5-2 站点规划文件

5.1.2 网页美工设计

本实例的整体框架采用"拐角型"布局结构，美工设计效果如图 5-3 和图 5-4 所示。

初学者在设计制作的过程中，可以打开光盘中的源代码，找到相关站点的 images（图片）文件夹，其中放置了已经编辑好的图片。

图 5-3　首页的美工

图 5-4　会员注册页面的美工

5.2　数据库的设计与连接

本节主要讲述如何使用 Access 2007 建立用户管理系统的数据库，如何使用 ODBC 在数据库与网站之间建立动态链接。

5.2.1　数据库设计

通过对用户管理系统的功能分析发现，这个数据库应该包括注册的用户名、注册密码以及一些个人信息，如性别、年龄、E-mail、电话等，所以在数据库中必须包含一个容纳上述信息的表，称之为"用户信息表"，本案例将数据库命名为 member，创建的用户信息表 member 如图 5-5 所示。

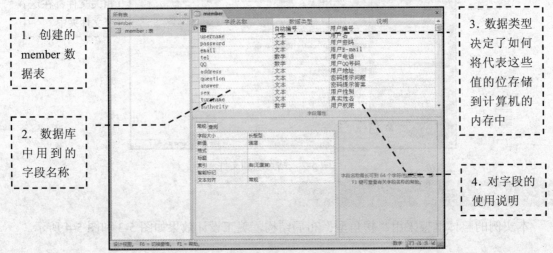

图 5-5　创建的 member 数据表

由上面的分析可以得出用户数据库设计表 user 的字段组成，其结构如表 5-2 所示。

表 5-2 用户数据库设计表 user

意义	字段名称	数据类型	字段大小	必填字段	允许空字符串	索引
用户编号	ID	自动编号	长整型			有（无重复）
用户名	username	文本	20	是	否	无
用户密码	password	文本	20	是	否	无
密码提示问题	question	文本	50	是	否	无
密码提示答案	answer	文本	50	是	否	无
真实姓名	truename	文本	20	是	否	无
用户性别	sex	文本	2	是	否	无
用户地址	address	文本	50	是	否	无
用户电话	tel	数字	50	是	否	无
用户 QQ 号码	QQ	数字	20	否	是	无
用户 E-mail	email	文本	50	否	是	无
用户权限	authority	数字	长整型			无

说　明

对数据库中常见的属性解释如下。

- 字段大小：在自动编号的字段大小中常见的是长整型和同步复制 ID，长整型是 Access 项目中的一种 4B（32bit）数据类型，存储位于 -2^{31}（-2 147 483 648）与 $2^{31}-1$（2 147 483 647）之间的数字。
- 必填字段：在更新数据库时，一些用户必须填写的字段，如果为空将无法更新。
- 允许空字符串：空字符串，首先它是字符串，但是这个字符串没有内容。空就是 null，不是任何东西，不能等于任何东西。
- 索引：索引是一个单独的、物理的数据库结构，索引是依赖于表建立的，它提供了数据库中编排表中数据的内部方法。一个表的存储是由两部分组成的，一部分用来存放表的数据页面，另一部分存放索引页面。

下面介绍在 Access 2007 中创建数据库的方法和步骤。

1 首先运行 Microsoft Access 2007 程序。单击"空白数据库"按钮，在主界面的右侧打开"空白数据库"面板，如图 5-6 所示。单击"空白数据库"面板上的"创建"按钮，打开"文件新建数据库"对话框。

2 在"保存位置"后面的下拉列表框中选择前面创建站点 member 中的 mdb 文件夹，在"文件名"文本框中输入文件名 member，为了让创建的数据库能被通用，在"保存类型"下拉列表框中选择"Microsoft Office Access 2002-2003 数据库"选项，如图 5-7 所示。

3 单击"确定"按钮，返回"空白数据库"面板，再单击"空白数据库"面板上的"创建"按钮,即在 Microsoft Access 中创建了一个 member.mdb 数据库文件,同时 Microsoft Access 自动默认生成了一个"表1:表"数据表,如图 5-8 所示。

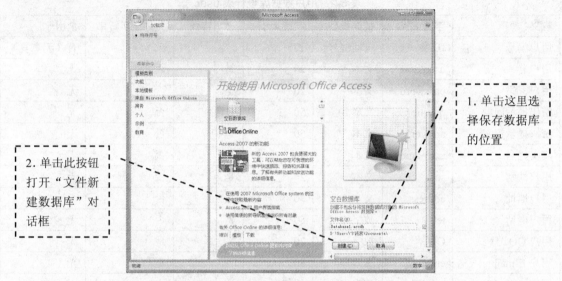

图 5-6　打开"空白数据库"面板

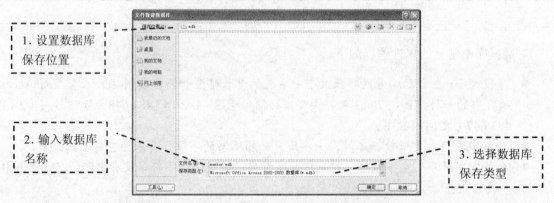

图 5-7　"文件新建数据库"对话框

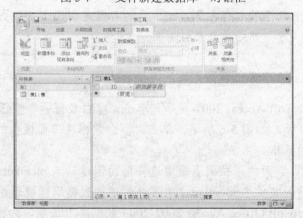

图 5-8　创建的默认数据表

第 5 章 用户管理系统

4 右击"表1：表"，打开快捷菜单，执行快捷菜单中的"设计视图"命令，打开"另存为"对话框，在"表名称"文本框中输入数据表名称 member，如图 5-9 所示。

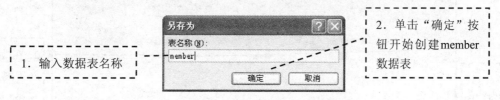

图 5-9 "另存为"对话框

5 系统自动打开创建好的 member 数据表，如图 5-10 所示。

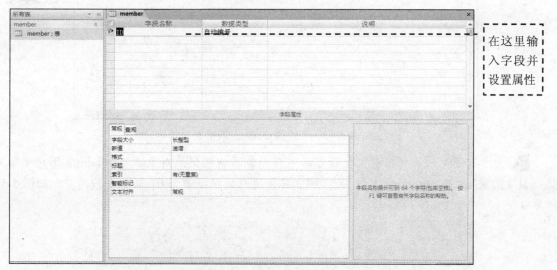

图 5-10 建立的 member 数据表

6 按表 5-2 输入各字段的名称并设置其相应属性，完成后如图 5-11 所示。

图 5-11 创建表的字段

Access 为 member 数据表自动创建了一个主键值 ID，主键是在建立的数据库中建立的一个唯一真实值，数据库通过建立主键值，可方便后面搜索功能的调用，但要求所产生的数据没有重复。

7 双击 member:表 按钮，打开 member 的数据表，如图 5-12 所示。

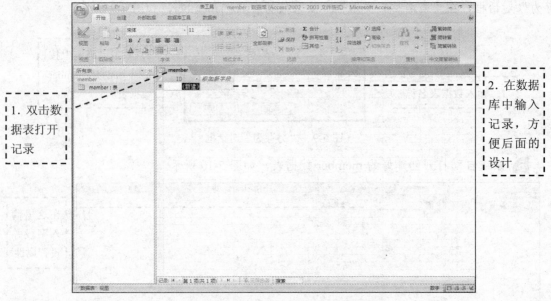

1. 双击数据表打开记录

2. 在数据库中输入记录，方便后面的设计

图 5-12　创建的 member 数据表

8 为了方便用户访问，可以在数据库中预先编辑一些记录对象，其中 admin 用户（即为管理员）的权限（即 authority 字段）值为 1，其余用户的权限值为 0，即为一般用户，如图 5-13 所示。

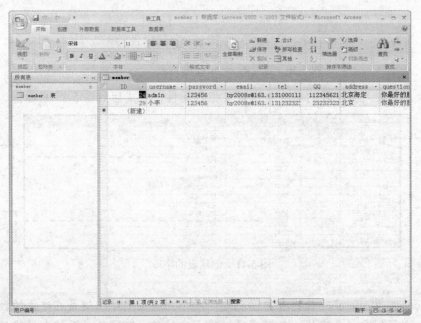

图 5-13　member 表中输入的记录

9 编辑完成，单击"保存"按钮，完成数据库的创建，最后关闭 Access 2007 软件。

至此存储用户名和密码等资料的表建立完毕。

5.2.2 连接数据库

在数据库创建完成后，需要在 Dreamweaver CS6 中建立数据源的连接对象，从而在动态网页中使用这个数据库文件。接下来介绍 Dreamweaver CS6 中用 ODBC 连接数据库的方法，在操作的过程中需要注意 ODBC 连接时参数的设置。

> 开放数据库互连（ODBC）是 Microsoft 引进的一种早期数据库接口技术。Microsoft 引进这种技术的一个主要原因是：以非语言专用的方式提供给程序员一种访问数据库内容的简单方法。
> 一个完整的 ODBC 由下列几个部件组成。
> - 应用程序（Application）：该程序位于控制面板 ODBC 内，其主要任务是管理安装的 ODBC 驱动程序和管理数据源。
> - 驱动程序管理器（Driver Manager）：驱动程序管理器包含在 ODB 的 DLL 中，对用户是透明的，其任务是管理 ODBC 驱动程序，是 ODBC 中最重要的部件。
> - ODBC 驱动程序：是一些 DLL，提供了 ODBC 和数据库之间的接口。
> - 数据源：数据源包含了数据库位置和数据库类型等信息。

具体的连接步骤如下：

1 依次单击"控制面板"|"管理工具"|"数据源 (ODBC)"|"系统 DSN"命令，打开"ODBC 数据源管理器"对话框，其中的"系统 DSN"选项卡如图 5-14 所示。

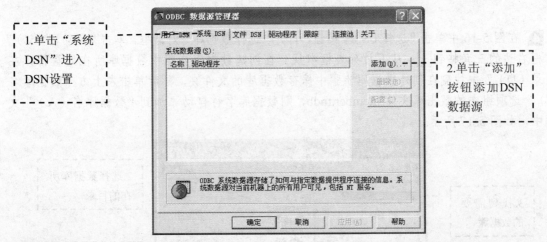

图 5-14 "ODBC 数据源管理器"中的"系统 DSN"选项卡

2 在图 5-14 中单击"添加（D）"按钮，打开"创建新数据源"对话框，在"创建新数据源"对话框中，选择 Driver do Microsoft Access（*.mdb）选项，如图 5-15 所示。

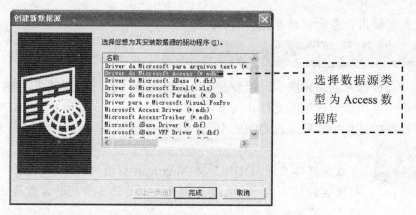

图 5-15 "创建新数据源"对话框

3 单击"完成"按钮，打开"ODBC Microsoft Access 安装"对话框，在"数据源名（N）"文本框中输入 dsnuser，如图 5-16 所示。

图 5-16 "ODBC Microsoft Access 安装"对话框

4 在图 5-16 中单击"选择（S）"按钮，打开"选择数据库"对话框，单击"驱动器（V）"文本框右边的三角按钮，从下拉列表框中找到在创建数据库步骤中数据库所在的盘符，在"目录（D）"中找到在创建数据库步骤中保存数据库的文件夹，然后单击左上方"数据库名（A）"选项组中的数据库文件 member.mdb，则数据库名称自动添加到"数据库名（A）"文本框中，如图 5-17 所示。

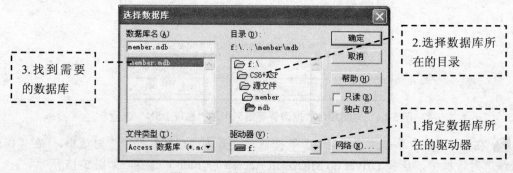

图 5-17 "选择数据库"对话框

5️⃣ 找到数据库后，单击"确定"按钮回到"ODBC Microsoft Access 安装"对话框中，再次单击"确定"按钮，将返回到"ODBC 数据源管理器"中的"系统 DSN"选项卡，可以看到"系统数据源"中已经添加了一个名称为"dsnuser"，驱动程序为"Driver do Microsoft Access（*.mdb）"的系统数据源，如图 5-18 所示。

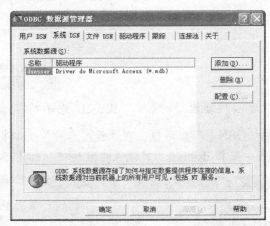

图 5-18 "ODBC 数据源管理器"中的"系统 DSN"选项卡

6️⃣ 再次单击"确定"按钮，完成"ODBC 数据源管理器"中"系统 DSN"的设置。

7️⃣ 启动 Dreamweaver CS6，执行菜单"文件"|"新建"命令，打开"新建文档"对话框，选择"空白页"选项卡中"页面类型"列表框下的 ASP VBScript 选项，在"布局"列表框中选择"无"选项，然后单击"创建"按钮。在网站根目录下新建一个名为 index.asp 的网页并保存，如图 5-19 所示。

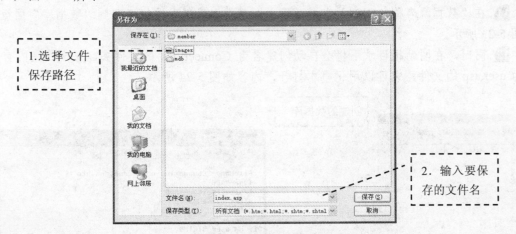

图 5-19 建立首页并保存

8️⃣ 根据前面讲过的站点设置方法，设置好"站点"、"文档类型"、"测试服务器"，在 Dreamweaver CS6 软件中执行菜单"窗口"|"数据库"命令，打开"数据库"面板，如图 5-20 所示。

9️⃣ 单击"数据库"面板中的 ➕ 按钮，弹出如图 5-21 所示的菜单，选择"数据源名称(DSN)"选项。

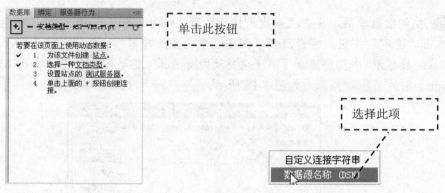

图 5-20 "数据库"面板　　　　图 5-21 选择"数据源名称（DSN）"选项

10 打开"数据源名称（DSN）"对话框，在"连接名称"文本框中输入 user，从"数据源名称（DSN）"下拉列表中选择 dsnuser，其他保持默认值，如图 5-22 所示。

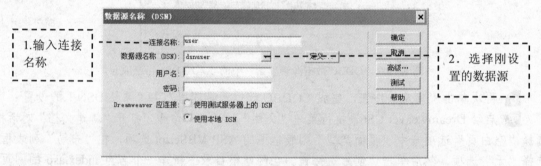

图 5-22 "数据源名称（DSN）"对话框

11 在"数据源名称（DSN）"对话框中，单击"确定"按钮返回到"数据库"面板中，如图 5-23 所示。

12 同时，在网站根目录下将会自动创建名为 Connections 的文件夹，该文件夹内有一个名为 user.asp 的文件，它可以用记事本打开，内容如图 5-24 所示。

图 5-23 "数据库图"面板　　　　图 5-24 自动产生的 user.asp

说　明

user.asp 文件中记载了数据库的连接方法及连接参数，其各行代码的含义如下。

```
********************************************************************
<%
' FileName="Connection_odbc_conn_dsn.htm"
' Type="ADO"
//类型为 ADO
' DesigntimeType="ADO"
//这三行代码用于设置数据库的连接方式为 ADO
' HTTP="false"
//设置 HTTP 的连接方法为否
' Catalog=""
//设置目录为空
' Schema=""
//设置概要内容为空
Dim MM_user_STRING
//定义为 user 数据库名的绑定
MM_user_STRING = "dsn=dsnuser;"
//设置为 DSN 数据源连接
%>
********************************************************************
```

如果网站要上传到远程服务器端，则需要对数据库的路径进行更改。

13 执行菜单"文件"|"保存"命令，保存该文档，完成数据库的连接。

5.3 用户登录模块的设计

本节主要介绍用户登录模块的制作，在该模块中，进行登录的用户为会员，所以界面中显示的是"会员登录"字样。

5.3.1 登录页面

在用户访问该用户管理系统时，首先要进行身份验证，这个功能是靠登录页面来实现的。所以在登录页面中必须提供用于输入用户名和密码的文本框，以及输入完成后进行登录的"登录"按钮和输入错误后重新设置用户名和密码的"重置"按钮。详细的制作步骤如下：

1 首先来看一下用户登录的首页设计，如图 5-25 所示。

2 index.asp 页面是用户登录系统的首页，打开前面创建的 index.asp 页面，输入网页标题"用户注册"，然后执行菜单"文件"|"保存"命令将网页标题保存。

3 执行菜单"修改"|"页面属性"命令，打开"页面属性"对话框，然后在"背景颜色"文本框中输入颜色值为#FFFFFF，在"上边距"文本框中输入 0 像素，这样设置的目的是为了

让页面的第一个表格能置顶到上边，并形成一个灰色底纹的页面，如图 5-26 所示。

图 5-25　登录页面设计效果图

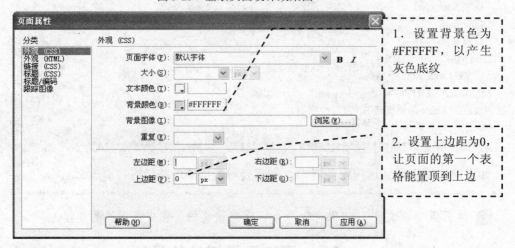

图 5-26　"页面属性"对话框

4 设置完成后单击"确定"按钮，进入"文档"窗口，执行菜单"插入"|"表格"命令，在打开的"表格"对话框中的"行数"文本框中输入需要插入表格的行数为 4，在"列"文本框中输入需要插入表格的列数为 2。在"表格宽度"文本框中输入 612 像素，将 images 文件中对应的图像插入到文件中，得到的静态页面效果如图 5-27 所示。

图 5-27　设计静态页面

5. 输入"现在就去注册"文本并选中该文本，选择"插入"|"超级链接"命令，设置一个转到用户注册页面 register.asp 的链接对象，以方便用户注册，输入的效果如图 5-28 所示。

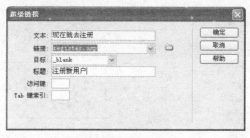

图 5-28　建立链接

6. 如果已是注册的用户忘记了密码，还希望以其他方式能够重新获得密码，可以输入"已是会员，但忘记密码，单击此处找回密码"文本，并设置一个转到密码查询页面 lostpassword.asp 的链接对象，方便用户取回密码，如图 5-29 所示。

图 5-29　建立链接

7. 单击"文档"窗口上的 设计 按钮，返回到"设计"窗口模式，执行菜单"插入记录"|"表单"|"表单"命令，插入一个表单，如图 5-30 所示。

图 5-30　插入表单

8. 将鼠标放置在该表单中，执行菜单"插入记录"|"表格"命令，打开"表格"对话框，在"行数"文本框中输入 3，在"列"文本框中输入 2。在"表格宽度"文本框中输入 100%，在该表单中插入 3 行 2 列的表格。单击并拖动鼠标选择第 3 行表格，分别在"属性"面板中单击"合并所选单元格，使用跨度"按钮 ，将第 3 行表格进行合并。然后在表格第 1 行第 1 列中输入文字说明"用户名"，在第 1 行第 2 列中执行菜单"插入记录"|"表单"|"文本域"

命令，插入一个单行文本域表单对象，并定义文本域名为"username"，文本域的属性设置及此时的效果如图5-31所示。

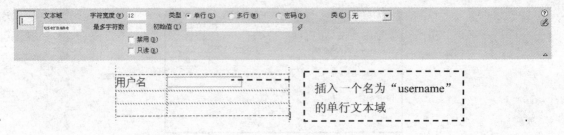

图 5-31 输入"用户名"和文本域的设置

说　　明

对文本域的属性说明如下：

- "文本域"文本框：为文本域指定一个名称。每个文本域都必须具有一个唯一名称。表单对象名称不能包含空格或特殊字符。可以使用字母、数字、字符和下划线（-）的任意组合。请注意，为文本域指定的标签是将存储该域的值（输入的数据）的变量名，这是发送给服务器进行处理的值。
- "字符宽度"文本框：用于设置最多可显示的字符数。
- "最多字符数"文本框：用于指定在域中最多可输入的字符数，如果保留为空白，则输入不受限制。"字符宽度"可以小于"最多字符数"，但大于"字符宽度"的输入则不被显示。
- "类型"选项组：用于指定文本域是"单行"、"多行"还是"密码"。单行文本域只能显示一行文字，多行则可以输入多行文字，达到字符宽度后换行，密码文本域则用于输入密码。
- "初始值"文本框：用于指定在首次载入表单时域中显示的值。例如，通过包含说明或示例值，可以指示用户在域中输入信息。
- "类"下拉列表：用于将 CSS 规则应用于对象。

9 在第 2 行第 1 列表格中输入文字说明"密码"，在第 2 行表格的第 2 列中执行菜单"插入记录"|"表单"|"文本域"命令，插入密码文本域的表单对象，在"文本域"文本框中输入 password。文本域的属性设置及此时的效果如图 5-32 所示。

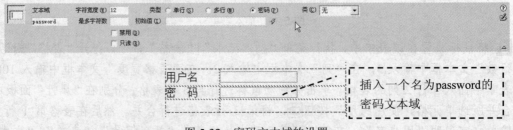

图 5-32 密码文本域的设置

⑩ 选择第 3 行单元格，两次执行"插入记录"|"表单"|"按钮"命令，插入两个按钮，并分别在"属性"面板中进行属性变更：一个为登录时用的"提交表单"选项，另一个为"重设表单"选项，"属性"面板的设置如图 5-33 所示。

图 5-33　设置按钮属性

⑪ 表单编辑完成后，下面来编辑该网页的动态内容，使用户可以通过该网页中表单的提交实现登录功能。打开"服务器行为"面板，单击该面板上的按钮，执行菜单"用户身份验证"|"登录用户"命令，如图 5-34 所示，向该网页添加"登录用户"的服务器行为。

⑫ 此时，打开"登录用户"对话框，各项参数设置如图 5-35 所示。

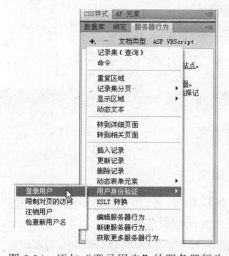 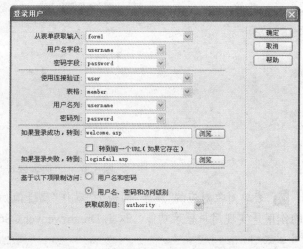

图 5-34　添加"登录用户"的服务器行为　　　　图 5-35　"登录用户"对话框

═══════════════════ 说　　明 ═══════════════════

该对话框中各项设置的作用如下：

- 在"从表单获取输入"下拉列表框中选择该服务器行为使用网页中的 form1 对象，设定该用户登录服务器行为的用户数据来源为表单对象中访问者填写的内容。
- 在"用户名字段"下拉列表框中选择文本域 username 对象，设定该用户登录服务器行为的用户名数据来源为表单的 username 文本域中访问者输入的内容。
- 在"密码字段"下拉列表框中选择文本域 password 对象，设定该用户登录服务器行为的用户名数据来源为表单的 password 文本域中访问者输入的内容。
- 在"使用连接验证"下拉列表框中，选择用户登录服务器行为使用的数据源连接对象为 user。
- 在"表格"下拉列表框中,选择该用户登录服务器行为使用到的数据库表对象为 member。
- 在"用户名列"下拉列表框中,选择表 member 存储用户名的字段为 username。
- 在"密码列"下拉列表框中,选择表 member 存储用户密码的字段为 password。
- 在"如果登录成功,转到"文本框中输入登录成功后,转向 welcome.asp 页面。
- 在"如果登录失败,转到"文本框中输入登录失败后,转向 loginfail.asp 页面。
- 选中"基于以下项限制访问"后面的"用户名、密码和访问级别"单选按钮,设定后面将根据用户的用户名、密码及权限级别共同决定其访问网页的权限。
- 在"获取级别自"下拉列表框中,选择 authority 字段,表示根据 authority 字段的数字来确定用户的权限级别。

13 设置完成后,单击"确定"按钮,关闭该对话框,返回到"文档"窗口。在"服务器行为"面板中就增加了一个"登录用户"行为,如图 5-36 所示。

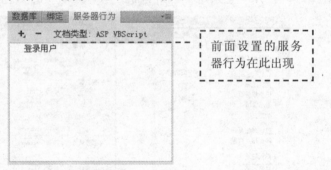

图 5-36 "服务器行为"面板

14 表单对象对应的"属性"面板的"动作"属性值如图 5-37 所示,为<%=MM_LoginAction%>。它的作用是实现用户登录功能,这是 Dreamweaver CS6 自动生成的动作代码。

图 5-37 表单对应的"属性"面板

15 执行菜单"文件"|"保存"命令,将该文档保存到本地站点中,完成网站的首页制作。

5.3.2 登录成功和登录失败页面

当用户输入的登录信息不正确时,就会转到 loginfail.asp 页面,显示登录失败的信息。如果用户输入的登录信息正确,就会转到 welcome.asp 页面。

1 执行菜单"文件"|"新建"命令,打开"新建文档"对话框,选择"空白页"选项卡中"页面类型"下拉列表框中的 ASP VBScript 选项,在"布局"列表框中选择"无"选项,

然后单击"创建"按钮创建新页面。在网站根目录下新建一个名为 loginfail.asp 的网页并保存，如图 5-38 所示。

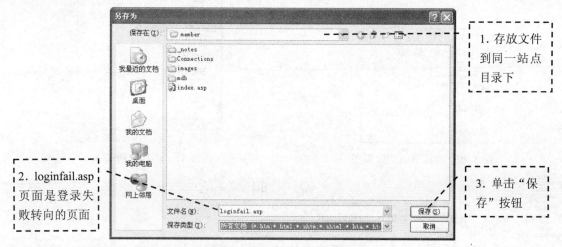

图 5-38 "另存为"对话框

2 登录失败页面的设计如图 5-39 所示。在"文档"窗口中选中"这里"文本，将其设置为指向 index.asp 页面的链接。

图 5-39 登录失败页面 loginfail.asp

3 执行菜单"文件"|"保存"命令，完成 loginfail.asp 页面的创建。

接下来制作 welcome.asp 页面，详细制作的步骤如下：

1 执行菜单"文件"|"新建"命令，打开"新建文档"对话框，选择"空白页"选项卡中"页面类型"下拉列表框下的 ASP VBScript 选项，在"布局"下拉列表框中选择"无"选项，然后单击"创建"按钮创建新页面，在网站根目录下新建一个名为 welcome.asp 的网页并保存。

2 利用类似前面的方法制作登录成功页面的静态部分，如图 5-40 所示。

3 执行菜单"窗口"|"绑定"命令，打开"绑定"面板，单击该面板上的 按钮，在弹出的菜单中，选择"阶段变量"命令，为网页中定义一个阶段变量，如图 5-41 所示。

图 5-40 欢迎界面的效果图

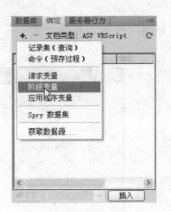

图 5-41 添加阶段变量

说　明

对"绑定"面板中各选项的说明如下。

- 记录集（查询）：用来绑定数据库中的记录集，在绑定记录集中选择要绑定的数据源、数据库以及一些变量，从而显示和查询记录。
- 命令（预存过程）：执行此命令主要是为了让数据库里的数据保持最新状态。
- 请求变量：用于定义动态内容源。
- 阶段变量：阶段变量提供了一种对象，通过这种对象，用户信息得以存储，并使该信息在用户访问的持续时间中对应用程序的所有页都可用。阶段变量还可以提供一种超时形式的安全对象，这种对象在用户账户长时间不活动的情况下，终止该用户的会话。如果用户忘记从 Web 站点注销，这种对象还会释放服务器内存和处理资源。

4 打开"阶段变量"对话框，在"名称"文本框中输入"阶段变量"的名称 MM_username，如图 5-42 所示。

5 设置完成后，单击该对话框中的"确定"按钮，在"文档"窗口中通过拖动鼠标选择"********"文本，然后在"绑定"面板中选择 MM_username 变量，再单击"绑定"面板底部的"插入"按钮，将其插入到该"文档"窗口中设定的位置。插入完毕后可以看到"********"文本被{Session.MM_username}占位符代替，如图 5-43 所示。这样就完成了显示登录用户名"阶段变量"的添加工作。

图 5-42 "阶段变量"对话框

图 5-43 插入后的效果

第 5 章 用户管理系统

设计阶段变量的目的是在用户登录成功后，登录界面中直接显示用户的名字，使网页更有亲切感。

❻ 在"文档"窗口中拖动鼠标选中"注销用户"文本，执行菜单"窗口"|"服务器行为"|"用户身份验证"|"注销用户"命令，为所选中的文本添加一个"注销用户"的服务器行为，如图 5-44 所示。

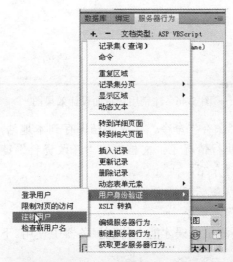

图 5-44 "注销用户"命令

❼ 打开"注销用户"对话框，在该对话框中进行如下设置：

- "在以下情况下注销"用于设置注销，本例选中"单击链接"单选按钮，并在右边的下拉列表框中选择 所选范围："注销用户" ，这样当用户在页面中单击"注销用户"时就执行注销操作。
- "在完成后，转到"文本框用于设置注销后显示的页面，本例在右侧文本框中输入 logoot.asp，表示注销后转到 logoot.asp 页面，完成后的设置如图 5-45 所示。

图 5-45 "注销用户"对话框

❽ 设置完成后，单击"确定"按钮关闭该对话框，返回到"文档"窗口。在"服务器行为"面板中增加了一个"注销用户"行为，同时可以看到"注销用户"链接文本对应的"属性"面板中的"链接"属性值为<%=MM_Logout%>，它是 Dreamweaver CS6 自动生成的动作对象。

❾ logoot.asp 的页面设计比较简单，不作详细说明，在页面中的"这里"处将其指定为

117

链接到首页 index.asp 就可以了，效果如图 5-46 所示。

图 5-46 注销用户页面设计效果图

10 执行菜单"文件"|"保存"命令，将该文档保存到本地站点中。编辑工作完成后，就可以测试该用户登录系统的执行情况了。文档中的"修改资料"链接到 userupdate.asp 页面，此页面将在后面的修改中进行介绍。

5.3.3 用户登录系统功能的测试

制作好一个系统后，需要测试无误才能上传到服务器中使用。下面就对登录系统进行测试，测试的步骤如下：

1 打开 IE 浏览器，在地址栏中输入 http://127.0.0.1/index.asp，打开 index.asp 页面，如图 5-47 所示。

2 在"用户名"和"密码"文本框中输入用户名及密码，输入完毕后单击"提交"按钮。

3 如果在第 2 步中填写的登录信息是错误的，或者根本就没有输入，则浏览器会转到登录失败页面 loginfail.asp，显示登录错误信息，如图 5-48 所示。

图 5-47 打开的网站首页

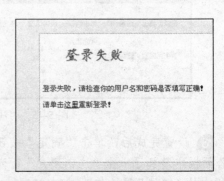

图 5-48 登录失败页面 loginfail.asp 效果

④ 如果输入的用户名和密码都正确，则显示登录成功页面。这里输入的是前面数据库设置的用户 admin，登录成功后的页面如图 5-49 所示，其中显示了用户名 admin。

⑤ 如果想注销用户，只须单击"注销用户"超链接即可，注销用户后，浏览器就会转到页面 logoot.asp，然后单击"这里"回到首页，如图 5-50 所示。

至此，登录功能就测试完成了。

图 5-49　登录成功页面 welcome.asp 效果

图 5-50　注销用户页面设计

5.4 用户注册模块的设计

用户登录系统是供数据库中已有的老用户登录用的，一个用户管理系统还应该提供新用户注册用的页面，对于新用户来说，通过单击 index.asp 页面上的"现在就去注册"超链接，进入到名为 register.asp 的页面，在该页面可以实现新用户注册功能。

5.4.1　用户注册页面

register.asp 页面主要实现用户注册的功能，用户注册的操作就是向 member.mdb 数据库的 member 表中添加记录的操作，完成的页面如图 5-51 所示。

图 5-51　用户注册页面样式

操作步骤如下：

1 执行菜单"文件"|"新建"命令，打开"新建文档"对话框，选择"空白页"选项卡中"页面类型"下拉列表框下的 ASP VBScript 选项，在"布局"下拉列表框中选择"无"选项，然后单击"创建"按钮创建新页面，在网站根目录下新建一个名为 register.asp 的网页并保存。

2 在 Dreamweaver CS6 中使用制作静态网页的工具完成如图 5-52 所示的静态部分，在这里需要说明的是注册时应加入一个"隐藏区域"并命名为 authority，设置默认值为 0，即所有用户注册的时候都默认为一般访问用户。

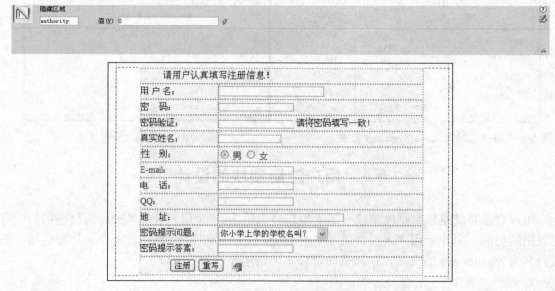

图 5-52 register.asp 页面静态设计

在为表单中的文本域对象命名时，由于表单对象中的内容将被添加到 user 表中，可以将表单对象中的文本域名设置的与数据库中的相应字段名相同，这样做的目的是当该表单中的内容添加到 user 表中时会自动配对，文本"密码验证"对应的文本框命名为 password1。隐藏域是用来收集或发送信息的不可见元素，对于网页的访问者来说，隐藏域是看不见的。当表单被提交时，隐藏域就会将信息用设置时定义的名称和值发送到服务器上。

3 还需要设置一个验证表单的动作，用来检查访问者在表单中填写的内容是否满足数据库中表 user 的字段要求。在将用户填写的注册资料提交到服务器之前，就会对用户填写的资料进行验证。如果有不符合要求的信息，可以向访问者显示错误的原因，并让访问者重新输入。

4 执行菜单"窗口"|"行为"命令，则会打开"行为"面板。单击"行为"面板中的 按钮，选择"检查表单"命令，打开"检查表单"对话框，如图 5-53 所示。

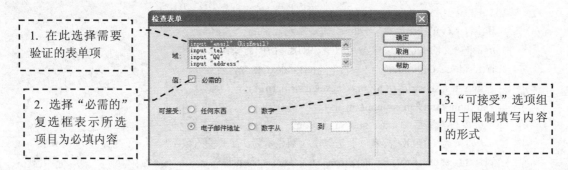

图 5-53 设置"检查表单"对话框

本例中,我们设置 username 文本域、password 文本域、password1 文本域、answer 文本域、truename 文本域、address 文本域为"值:必需的","可接受:任何东西",即这几个文本域必须填写,内容不限,但不能为空;tel 文本域和 qq 文本域设置的验证条件为"值:必需的","可接受:数字",表示这两个文本域必须填写数字,不能为空;e-mail 文本域的验证条件为"值:必需的","可接受:电子邮件地址",表示该文本域必须填写电子邮件地址,且不能为空。

5 设置完成后,单击"确定"按钮,完成对检查表单的设置。

6 在"文档"窗口中单击工具栏上的"代码"按钮,转到代码编辑窗口,然后在验证表单动作的源代码中加入如下代码:

```
<script type="text/JavaScript">
//说明脚本语言为 JavaScript
<!--
function MM_findObj(n, d) { //v4.01
    var p,i,x;  if(!d) d=document; if((p=n.indexOf("?"))>0&&parent.frames. length) {
        d=parent.frames[n.substring(p+1)].document; n=n.substring(0,p);}
    if(!(x=d[n])&&d.all) x=d.all[n]; for (i=0;!x&&i<d.forms.length;i++) x=d. forms[i][n];
    for(i=0;!x&&d.layers&&i<d.layers.length;i++) x=MM_findObj(n,d.layers[i]. document);
    if(!x && d.getElementById) x=d.getElementById(n); return x;
}
//定义创建对话框的基本属性
function MM_validateForm() { //v4.0
    var i,p,q,nm,test,num,min,max,errors=",args=MM_validateForm.arguments;
//检查提交表单的内容
    for (i=0; i<(args.length-2); i+=3) { test=args[i+2]; val=MM_findObj(args[i]);
        if (val) { nm=val.name; if ((val=val.value)!="") {
            if (test.indexOf('isEmail')!=-1) { p=val.indexOf('@');
                if (p<1 || p==(val.length-1)) errors+='- '+nm+' 需要输入邮箱地址.\n';
                //如果提交的邮箱地址表单中不是邮件格式,则显示为 "需要输入邮箱地址"
```

```
        } else if (test!='R') { num = parseFloat(val);
            if (isNaN(val)) errors+='- '+nm+' 需要输入数字.\n';
            //如果提交的电话表单中不是数字，则显示为" "需要输入数字"
            if (test.indexOf('inRange') != -1) { p=test.indexOf(':');
                min=test.substring(8,p); max=test.substring(p+1);
                if (num<min || max<num) errors+='- '+nm+'
                需要输入数字 '+min+' and '+max+'.\n';
                //如果提交的 QQ 表单中不是数字，则显示为 "需要输入数字"
        } } } else if (test.charAt(0) == 'R') errors += '- '+nm+' 需要输入.\n'; }
        //如果提交的地址表单为空，则显示为 "需要输入"
    } if (MM_findObj('password').value!=MM_findObj('password1').value) errors +='-两次密码输入不一致 \n';
    if (errors) alert('注册时出现如下错误:\n'+errors);
    document.MM_returnValue = (errors == '');
//如果出错，将显示 "注册时出现如下错误："
}
//-->
</script>
```

7 编辑代码完成后，单击工具栏上的 设计 按钮，返回到"文档"窗口。此时，可以测试一下执行的效果，如果注册时出现错误，则会打开一个提示框，如图 5-54 所示提示。

图 5-54　提示错误对话框

8 在该网页中添加一个"插入记录"的服务器行为。执行菜单"窗口"|"服务器行为"命令，打开"服务器行为"面板。单击该面板上的 按钮，在弹出的菜单中，选择"插入记录"选项，则会打开"插入记录"对话框。在该对话框中进行如下设置，设置完成后该对话框如图 5-55 所示。

- 从"连接"下拉列表框中选择 user 作为数据源的连接对象。
- 从"插入到表格"下拉列表框中选择 member 作为使用的数据库表对象。
- 在"插入后，转到"文本框中设置记录成功添加到表 member 后，转到 regok.asp 网页。
- 在"表单元素"列表框中将网页中的表单对象和数据库中表 member 中的字段一一对应起来。

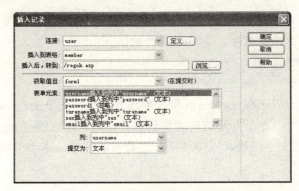

图 5-55 "插入记录"对话框

❾ 设置完成后,单击"确定"按钮,关闭该对话框,返回到"文档"窗口。此时的设计样式如图 5-56 所示。

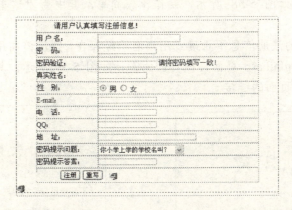

图 5-56 插入记录后的效果图

❿ 用户名是用户登录的身份标志,是不能重复的,所以在添加记录之前,一定要先在数据库中判断该用户名是否存在,如果存在,则不能进行注册。在 Dreamweaver CS6 中提供了一个检查新用户名的服务器行为,单击"服务器行为"面板上的 按钮,在弹出的菜单中,执行"用户身份验证"|"检查新用户名"命令,此时,会打开一个"检查新用户名"对话框,在该对话框中进行如下设置,设置完成后的对话框显示如图 5-57 所示。

- 在"用户名字段"下拉列表框中选择 username 字段。
- 在"如果已存在,则转到"文本框中输入 regfail.asp,表示如果用户名已经存在,则转到 regfail.asp 页面,显示注册失败信息。

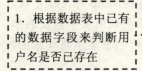
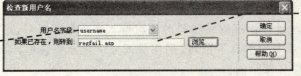

图 5-57 "检查新用户名"对话框

⓫ 设置完成后,单击该对话框中的"确定"按钮,关闭该对话框,返回到"文档"窗口。

在"服务器行为"面板中增加了一个"检查新用户名"行为,再执行菜单"文件"|"保存"命令,将该文档保存到本地站点中,完成本页的制作。

5.4.2 注册成功和注册失败页面

为了方便用户登录,应该在 regok.asp 页面中设置一个转到 index.asp 页面的文字链接,以方便用户进行登录。同时,为了方便访问者重新进行注册,还应该在 regfail.asp 页面设置一个转到 register.asp 页面的文字链接,以方便用户进行重新登录。本小节将制作显示注册成功和失败的页面信息。

1 执行菜单"文件"|"新建"命令,打开"新建文档"对话框,选择"空白页"选项卡中"页面类型"下拉列表框下的 ASP VBScript 选项,在"布局"下拉列表框中选择"无"选项,然后单击"创建"按钮创建新页面,在网站根目录下新建一个名为 regok.asp 的网页并保存。

2 regok.asp 页面如图 5-58 所示。制作比较简单,其中为"这里"文本设置一个指向 index.asp 页面的链接。

3 如果用户输入的注册信息不正确或用户名已经存在,则应该向用户显示注册失败的信息。这里再新建一个 regfail.asp 页面,该页面的设计如图 5-59 所示。其中为"这里"文本设置一个指向 register.asp 页面的链接。

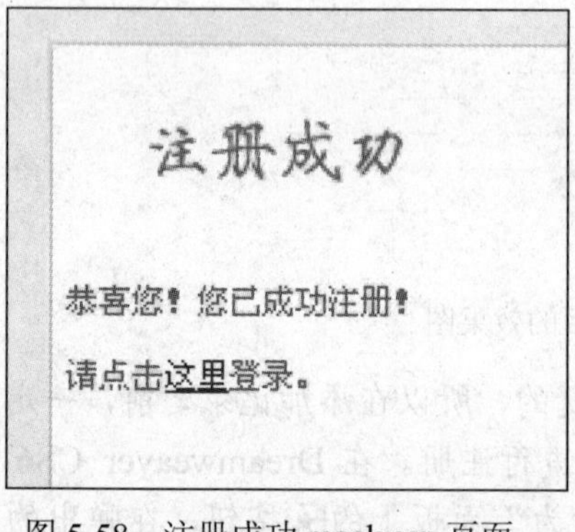

图 5-58 注册成功 regok.asp 页面 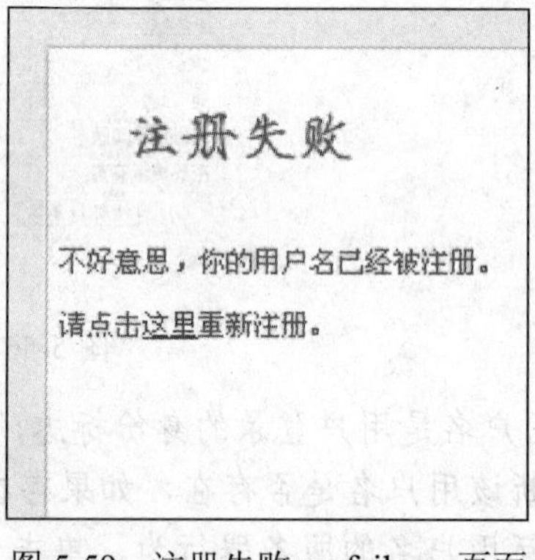 　　　　图 5-59 注册失败 regfail.asp 页面

5.4.3 用户注册功能的测试

设计完成后就可以测试该用户的注册功能了。

1 打开 IE 浏览器,在地址栏中输入 http://127.0.0.1/register.asp,打开 register.asp 文件,如图 5-60 所示。

2 可以在该注册页面中输入一些不正确的信息,如漏填 username、password 等必填字段,或填写非法的 E-mail 地址,或在确认密码时两次输入不一致的密码,以测试网页中验证表单动作的执行情况。如果填写的信息不正确,则浏览器应该打开警告框,向访问者显示错误原因,如图 5-61 所示是一个警告框示例。

第 5 章　用户管理系统

图 5-60　打开的测试页面

图 5-61　出错提示

❸ 在该注册页面中注册一个已经存在的用户名，例如输入 admin，用来测试新用户服务器行为的执行情况，然后单击"确定"按钮，此时由于用户名已经存在，浏览器会自动转到 regfail.asp 页面，如图 5-62 所示，告诉访问者该用户名已经存在。此时，访问者可以单击"这里"链接文本，返回 register.asp 页面，以便重新进行注册。

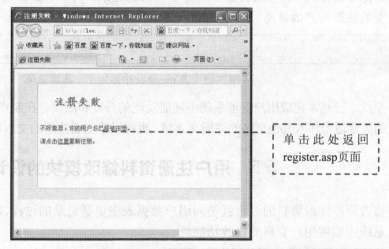

图 5-62　注册失败页面显示

❹ 在该注册页面中填写如图 5-63 所示的注册信息。

❺ 单击"确定"按钮。由于这些注册资料完全正确，而且这个用户名没有重复，所以浏览器会转到 regok.asp 页面，向访问者显示注册成功的信息，如图 5-64 所示。此时，访问者可以单击"这里"链接文本，转到 index.asp 页面，以便进行登录。

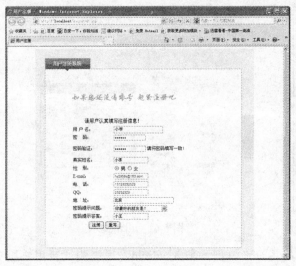
图 5-63 填写正确信息

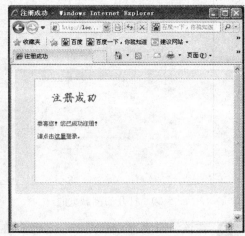
图 5-64 注册成功页面

6⃣ 在 Access 2007 中打开用户数据库文件 member.mdb，查看其中的 member 表对象的内容。此时可以看到，在该表的最后创建了一条新记录，其中的数据就是刚才在网页 register.asp 中提交的注册用户的信息，如图 5-65 所示。

username	password	email	tel	QQ	address	question	answer	sex	turename	authority
admin	123456	hy2008s@163.	131000111	112345621	北京海定	我的朋友叫什	我朋友叫小李	男	admin	1
小李	123456	hy2008s@163.	131232323	23232323	北京	你最好的朋友	小王	男	小李	0

图 5-65 表 member 中添加了一条新记录

至此，已基本完成用户管理系统中注册功能的开发和测试。在制作的过程中，可以根据制作网站的需要适当加入其他更多的注册文本域，也可以给需要注册的文本域名称部分添加星号（*）。

5.5 用户注册资料修改模块的设计

修改用户注册资料的过程就是向用户数据表中更新记录的过程，本节重点介绍如何在用户管理系统中实现用户资料的修改功能。

5.5.1 修改资料页面

该页面主要用于将用户的所有资料都列出，通过"更新记录"命令实现资料修改的功能。具体的操作步骤如下：

1⃣ 首先制作用户修改资料的页面，该页面和用户注册页面的结构十分相似，可以通过对 register.asp 页面的修改来快速得到所需要的记录更新页面。打开 register.asp 页面，执行菜单"文件"|"另存为"命令，将该文档另存为 userupdate.asp，如图 5-66 所示。

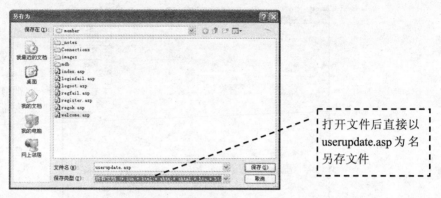

图 5-66 "另存为"对话框

② 执行菜单"窗口"|"服务器行为"命令,打开"服务器行为"面板。在"服务器行为"面板中删除全部的服务器行为并修改其相应的文字,该页面修改完成后显示如图 5-67 所示。

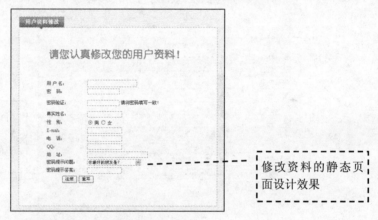

图 5-67 userupdate.asp 静态页面

③ 执行菜单"窗口"|"绑定"命令,打开"绑定"面板,单击该面板上的⊕按钮,在弹出的菜单中,选择"记录集(查询)"选项,则会打开"记录集"对话框。

④ 在该对话框中进行如下设置,完成后的设置如图 5-68 所示。

- 在"名称"文本框中输入 upuser 作为该"记录集"的名称。
- 从"连接"下拉列表框中选择 user 数据源连接对象。
- 从"表格"下拉列表框中,选择使用的数据库表对象为 member。
- 在"列"选项组中选中"全部"单选按钮。
- 在"筛选"栏中设置记录集过滤的条件为:username=阶段变量 MM_userName。

⑤ 设置完成后,单击该对话框上的"确定"按钮,完成记录集的绑定。

⑥ 完成记录集的绑定后将 upuser 记录集中的字段绑定到页面上的相应位置,如图 5-69 所示。

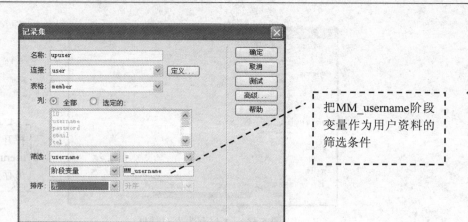

图 5-68 "记录集"对话框

请您认真修改您的用户资料！

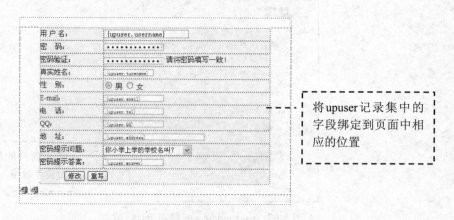

图 5-69 绑定动态内容后的 userupdate.asp 页面

7 对于网页中的 sex 对象，绑定动态数据可以按照如下方法：单击"服务器行为"面板上的按钮，在弹出的菜单中执行"动态表单元素"|"动态单选按钮"命令，打开"动态单选按钮"对话框。从"单选按钮组"下拉列表框中，选择 form1 表单中的单选按钮组 sex。单击"选取值等于"文本框后面的按钮，从打开的"动态数据"对话框中选择记录集 upuser 中的 sex 字段。并用相同的方法设置"密码提示问题"的列表选项，设置完成后对话框如图 5-70 所示。

图 5-70 "动态单选按钮"对话框

第 5 章 用户管理系统

8 单击"服务器行为"面板上的⊕按钮,在弹出的菜单中,选择"更新记录"命令,为网页添加更新记录的服务器行为,如图 5-71 所示。

9 打开"更新记录"对话框,该对话框与"插入记录"对话框十分相似,具体的设置情况如图 5-72 所示,这里不再重复。

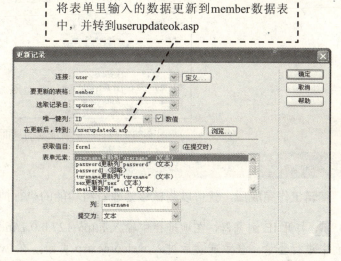

将表单里输入的数据更新到 member 数据表中,并转到 userupdateok.asp

图 5-71 选择"更新记录"命令 　　　　　图 5-72 "更新记录"对话框

10 设置完成后,单击"确定"按钮,关闭该对话框,返回到"文档"窗口。再执行菜单"文件"|"保存"命令,将该文档保存到本地站点中。

由于本页的 MM_username 值是来自上一页注册成功后的用户名值,所以单独测试时会提示出错,需要先登录后,在登录成功页面单击"修改资料"超链接才会产生效果,这在后面的测试实例中将进行介绍。

5.5.2 更新成功页面

用户修改注册资料成功后,就会转到 userupdateok.asp。在该网页中,应该向用户显示资料修改成功的信息。除此之外,还应该考虑两种情况,如果用户要继续修改资料,则为其提供一个返回到 userupdate.asp 页面的超文本链接;如果用户不需要修改,则为其提供一个转到用户登录页面 index.asp 的超链接。具体的制作步骤如下:

1 执行菜单"文件"|"新建"命令,打开"新建文档"对话框,选择"空白页"选项卡中"页面类型"下拉列表框下的 ASP VBScript 选项,在"布局"下拉列表框中选择"无"选项,然后鼠标单击"创建"按钮创建新页面,在网站根目录下新建一个名为 userupdateok.asp 的网页并保存。

2 为了向用户提供更加友好的界面,应该在网页中显示用户修改的结果,以供用户检查修改是否正确。我们首先应该定义一个记录集,然后将绑定的记录集插入到网页中相应的位置,其方法与制作页面 userupdate.asp 相同。通过在表格中添加记录集中的动态数据对象，把用户修改后的信息显示在表格中，这里不作详细说明，请参考前一小节，最终结果如图 5-73 所示。

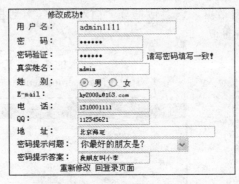

图 5-73　设计"更新成功的页面"

5.5.3　修改资料功能的测试

编辑工作完成后，就可以测试该修改资料功能的执行情况了。

1 打开 IE 浏览器，在地址栏中输入 http://127.0.0.1/index.asp，打开 index.asp 文件。在该页面中进行登录。登录成功后进入 welcome.asp 页面，在 welcome.asp 页面单击"修改资料"超链接，转到 userupdate.asp 页面，如图 5-74 所示。

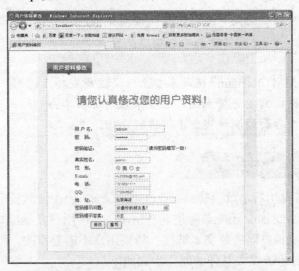

图 5-74　修改 admin 用户注册资料

2 在该页面中进行一些修改，然后单击"提交"按钮将修改结果发送到服务器中。当用户记录更新成功后，浏览器会转到 userupdateok.asp 页面中，显示修改资料成功的信息，同时还显示了该用户修改后的资料信息，并提供转到更新成功页面和转到主页面的链接对象，这里对"真实姓名"进行了修改，单击"修改"按钮转到更新成功页面，效果如图 5-75 所示。

3 在 Access 中打开用户数据库文件 member.mdb，查看其中的 member 表注册对象的内容。此时可以看到，对应的记录内容已经修改，如图 5-76 所示。

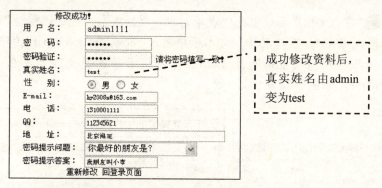

图 5-75 更新记录成功显示页面

email	tel	QQ	address	question	answer	sex	turename
hy2008s@163.c	131000111	112345621	北京海定	你最好的朋友	我朋友叫小李	男	test
hy2008s@163.c	131232323	23232323	北京	你最好的朋友	小王	男	小李

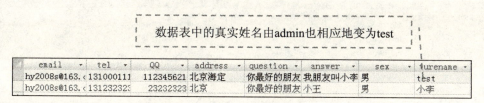

图 5-76 表 member 中更新了记录

上述测试结果表明，用户修改资料页面已经制作成功。

5.6 密码查询模块的设计

在用户注册页面时，设计有“问题答案”文本框，其作用是当用户忘记密码时，可以通过这个问题答案到服务器中找回遗失的密码。实现的方法是判断用户提供的答案和数据库中的答案是否相同，如果相同，则可以找回遗失的密码。

5.6.1 密码查询页面

本小节主要制作密码查询页面 lostpassword.asp 和 showquestion.asp，具体的制作步骤如下：

1 执行菜单“文件”|“新建”命令，打开“新建文档”对话框，选择“空白页”选项卡中“页面类型”下拉列表框下的 ASP VBScript 选项，在“布局”下拉列表框中选择“无”选项，然后单击“创建”按钮创建新页面，在网站根目录下新建一个名为 lostpassword.asp 的网页并保存。lostpassword.asp 页面用于提交要查询遗失密码的用户名。该网页的结构比较简单，设计后的效果如图 5-77 所示。

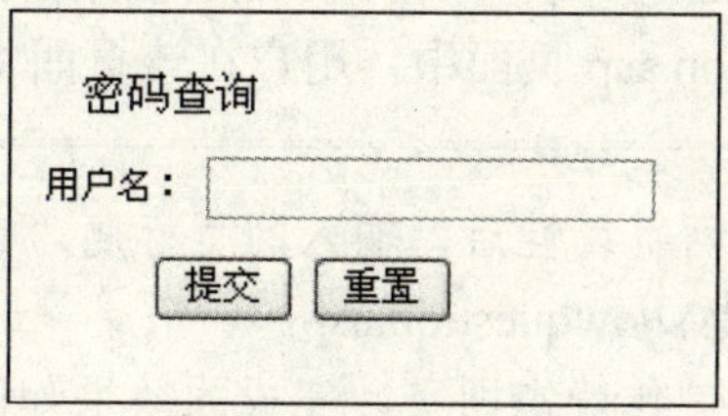

图 5-77 lostpassword.asp 页面

2 在"文档"窗口中选中表单对象，然后在其对应的"属性"面板中的"表单 ID"文本框中输入 form1，在"动作"文本框中输入 showquestion.asp 作为该表单提交的对象页面。在"方法"下拉列表框中选择 POST 作为该表单的提交方式，在"文本域"文本框中输入 inputname，如图 5-78 所示。

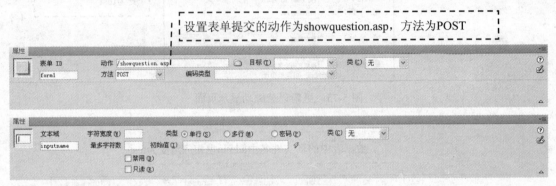

图 5-78 设置表单提交的动态属性

说 明

对"属性"面板中主要选项的作用说明如下。

- 在"表单 ID"文本框中，输入标志该表单的唯一名称。命名表单后，就可以使用脚本语言（如 JavaScript 或 VBScript）引用或控制该表单。如果不命名表单，则 Dreamweaver CS6 使用语法 form1、from2……生成一个名称，并在添加每个表单时递增 n 的值。
- 在"方法"下拉列表框中，选择将表单数据传输到服务器的方法。POST 方法将在 HTTP 请求中嵌入表单数据。GET 方法将表单数据附加到请求该页面的 URL 中，是默认设置，但其缺点是表单数据不能太长，所以本例选择 POST 方法。
- "目标"下拉列表框用于指定返回窗口的显示方式，各目标值的含义如下。
  - ➢ _blank：在未命名的新窗口中打开目标文档。
  - ➢ _parent：在显示当前文档的窗口的父窗口中打开目标文档。
  - ➢ _self：在提交表单所使用的窗口中打开目标文档。
  - ➢ _top：在当前窗口的窗体内打开目标文档。此值可用于确保目标文档占用整个窗口，即使原始文档显示在框架中。

当用户在 lostpassword.asp 页面中输入用户名，并单击"提交"按钮后，会通过表单将用户名提交到 showquestion.asp 页面中，该页面的作用就是根据用户名从数据库中找到对应记录的提示问题并显示在 showquestion.asp 页面中，用户在该页面中输入问题的答案。

3 新建一个文档，设置好网页属性后，输入网页标题"查询问题"，执行菜单"文件"|"保存"命令，将该文档保存为 showquestion.asp。

4 在 Dreamweaver CS6 中制作静态网页，完成的效果如图 5-79 所示。

第 5 章 用户管理系统

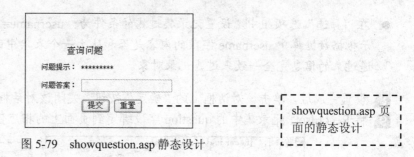

图 5-79 showquestion.asp 静态设计

showquestion.asp 页面的静态设计

5 在"文档"窗口中选中表单对象，在其对应的"属性"面板中的"动作"文本框中输入 showpassword.asp 作为该表单提交的对象页面。在"方法"下拉列表框中选择 POST 作为该表单的提交方式，如图 5-80 所示，在"文本域"文本框中输入 inputanswer。

设置表单提交的动作为showpassword.asp，方法为POST

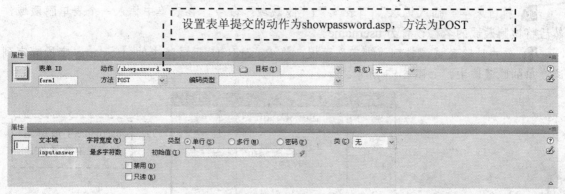

图 5-80 设置表单提交的属性

6 执行菜单"窗口"|"绑定"命令，打开"绑定"面板，单击该面板上的 按钮，从打开的菜单中选择"记录集（查询）"命令，打开"记录集"对话框。

7 在该对话框中进行如下设置，完成后的设置如图 5-81 所示。

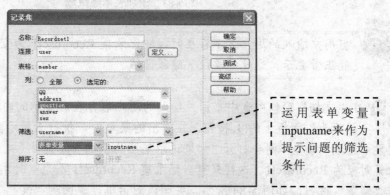

图 5-81 "记录集"对话框

运用表单变量 inputname 来作为提示问题的筛选条件

- 在"名称"文本框中输入 Recordset1 作为该记录集的名称。
- 从"连接"下拉列表框中选择 user 数据源连接对象。
- 从"表格"下拉列表框中，选择使用的数据库表对象为 member。
- 在"列"选项组中选中"选定的"单选按钮，然后从下拉列表框中选择 username 和 question。

- 在"筛选"选项组中,设置记录集过滤的条件为:username=表单变量 inputname,表示根据数据库中 username 字段的内容是否和从上一个表单中的 inputname 表单对象传递过来的信息完全一致来过滤记录对象。

8 设置完成后,单击该对话框上的"确定"按钮,关闭该对话框,返回到"文档"窗口。

9 将 Recordset1 记录集中的 question 字段绑定到页面上的相应位置,如图 5-82 所示。

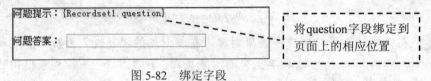

图 5-82　绑定字段

10 执行菜单"插入记录"|"表单"|"隐藏域"命令,在表单中插入一个表单隐藏域,然后将该隐藏域的名称设置为 username。

11 选中该隐藏域,转到"绑定"面板,将 Recordset1 记录集中的 username 字段绑定到该表单的隐藏域中,如图 5-83 所示。

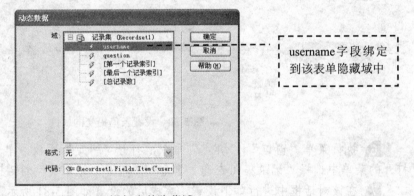

图 5-83　添加表单隐藏域

 当用户输入的用户名不存在时,即记录集 Recordset1 为空时,就会导致该页面不能正常显示,这就需要设置隐藏区域。

12 在"文档"窗口中选中当用户输入的用户名存在时显示的内容,即整个表单,然后单击"服务器行为"面板上的 ⊞ 按钮,在弹出的菜单中,执行"显示区域"|"如果记录集不为空则显示区域"命令,则会打开"如果记录集不为空则显示区域"对话框,在该对话框中选择记录集对象为 Recordset1。这样只有当记录集 Recordset1 不为空时才显示出来。设置完成后,单击"确定"按钮,如图 5-84 所示。关闭该对话框,返回到"文档"窗口。

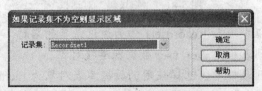

图 5-84　"如果记录集不为空则显示区域"对话框

第 5 章 用户管理系统

⓭ 在网页中编辑显示用户名不存在时的文本"该用户名不存在！"，并为这些内容设置一个"如果记录集为空则显示区域"隐藏区域的服务器行为，从而在记录集 Recordset1 为空时显示这些文本，完成后的网页如图 5-85 所示。

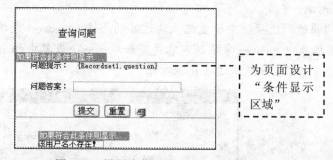

图 5-85　设置隐藏区域

5.6.2　完善密码查询功能页面

当用户在 showquestion.asp 页面中输入答案，单击"提交"按钮后，服务器就会把用户名和问题答案提交到 showpassword.asp 页面中。下面介绍如何设计该页面。

❶ 执行菜单"文件"|"新建"命令，打开"新建文档"对话框，选择"空白页"选项卡中"页面类型"下拉列表框下的 ASP VBScript 选项，在"布局"下拉列表框中选择"无"选项，然后单击"创建"按钮创建新页面，在网站根目录下新建一个名为 showpassword.asp 的网页并保存。

❷ 在 Dreamweaver CS6 中使用提供的制作网页的工具完成如图 5-86 所示的页面效果。

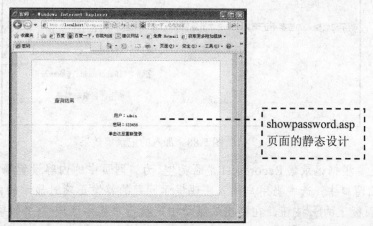

图 5-86　showpassword.asp 静态设计

❸ 执行菜单"窗口"|"绑定"命令，打开"绑定"面板，单击该面板上的按钮，在弹出的菜单中选择"记录集（查询）"命令，则会打开"记录集"对话框。

❹ 在该对话框中进行如下设置，完成的设置情况如图 5-87 所示。

● 在"名称"文本框中输入 Recordset1 作为该记录集的名称。

- 从"连接"下拉列表框中，选择 user 数据源连接对象。
- 从"表格"下拉列表框中，选择使用的数据库表对象为 member。
- 在"列"选项组中选中"选定的"单选按钮，然后选择字段列表框中的 username、password 和 answer 字段。
- 在"筛选"选项组中设置记录集过滤的条件：answer=表单变量 inputanswer，表示根据数据库中 answer 字段的内容是否和从上一个表单中的 inputanswer 表单对象传递过来的信息完全一致来过滤记录对象。

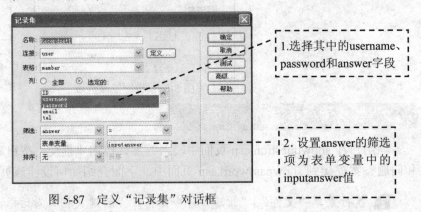

图 5-87 定义"记录集"对话框

5 单击"确定"按钮，关闭该对话框，返回到"文档"窗口。

6 将记录集中 username 和 password 两个字段分别添加到网页中，如图 5-88 所示。

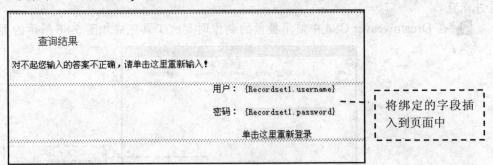

图 5-88 加入的记录集效果

7 还要根据记录集 Recordset1 是否为空，为该网页中的内容设置隐藏区域的服务器行为。在"文档"窗口中，选中当用户输入密码提示问题的答案正确时显示的内容，然后单击"服务器行为"面板上的 按钮，在弹出的菜单中，执行"显示区域"|"如果记录集不为空则显示区域"命令，打开"如果记录集不为空则显示区域"对话框，在该对话框中选择记录集对象为 Recordset1，因此只有当记录集 Recordset1 不为空时才显示该文本，如图 5-89 所示。设置完成后，单击"确定"按钮，关闭该对话框，返回到"文档"窗口。

8 在网页中选择当用户输入密码提示问题的答案不正确时显示的内容，并为这些内容设置一个"如果记录集为空则显示区域"的隐藏区域的服务器行为，因此当记录集 Recordset1 为空时才显示该文本，如图 5-90 所示。

第 5 章 用户管理系统

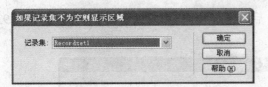
图 5-89 "如果记录集不为空则显示区域"对话框

图 5-90 "如果记录集为空则显示区域"对话框

⑨ 完成后的网页如图 5-91 所示，执行菜单"文件"|"保存"命令，将该文档保存到本地站点中。

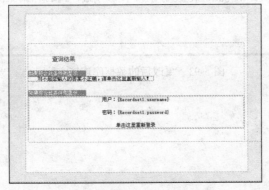
图 5-91 完成后的网页效果图

5.7 数据库路径的修改

制作完网站后，并不是把所制作的网站上传到服务器空间就可以使用了，由于前面制作的网站是在本地计算机上进行的，所以在上传之前要将数据库的路径进行修改，具体的步骤如下：

① 在本地站点中，找到前面自动生成的 Connections 文件夹，打开该文件夹后找到创建的数据库连接文件 user.asp，并用记事本打开，如图 5-92 所示。

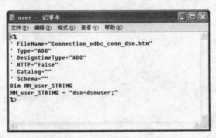
图 5-92 user.asp 用记事本打开

② 选择"MM_user_STRING =" dsn=dsnuser" ;"，将这一行代码替换为如下代码：

MM_user_STRING =   "DRIVER={Microsoft Access Driver (*.mdb)};DBQ="
& Server.MapPath("/mdb/member.mdb")
//取得数据库连接的绝对路径为/mdb/member.mdb

③ 上述代码的作用是将数据库的路径修改为站点文件夹 mdb 下的 member.mdb，因此只

要整个站点的文件夹和文件内容不改变,设置 IIS 后就可以访问,完成更改的 user.asp 如图 5-93 所示。

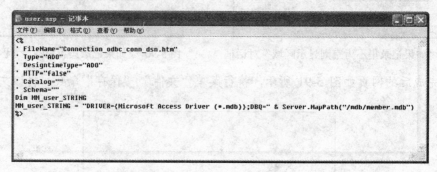

图 5-93 更改后的数据库连接方法

第 6 章 新闻发布系统

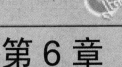

新闻发布系统是动态网站建设中最常见的系统,几乎每一个网站都有新闻发布系统,尤其是政府部门、教育系统或企业网站。新闻发布系统的作用就是在网上发布信息,通过对新闻的不断更新,让用户及时了解行业信息、企业状况,所以新闻发布系统中涉及的主要操作就是访问者的新闻查询功能和系统管理员对新闻内容的新增、修改、删除功能,本章将要制作的新闻发布系统的网页结构如图 6-1 所示。

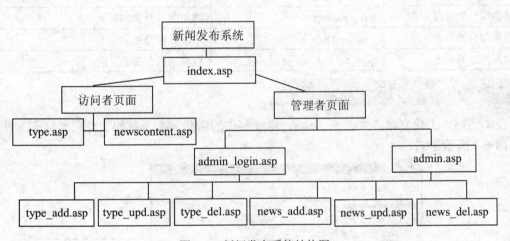

图 6-1 新闻发布系统结构图

本章重要知识点

- 新闻发布系统的整体设计
- 系统数据库的规划
- 前台新闻发布功能的页面制作
- 分类功能的设计
- 后台新增、修改、删除功能的实现
- 查询功能的实现

6.1 系统的整体设计规划

网站的新闻发布系统,在技术上主要体现为如何显示新闻内容,用模糊关键字进行查询新闻，以及对新闻及新闻分类的修改和删除。一个完整的新闻发布系统共分为两大部分：一个是访问者访问新闻的动态网页部分；另一个是管理者对新闻进行编辑的动态网页部分。本系统页面共有 11 个，系统整体页面的功能与文件名称如表 6-1 所示。

表 6-1 新闻发布系统的网页设计表

需要制作的主要页面	页面名称	功能
新闻主页	index.asp	显示新闻分类和最新新闻页面
新闻分类页面	type.asp	显示新闻分类中的新闻标题页面
新闻内容页面	newscontent.asp	显示新闻内容页面
后台管理入口页面	admin_login.asp	管理者登录入口页面
后台管理主页面	admin.asp	对新闻进行管理的主要页面
新增新闻页面	news_add.asp	增加新闻的页面
修改新闻页面	news_upd.asp	修改新闻的页面
删除新闻页面	news_del.asp	删除新闻的页面
新增新闻分类页面	type_add.asp	增加新闻分类的页面
修改新闻分类页面	type_upd.asp	修改新闻分类的页面
删除新闻分类页面	type_del.asp	删除新闻分类的页面

6.1.1 页面设计规划

在本地站点上建立站点文件夹 news，将要制作的新闻发布系统的文件夹和动态文件设置为如图 6-2 所示形式。

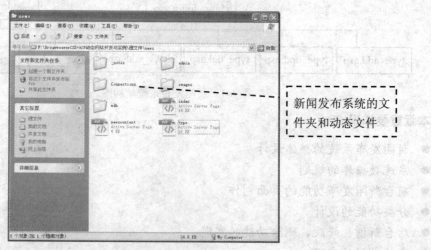

图 6-2 站点规划文件夹和文件

6.1.2 网页美工设计

新闻发布系统主要起到了对行业信息和公司动态进行宣传的作用，在色调上可以选择简单的白色加蓝色作为主色调，新闻首页 index.asp 的效果如图 6-3 所示。

第 6 章 新闻发布系统

图 6-3 新闻首页 index.asp 效果图

6.2 数据库的设计与连接

本节主要讲述如何使用 Access 2007 建立新闻发布系统的数据库,以及如何使用 ODBC 在数据库与网站之间建立动态链接。

6.2.1 设计数据库

新闻发布系统需要一个用来存储新闻标题和新闻内容的新闻信息表 news,还要建立一个新闻分类表 newstype 和一个管理员账号信息表 admin。

创建数据表的步骤如下:

1 表 news、表 newstype 和表 admin 的字段分别采用如表 6-2、表 6-3、表 6-4 所示的结构。

表 6-2 news 表

意义	字段名称	数据类型	字段大小	必填字段	允许空字符串	默认值
主题编号	news_id	自动编号	长整型			
新闻标题	news_title	文本	50	是	否	
新闻分类编号	news_type	数字		是		
新闻内容	news_content	备注				
新闻加入时间	news_date	日期/时间		是	否	=Now()
编辑者	news_author	文本				

表 6-3 newstype 表

意义	字段名称	数据类型	字段大小	必填字段	允许空字符串	默认值
新闻类型自动编号	type_id	自动编号	长整型			
新闻类型名称	type_name	文本	50	是	否	

表 6-4　admin 表

意义	字段名称	数据类型	字段大小	必填字段	允许空字符串	默认值
主题编号	id	自动编号	长整型			
管理账号	username	文本	50	是	否	
管理密码	password	文本	50	是	否	

② 在 Microsoft Access 2007 中实现数据库的搭建，首先运行 Microsoft Access 2007 程序，然后单击"空白数据库"按钮，在主界面的右侧打开"空白数据库"面板，如图 6-4 所示。

图 6-4　打开"空白数据库"面板

③ 创建用于存放主要内容的常用文件夹，如：images 文件夹、mdb 文件夹、admin 文件夹等，如图 6-5 所示。

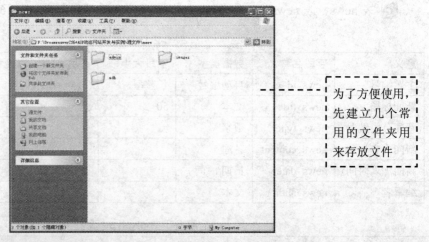

图 6-5　设置文件夹

为了方便使用，先建立几个常用的文件夹用来存放文件

④ 单击"空白数据库"面板上的 按钮，打开"文件新建数据库"对话框，在"保存位置"下拉列表框中选择站点 news 文件夹中的 mdb 文件夹，在"文件名"文本框中输入文件名

news，如图 6-6 所示。

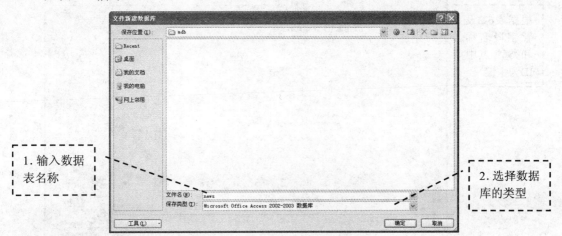

图 6-6 "文件新建数据库"对话框

5 单击"确定"按钮，返回到"空白数据库"面板，再单击"空白数据库"面板中的"创建"按钮，即可在 Microsoft Office Access 2002-2003 数据库中创建 news.mdb 文件，同时 Microsoft Office Access 2002-2003 中自动生成一个名字为"表1：表"的数据表，右击"表1：表"数据表，在打开的快捷菜单中执行"设计视图"命令，如图 6-7 所示。

6 打开"另存为"对话框，在"表名称"文本框中输入数据表名称 news，如图 6-8 所示。

图 6-7 打开的快捷菜单命令

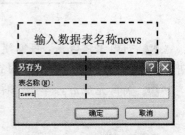

图 6-8 "另存为"对话框

7 单击"确定"按钮，即可建立 news 数据表，按表 6-2 输入字段名并设置其属性，如图 6-9 所示。

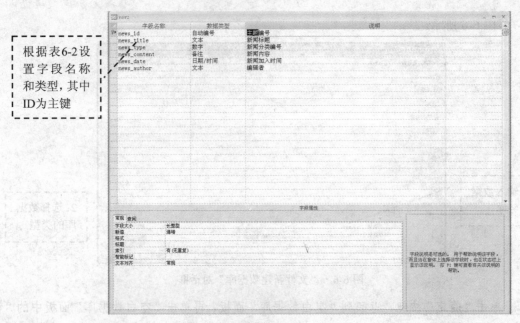

图 6-9 创建表的字段

⑧ 双击 news:表 按钮，打开 news 数据表，为了预览方便，可以在数据库中预先输入一些数据，如图 6-10 所示。

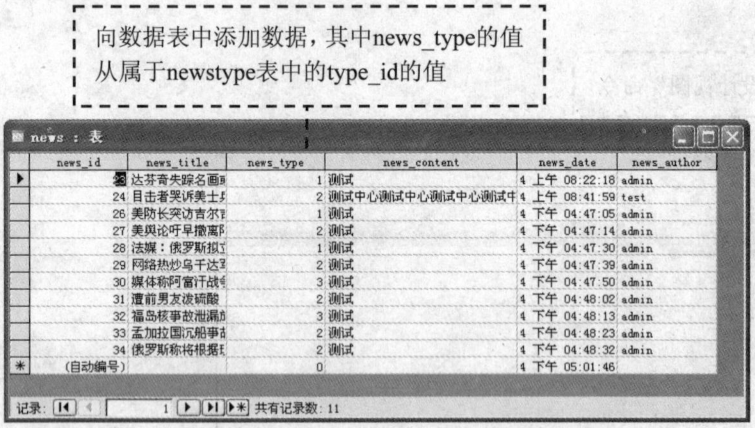

图 6-10 news 表中的输入记录

⑨ 利用上述方法，再创建一个名称为 newstype 和名称为 admin 的数据表。输入字段名称并设置其属性，最终效果如图 6-11 和图 6-12 所示。

⑩ 编辑完成后，单击"保存"按钮完成数据库的创建，最后关闭 Access 软件。

第 6 章 新闻发布系统

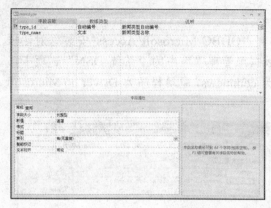

图 6-11 newstype 表

图 6-12 admin 表

6.2.2 连接数据库

数据库编辑完成后，必须在 Dreamweaver CS6 中建立数据源连接对象，目的是在动态网页中使用前面建立的新闻发布系统的数据库文件和动态地管理新闻数据。

具体的连接步骤如下：

❶ 依次单击电脑中的"控制面板"│"管理工具"│"数据源（ODBC）"│"系统 DSN"命令，打开"ODBC 数据源管理器"中的"系统 DSN"选项卡，如图 6-13 所示。

❷ 在图 6-13 中单击"添加（D）"按钮，打开"创建新数据源"对话框。在打开的"创建新数据源"对话框中，选择 Driver do Microsoft Access（*.mdb）选项。

❸ 单击"完成"按钮，打开"ODBC Microsoft Access 安装"对话框，在"数据源名（N）"文本框中输入 connnews，如图 6-14 所示。

图 6-13 "系统 DSN"选项卡

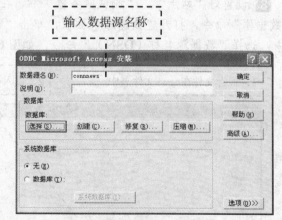

图 6-14 "ODBC Microsoft Access 安装"对话框

❹ 单击"选择（S）"按钮，打开"选择数据库"对话框，单击"驱动器（V）"下拉列表框右边的三角▼按钮，从下拉列表框中找到在创建数据库步骤中数据库所在的盘符，在"目录（D）"中找到在创建数据库步骤中保存数据库的文件夹，再单击左上方"数据库名（A）"选项组中的数据库文件 news.mdb，数据库名称将自动添加到"数据库名（A）"文本框中，

145

如图 6-15 所示。

▌5 找到数据库后，单击"确定"按钮，返回到"ODBC Microsoft Access 安装"对话框中，再次单击"确定"按钮，将返回到"ODBC 数据源管理器"中的"系统 DSN"选项卡，可以看到在"系统数据源"中已经添加了一个名称为 connnews，驱动程序为 Driver do Microsoft Access（*.mdb）的系统数据源，如图 6-16 所示。

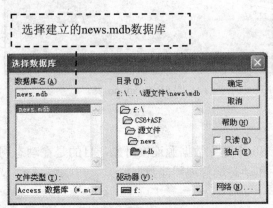
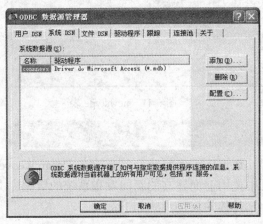

图 6-15　"选择数据库"对话框　　　　　　图 6-16　"系统 DSN"选项卡

▌6 再次单击"确定"按钮，完成"ODBC 数据源管理器"中"系统 DSN"选项卡的设置。

▌7 启动 Dreamweaver CS6，执行菜单"文件"|"新建"命令，打开"新建文档"对话框，在"空白页"选项卡中"页面类型"下拉列表框下选择 ASP VBScript 选项，在"布局"下拉列表框中选择"无"选项，然后单击"创建"按钮，在网站根目录下新建一个名为 index.asp 的网页并保存，如图 6-17 所示。

▌8 设置好"站点"、"测试服务器"后，在 Dreamweaver CS6 软件中执行菜单"窗口"|"数据库"命令，打开"数据库"面板，单击"数据库"面板中的 ➕ 按钮，在弹出的快捷菜单中，选择"数据源名称（DSN）"命令，如图 6-18 所示

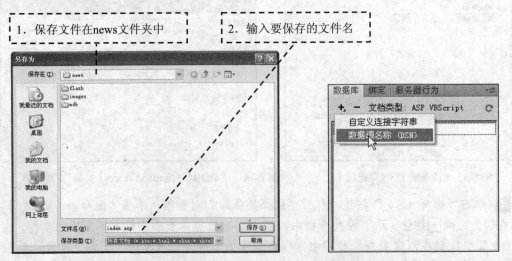

图 6-17　建立网页并保存　　　　　　图 6-18　选择"数据源名称（DSN）"命令

⑨ 打开"数据源名称(DSN)"对话框,在"连接名称"文本框中,输入连接名称为connnews,单击"数据源名称(DSN)"下拉列表框右边的三角按钮,从打开的下拉列表框中选择在"数据源(ODBC)"|"系统DSN"中所添加的connnews选项,其他保持默认值,如图6-19所示。

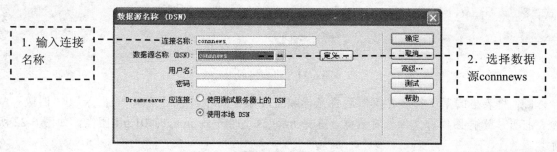

图 6-19 "数据源名称(DSN)"对话框

6.3 系统页面的设计

新闻发布系统的前台部分主要有 3 个动态页面,分别是新闻主页面 index.asp、新闻分类页面 type.asp、新闻内容页面 newscontent.asp。

6.3.1 设计新闻主页面

本小节主要介绍新闻发布系统主页面 index.asp 的制作,在 index.asp 页面中将显示最新新闻的标题、新闻的加入时间以及显示新闻分类等,单击新闻中的分类后将进入新闻分类页面,可查看新闻子类中的新闻信息,单击新闻标题可进入新闻内容页面。

制作页面的详细操作步骤如下:

❶ 打开刚刚创建的 index.asp 页面,输入网页标题"新闻首页",执行菜单 "文件"|"保存"命令将网页保存。

❷ 执行菜单"插入"|"表格"命令,打开"表格"对话框,在"行数"文本框中设置行数为 4;在"列"文本框中设置列数为 2;在"表格宽度"文本框中输入 980 像素,其他设置如图 6-20 所示。

图 6-20 插入一个 4 行 2 列的表格

3 单击"确定"按钮，即可在"文档"窗口中插入一个 4 行 2 列的表格。单击插入的整个表格，在"属性"面板上单击"对齐"下拉列表框，选择"居中对齐"命令，让插入的表格居中对齐，如图 6-21 所示。

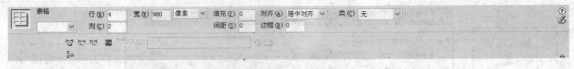

图 6-21　将表格居中

4 将表格的第 1 行合并，然后将光标放置在第 1 行中，执行菜单"插入"|"图像"命令，打开"选择图像源文件"对话框，选择 images 文件下的 images_01.gif 图像，如图 6-22 所示。

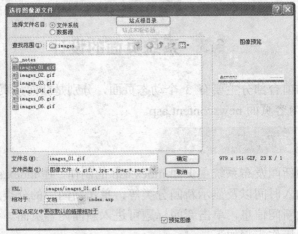

图 6-22　"选择图像源文件"对话框

5 将光标放置在表格的第 2 行第 1 列，执行菜单"插入"|"图像"命令，在打开的"选择图像源文件"对话框中插入一个名为 images_02.gif 的图像，在第 2 行第 2 列中执行菜单"插入"|"图像"命令，打开"选择图像源文件"对话框，选择 images 文件下的 images_03.gif 图像，如图 6-23 所示。

图 6-23　插入图像

6 将光标放置在第 3 行第 1 列中，插入一个名为 images_04.gif 的图像，在第 3 行第 2 列中插入一个名为 images_05.gif 的图像，如图 6-24 所示。

图 6-24　插入背景图

7️⃣ 将光标放置在第 4 行，先将第 4 行合并，再执行菜单"插入"|"图像"命令，打开"选择图像源文件"对话框，选择同站点中的 images 文件夹中的 images_06.gif 图片，最后的静态页面设计布局如图 6-25 所示。

图 6-25　静态页面布局效果

8️⃣ 当整个页面布局完成后，将数据库中的数据进行调用，并显示在首页中。

9️⃣ 将光标放置在第 2 行第 1 列，执行菜单"插入"|"表格"命令，打开"表格"对话框，在"行数"文本框中输入 4，在"列"文本框中输入 1。在"表格宽度"文本框中输入 83%，"边框粗细"、"单元格边距"和"单元格间距"都为 0。

🔟 单击刚创建的左边空白单元格，然后再单击"文档"窗口上的 拆分 按钮，在<td>和</td>之间加入 valign="top"命令。

11 接下来利用"绑定"标签将网页所需要的数据字段绑定到网页中。index.asp 使用的数据表是 news 和 newstype,单击"应用程序"面板中的"绑定"标签上的 按钮,在弹出的菜单中选择"记录集(查询)"命令,在打开的"记录集"对话框中输入如表 6-5 所示的数据,如图 6-26 所示。

选择 connnews 数据源中的 newstype 数据表中的"全部"单选按钮,建立记录集查询

图 6-26 "记录集"对话框

表 6-5 "记录集"的表格设定

属性	设置值	属性	设置值
名称	Recordset1	列	全部
连接	connnews	筛选	无
表格	newstype	排序	无

12 绑定记录集后,将记录集中新闻分类的字段 type_name 插入至 index.asp 网页的适当位置,如图 6-27 所示。

将字段插入这里

图 6-27 插入至 index.asp 网页中

13 由于要在 index.asp 页面中显示数据库中所有新闻分类的标题,而目前的设定只会显示数据库的第一笔数据,因此,需要应用"服务器行为"中的"重复区域"命令,以便让所有的新闻分类全部显示出来,选择{Recordset1.type_name}所在的行。

14 单击"应用程序"面板中的"服务器行为"标签上的 按钮,在弹出的菜单中,选择"重复区域"命令,在打开的"重复区域"对话框中,选中"所有记录"单选按钮,如图 6-28 所示。

第 6 章 新闻发布系统

图 6-28 "重复区域"对话框

⑮ 单击"确定"按钮回到编辑页面,会发现先前所选取要重复的区域左上角出现了一个"重复"的灰色标签,这表示已经完成设置。

⑯ 除了需要显示网站中所有的新闻分类标题外,还要提供访问者感兴趣的新闻分类标题链接来实现详细内容的阅读,为了实现这个功能首先要选取编辑页面中的新闻分类标题字段,如图 6-29 所示。

⑰ 单击"应用程序"面板中的"服务器行为"标签上的➕按钮,在弹出的菜单中选择"转到详细页面"命令,在打开的"转到详细页面"对话框中单击"浏览"按钮,弹出"选择文件"对话框,选择此站点中的 type.asp,其他设定值皆不改变,如图 6-30 所示。

图 6-29 选择新闻分类标题　　　　图 6-30 "转到详细页面"对话框

⑱ 单击"确定"按钮返回到编辑页面,主页面 index.asp 中新闻分类的制作已经完成,最新新闻的显示页面设计效果如图 6-31 所示。

图 6-31 设计结果效果图

⑲ 制作完新闻分类栏目后,下一步的工作就是将 news 数据表中的新闻数据读取出来,并在首页上显示。

⑳ 单击"应用程序"面板中的"绑定"标签上的➕按钮,在弹出的菜单中选择"记录集(查询)"选项,在打开的"记录集"对话框中输入如表 6-6 所示的数据,如图 6-32 所示。

表 6-6　"记录集"的表格设定

属性	设置值	属性	设置值
名称	Re1	列	全部
连接	connnews	筛选	无
表格	news	排序	以 news_id 降序

选择 connnews 数据源中的 news 数据表中的"全部"单选按钮，建立记录集查询，在数据显示的时候以news_id 降序显示

图 6-32　"记录集"对话框

21 绑定"记录集"后，将记录集的字段插入至 index.asp 网页的适当位置。如图 6-33 所示。

图 6-33　绑定数据

22 由于要在 index.asp 页面显示数据库中部分新闻的信息，而目前的设定只会显示数据库的第一笔数据，因此，需要应用"服务器行为"中的"重复区域"命令来重复显示部分新闻信息，选择需要重复显示的新闻信息，如图 6-34 所示。

{Re1.news_title}　　　　　　　　　　　　　　　　　　　　　　　{Re1.news_date}

图 6-34　选择需要重复的内容

23 单击"应用程序"面板中的"服务器行为"标签上的 按钮，在弹出的菜单中，选择"重复区域"选项，在弹出的"重复区域"对话框中，"记录集"选择 Re1，"显示"输入 10，如图 6-35 所示。

24 单击"确定"按钮，返回到编辑页面，可以发现左上角出现了一个"重复"的灰色标签，如图 6-36 所示。

25 选取编辑页面中的新闻标题字段，单击"应用程序"面板中的"服务器行为"标签上的 按钮，在弹出的菜单中，选择"转到详细页面"选项。

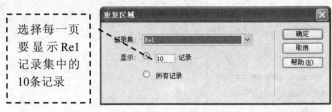
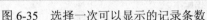

图 6-35　选择一次可以显示的记录条数　　　　图 6-36　选择新闻标题字段

㉖ 在打开的"转到详细页面"对话框中单击"浏览"按钮,打开"选择文件"对话框,选择此站点中 news 文件夹中的 newscontent.asp,其他设定如图 6-37 所示。

㉗ 单击"确定"按钮返回到编辑页面,当记录集超过一页时,就必须要有"上一页"、"下一页"等按钮或文字,从而实现翻页的功能,这时需要用到"记录集导航条"按钮。"记录集导航条"按钮位于"插入"面板的"数据"中,因此将"插入"面板由"常用"切换成"数据"类型,单击"记录集导航条"工具按钮,如图 6-38 所示。

图 6-37　"转到详细页面"对话框　　　　图 6-38　选择"记录集导航条"

㉘ 在打开的"记录集导航条"对话框中,选取导航条的记录集以及导航条的显示方式"文本",然后单击"确定"按钮返回到编辑页面,可以发现页面中已出现该记录集的导航条,如图 6-39 所示。

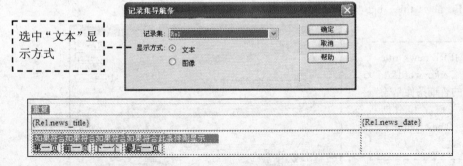

图 6-39　添加"记录集导航条"页面

㉙ 在"插入"面板的"数据"类型中,单击工具按钮,在弹出的快捷菜单中,选取要导航状态的记录集为 Re1,然后单击"确定"按钮返回到编辑页面,可以发现页面中已出现该

记录集的导航状态，如图 6-40 所示。

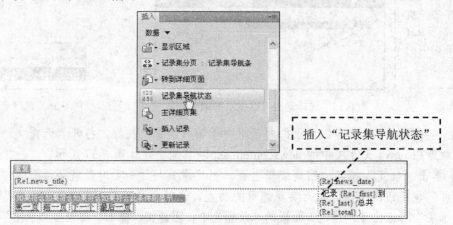

图 6-40　添加"记录集导航状态"

30 在 index.asp 页面中需要加入"查询"功能，这样新闻发布系统才不会因日后数据太多而有不易访问的情形发生，读者可以根据自己喜欢的主题进行内容查询，设计如图 6-41 所示。

图 6-41　搜索主题设计

 利用表单及相关的表单组件来制作以关键词查询数据的功能，需要注意如下操作：

- 图 6-41 所示的内容都在一个表单 form1 之中。
- "查询主题"文本框的命名为 keyword。
- "查询"按钮为一个提交表单按钮。

31 在此之前要将建立的记录集 Re1 更改，打开"记录集"对话框，在原有的 SQL 语法中，加入一段具有查询功能的语句，如图 6-42 所示。

```
WHERE  news_title  like '%"&keyword&"%'
```

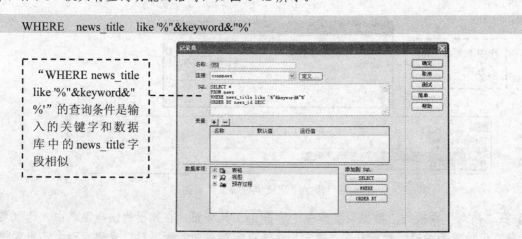

"WHERE news_title like '%"&keyword&"%'"的查询条件是输入的关键字和数据库中的 news_title 字段相似

图 6-42　修改 SQL 语句

第 6 章　新闻发布系统

提示　其中 like 表示模糊查询，"%"表示任意字符，而 keyword 是个变量，代表关键词。

32 切换到代码设计窗口，找到 Re1 记录集的相应代码并加入代码："keyword=request("keyword")"，如图 6-43 所示。

图 6-43　加入代码

33 以上设置完成后，可以按下 F12 键至浏览器进行测试。首先 index.asp 页面会显示所有网站中的新闻分类主题和最新新闻标题，如图 6-44 所示。

34 然后在"主题"中输入"俄罗斯"并单击"查询"按钮，页面中的记录将只显示有关"俄罗斯"的最新新闻主题，如图 6-45 所示。

图 6-44　主页面浏览效果图

图 6-45　测试查询效果图

6.3.2　新闻分类页面的设计

新闻分类页面 type.asp 用于显示每个新闻分类的页面，当访问者单击 index.asp 页面中的任何一个新闻分类标题时就会打开相应的新闻分类页面，新闻分类页面的静态效果如图 6-46 所示。

图 6-46 新闻分类页面

制作新闻分类页面的详细操作步骤如下：

 执行菜单"文件"|"新建"命令，打开"新建文档"对话框，选择"空白页"选项卡，选择"页面类型"下拉列表框下的 ASP VBScript 选项，在"布局"下拉列表框中选择"无"选项，然后单击"创建"按钮创建新页面，输入网页标题"新闻分类"，执行菜单"文件"|"保存"命令，在站点 news 文件夹中将该文档保存为 type.asp。

 新闻分类页面和主页面中的静态页面设计相似，在这里不作详细说明。

 type.asp 页面用于显示所有新闻分类标题的数据，所使用的数据表是 news，单击"绑定"面板中的"增加" 按钮，在弹出的菜单中，选择"记录集（查询）"命令，在打开的"记录集"对话框中输入如表 6-7 所示的数据，单击"确定"按钮，如图 6-47 所示。

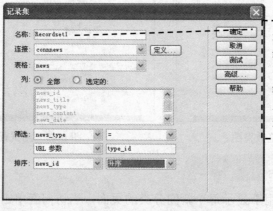

选择 connnews 数据源中的 news 数据表中的全部字段，再根据前面所传递的 news_type 参数进行筛选，建立一个记录集查询，并将记录集按 news_id 升序排列

图 6-47 "记录集"对话框

表 6-7 "记录集"的表格设定

属性	设置值	属性	设置值
名称	Recordset1	列	全部
连接	connnews	筛选	news_type=URL 参数 type_id
表格	news	排序	以 news_id 升序

4 单击"确定"按钮,绑定记录集后,将记录集的字段插入至 type.asp 网页中的适当位置,如图 6-48 所示。

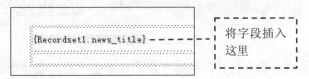

图 6-48　插入至 type.asp 网页中

5 为了显示所有记录,需要应用"服务器行为"中的"重复区域"命令,单击 type.asp 页面中需要重复的内容,如图 6-49 所示。

图 6-49　单击需要重复显示的内容

6 单击"应用程序"面板中的"服务器行为"标签上的 + 按钮,在弹出的菜单中,选择"重复区域"命令,打开"重复区域"对话框,设定一页显示的数据为 10 条,如图 6-50 所示。

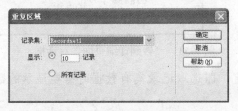

图 6-50　"重复区域"对话框

7 单击"确定"按钮,返回到编辑页面。

8 在"插入"面板的"数据"类型中,单击 工具按钮打开"记录集导航条"对话框,选取 Recordset1 记录集以及导航条的显示方式,然后单击"确定"按钮返回到编辑页面,可以发现页面中已出现该记录集的导航条,如图 6-51 所示。

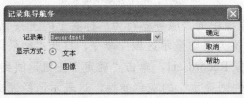

图 6-51　添加"记录集导航条"

9 在"插入"面板的"数据"类型中,单击 工具按钮,在弹出的菜单中,选取要导航状态的记录集为 Recordset1,然后单击"确定"按钮返回到编辑页面,可以发现页面出现该记录集的导航状态,如图 6-52 所示。

图 6-52 添加"记录集导航状态"

⑩ 选取编辑页面中的新闻标题字段，再单击"应用程序"面板中的"服务器行为"标签上的⊞按钮，在弹出的菜单中选择"转到详细页面"命令，在打开的"转到详细页面"对话框中选择 news 文件夹中的 newscontent.asp，"传递 URL 参数"为 news_id，其他参数设定如图 6-53 所示。

图 6-53 "转到详细页面"对话框

⑪ 加入显示区域的设定，即选取记录集有数据时需要显示的数据表格，如图 6-54 所示。

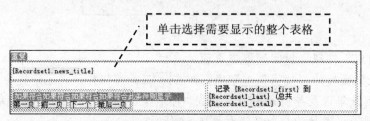

图 6-54 选择要显示的记录

⑫ 单击"应用程序"面板中的"服务器行为"标签上的⊞按钮，在弹出的菜单中，选择"显示区域" | "如果记录集不为空则显示区域"命令，打开"如果记录集不为空则显示区域"对话框，在"记录集"中选择 Recordset1，单击"确定"按钮返回到编辑页面，可以发现左上角出现一个"如果符合此条件则显示"的灰色卷标，这表示已经完成设置，如图 6-55 所示。

图 6-55 设置"记录集不为空"则显示

⑬ 选取记录集没有数据时需要显示的数据表格，如图 6-56 所示。

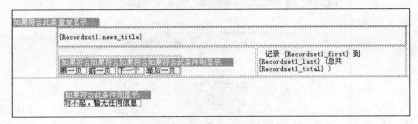

图 6-56　选择没有数据时显示的区域

⑭ 单击"应用程序"面板中的"服务器行为"标签上的➕按钮，在弹出的菜单中，选择"显示区域"|"如果记录集为空则显示区域"命令，在"记录集"中选择 Recordset1 再单击"确定"按钮返回到编辑页面，可以发现左上角出现了一个"如果符合此条件则显示"的灰色卷标，这表示已经完成设置，效果如图 6-57 所示。

图 6-57　设置记录集为空则显示

新闻分类页面左边栏的制作方式同主页面相似，在此不作详细说明，至此新闻分类页面 type.asp 的制作已经完成。

6.3.3　新闻内容页面的设计

新闻内容页面 newscontent.asp 用于显示每一条新闻的详细内容，该页面的设计重点在于如何接收主页面 index.asp 和 type.asp 所传递过来的参数，并根据这个参数显示数据库中相应的数据。新闻内容页面的页面设计效果如图 6-58 所示。

图 6-58　新闻内容页面的设计效果图

该页面的详细设计步骤如下：

1 执行菜单"文件"|"新建"命令，打开"新建文档"对话框，选择"空白页"选项卡，在"页面类型"下拉列表框中选择 ASP VBScript 选项，在"布局"下拉列表框中选择"无"选项，然后单击"创建"按钮创建新页面，执行菜单"文件"|"保存"命令，在 news 文件夹中将该文档保存为 newscontent.asp。

2 该页面设计与前面的页面设计相似，在这里不作详细的页面制作说明，效果如图 6-59 所示。

图 6-59　新闻内容页面设计效果图

3 单击"绑定"面板中的"增加"按钮，在弹出的菜单中选择"记录集（查询）"命令，在打开的"记录集"对话框中输入如表 6-8 所示的数据，单击"确定"按钮，对话框的设置如图 6-60 所示。

表 6-8　"记录集"的表格设置

属性	设置值	属性	设置值
名称	Recordset1	列	全部
连接	connnews	筛选	news_id = URL 参数 news_id
表格	news	排序	无

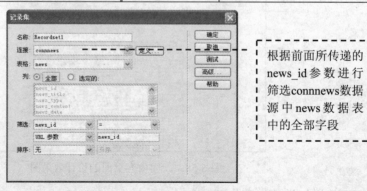

图 6-60　设定"记录集"对话框

根据前面所传递的 news_id 参数进行筛选 connnews 数据源中 news 数据表中的全部字段

第 6 章 新闻发布系统

④ 绑定记录集后，将记录集的字段插入至 newscontent.asp 页面中的适当位置，完成新闻内容页面 newscontent.asp 的制作，如图 6-61 所示。

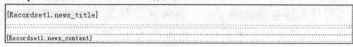

图 6-61 绑定记录集到页面中

⑤ 绑定数据到页面中后，可设置一下新闻标题和新闻内容的样式，即选择新闻标题字段，在"属性面板"中的 CSS 样式表中，设置大小为 14px，字体颜色为"#900,加粗"，在弹出的"新建 CSS 规则"对话框中，设置"选择器名称"为 title，如图 6-62 所示。

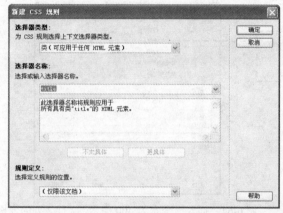

图 6-62 "新建 CSS 规则"对话框

⑥ 利用同样的方法设置新闻内容的样式，这样新闻内容页面就完成制作了。

6.4 后台管理页面的设计

新闻发布系统的后台管理对于新闻发布系统来说非常重要，管理者可以通过账号、密码进入后台，从而对新闻分类、新闻内容进行增加、修改或删除等操作，使网站能随时保持最新、最实时的信息。后台管理的登录入口的页面设计效果如图 6-63 所示。

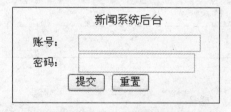

图 6-63 后台管理入口页面

6.4.1 后台管理入口页面

后台管理入口页面必须受到权限管理，可以利用登录账号与密码来判别是否存在此用户，以此实现权限的设置管理。

该页面的详细设计步骤如下：

① 执行菜单"文件"|"新建"命令,打开"新建文档"对话框,选择"空白页"选项卡,在"页面类型"下拉列表框中选择 ASP VBScript 选项,在"布局"下拉列表框中选择"无"选项,然后单击"创建"按钮创建新页面,输入网页标题"后台管理入口",执行菜单"文件"|"保存"命令,在 admin 文件夹中将该文档保存为 admin_login.asp。

② 执行菜单"插入"|"表单"|"表单"命令,插入一个表单。

③ 将鼠标放置在该表单中,执行菜单"插入"|"表格"命令,打开"表格"对话框,在"行数"文本框中,输入需要插入表格的行数 4。在"列"文本框中,输入需要插入表格的列数 2。在"表格宽度"文本框中,输入 400 像素,其他选项保持默认值,如图 6-64 所示。

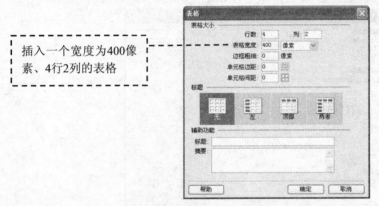

图 6-64　插入一个宽为 400 像素、4 行 2 列的表格

④ 单击"确定"按钮,在该表单中插入了一个 4 行 2 列的表格,在"属性"面板中,设置"对齐"为"居中对齐"。拖动鼠标选择第 1 行的所有单元格,在"属性"面板中单击 按钮,将第 1 行表格合并,利用同样的方法把第 4 行合并。

⑤ 在表格的第 1 行中输入文字"新闻系统后台",在表格的第 2 行第 1 个单元格中输入文字说明"账号:",在第 2 行第 2 个单元格中执行菜单"插入"|"表单"|"文本域"命令,插入单行文本域对象,定义"文本域"名为 username。"类型"为单行,设置及效果如图 6-65 所示。

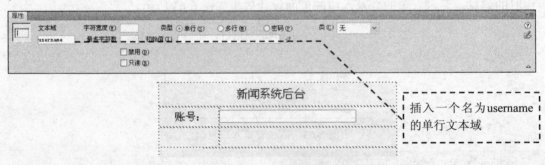

图 6-65　设置和效果图

⑥ 在第 3 行第 1 个单元格中输入文字说明"密码:",在第 3 行第 2 个单元格中执行菜单"插入"|"表单"|"文本域"命令,插入单行文本域对象,定义"文本域"名为 password。"类型"为密码,设置及效果如图 6-66 所示。

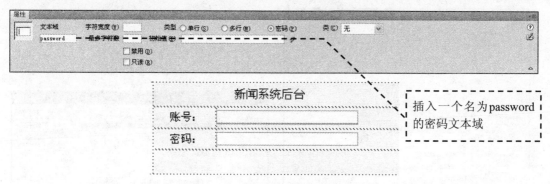

图 6-66　设置和效果图

❼ 单击选择第 4 行表格，依次执行两次菜单"插入记录"|"表单"|"按钮"命令，插入两个按钮，并分别在"属性"面板中进行属性变更：一个选中"提交表单"单选按钮；另一个选中"重设表单"单选按钮，"属性"面板的设置及效果如图 6-67 所示。

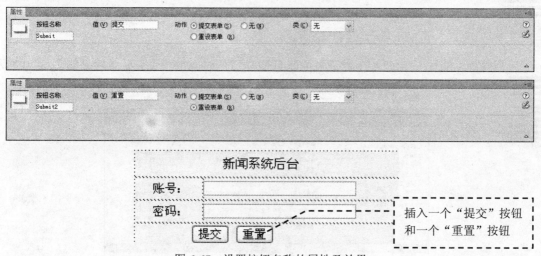

图 6-67　设置按钮名称的属性及效果

❽ 单击"应用程序"面板中的"服务器行为"标签上的 ➕ 按钮，在弹出的菜单中选择"用户身份验证"|"登录用户"命令，打开"登录用户"对话框，设置如果登录不成功将返回登录页面 admin_login.asp 重新登录，如果登录成功将转至后台管理主页面 admin.asp，如图 6-68 所示。

❾ 执行菜单"窗口"|"行为"命令，打开"行为"面板，单击"行为"面板中的 ➕ 按钮，在弹出的菜单中选择"检查表单"命令，打开"检查表单"对话框，设置 username 和 password 文本域的"值"都为"必需的"，"可接受"为"任何东西"，如图 6-69 所示。

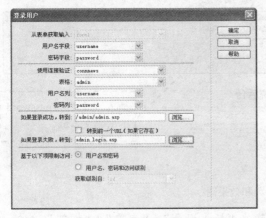
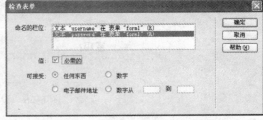

图 6-68 "登录用户"对话框　　　　图 6-69 "检查表单"对话框

10 单击"确定"按钮，返回到编辑页面，完成后台管理入口页面 admin_login.asp 的设计与制作。

6.4.2 后台管理主页面

后台管理主页面是管理者在登录页面验证成功后所进入的页面，页面效果如图 6-70 所示。

图 6-70 后台管理主页面效果图

该页面的详细设计步骤如下：

1 打开 admin.asp 页面（此页面设计比较简单，页面设计的详细步骤在此不做说明），单击"绑定"面板上的 按钮，在弹出的菜单中，选择"记录集（查询）"命令，在"记录集"对话框中，输入如表 6-9 所示的数据，单击"确定"按钮，设置如图 6-71 所示。

表 6-9 "记录集"的表格设置

属性	设置值	属性	设置值
名称	Re	列	全部
连接	connnews	筛选	无
表格	news	排序	以 news_id 为降序

第 6 章 新闻发布系统

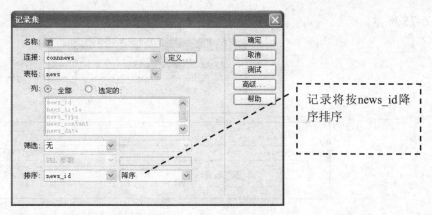

图 6-71 设定"记录集"对话框

2 单击"确定"按钮，完成记录集 Re 的绑定，将 Re 记录集中的 news_title 字段插入至 admin.asp 网页中的适当位置，如图 6-72 所示。

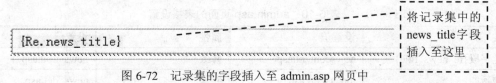

图 6-72 记录集的字段插入至 admin.asp 网页中

3 在这里不光要显示一条新闻记录，而是要显示多条新闻记录，所以需要选择重复的区域，如图 6-73 所示。

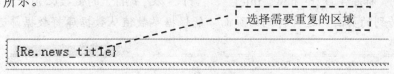

图 6-73 选择重复的区域

4 单击"应用程序"面板中的"服务器行为"标签上的 ➕ 按钮，在弹出的菜单中，选择"重复区域"命令，打开"重复区域"对话框，设定一页显示的数据为 10 条记录，如图 6-74 所示。

图 6-74 选择记录集显示的记录条数

5 单击"确定"按钮回到编辑页面，会发现先前所选取要重复的区域左上角出现了一个"重复"的灰色标签，这表示已经完成设定了。

6 当显示的新闻数据大于 10 条时，就必须加入记录集的分页功能了，在"插入"面板的"数据"类型中，单击 工具按钮打开"记录集导航条"对话框，选取 Re 记录集以及导航条的显示方式为文本，然后单击"确定"按钮返回到编辑页面，添加记录集导航条的效果如图

6-75 所示。

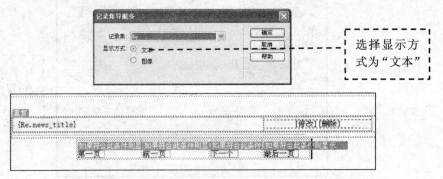

图 6-75　页面显示效果

7 admin.asp 是提供管理者链接至新闻编辑的页面，在该页面中可进行新增、修改与删除等操作，并设置了 4 个链接，各链接的设置如表 6-10 所示。

表 6-10　admin.asp 页面的表格设置

属性	设置值	属性	设置值
标题字段{re_news_title}	newscontent.asp	修改	news_upd.asp
添加新闻	news_add.asp	删除	news_del.asp

 其中"标题字段{re_news_title}"、"修改"及"删除"的链接必须传递参数 news_id 给转到的页面，这样转到的页面才能根据参数值从数据库将数据筛选出来再进行编辑。

8 选取"添加新闻"文字，在"插入"面板中的"常用"类型下，利用"超级链接"将它链接到 admin 文件夹中的 news_add.asp 页面。

9 选取"修改"文字，单击"应用程序"面板中的"服务器行为"上的按钮，在弹出的菜单中，选择"转到详细页面"命令，如图 6-76 所示。

图 6-76　选择"转到详细页面"命令

10 打开"转到详细页面"对话框，设置"详细信息页"为 news_upd.asp，其他设定值皆不改变，如图 6-77 所示。

根据字段news_id的值转到news_upd.asp页面

图 6-77 "转到详细页面"对话框

11 选取"删除"文字并重复上面的操作，设置"详细信息页"为 news_del.asp，如图 6-78 所示。

根据字段news_id的值转到news_del.asp页面

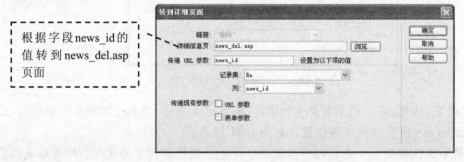

图 6-78 "转到详细页面"对话框

12 选取标题字段 {Re_news_title} 并重复上面的操作，设置"详细信息页"为 newscontent.asp，如图 6-79 所示。

根据字段news_id的值转到newscontent.asp页面

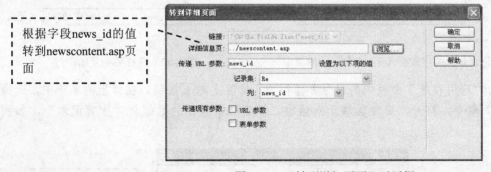

图 6-79 "转到详细页面"对话框

13 单击"确定"按钮，完成"转到详细页面"对话框的设置，到这里已经完成了新闻内容的编辑，现在来设置一下新闻分类，单击"绑定"面板上的 按钮，在弹出的菜单中，选择"记录集（查询）"命令，在打开的"记录集"对话框中，输入如表 6-11 所示的数据，单击"确定"按钮，如图 6-80 所示。

表 6-11 "记录集"表格的设置

属性	设置值	属性	设置值
名称	Re1	列	全部
连接	connnews	筛选	无
表格	newstype	排序	无

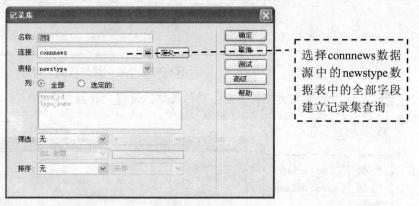

图 6-80 "记录集"对话框

14 单击"确定"按钮,完成记录集 Re1 的绑定,绑定记录集后,将 Re1 记录集中的 type_name 字段插入至 admin.asp 网页中的适当位置,如图 6-81 所示。

15 在这里不仅仅要显示一条新闻分类记录,而是全部的新闻分类记录,所以要选择需要重复的表格,如图 6-82 所示。

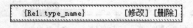

图 6-81 "记录集"的字段插入至 admin.asp 网页中　　图 6-82 选择要重复的一行

16 单击"应用程序"面板中的"服务器行为"标签上的 按钮,在弹出的菜单中,选择"重复区域"命令,打开"重复区域"对话框,设定一页显示的数据为"所有记录",如图 6-83 所示。

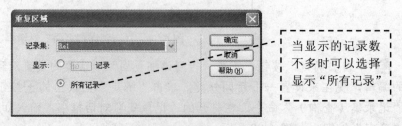

图 6-83 "重复区域"对话框

17 单击"确定"按钮回到编辑页面,会发现先前所选取要重复的区域左上角出现了一个

"重复"的灰色标签,表示已经完成设置。

18 首先选取左边栏中的"修改"文字,然后单击"应用程序"面板中的"服务器行为"上的⊞按钮,在弹出的菜单中,选择"转到详细页面"命令,打开"转到详细页面"对话框,单击"浏览"按钮打开"选择文件"对话框,选择 admin 文件夹中的 type_upd.asp,其他设定值皆不改变其默认值,如图 6-84 所示。

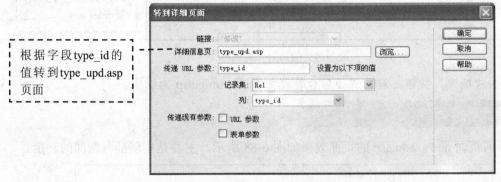

图 6-84 "转到详细页面"对话框

19 选取"删除"文字并重复上面的操作,将"详细信息页"改为 type_del.asp,如图 6-85 所示。

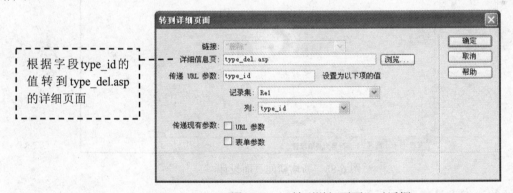

图 6-85 "转到详细页面"对话框

20 后台管理是管理员在后台管理入口页面 admin_login.asp 输入正确的账号和密码才可以进入的一个页面,所以必须限制对本页的访问功能。单击"应用程序"面板中"服务器行为"标签中的⊞按钮,在弹出的菜单中,选择"用户身份验证"|"限制对页的访问"命令,如图 6-86 所示。

21 在打开的"限制对页的访问"对话框中的"基于以下内容进行限制"选择"用户名和密码","如果访问被拒绝,则转到"选择 index.asp,如图 6-87 所示。

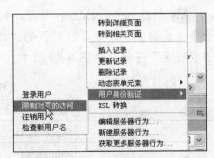

图 6-86 选择"限制对页的访问"

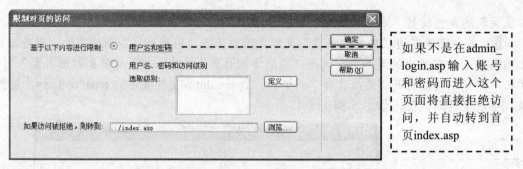

图 6-87 "限制对页的访问"对话框

> 如果不是在admin_login.asp 输入账号和密码而进入这个页面将直接拒绝访问,并自动转到首页 index.asp

22 单击"确定"按钮,就完成了后台管理主页面 admin.asp 的制作。

6.4.3 新增新闻页面

新增新闻页面 news_add.asp 的页面效果如图 6-88 所示,主要是实现插入新闻的功能。

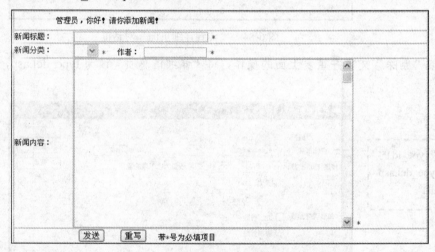

图 6-88 新增新闻页面设计

该页面的详细设计步骤如下:

1 创建 news_add.asp 页面,并单击"绑定"面板上的 按钮,在弹出的菜单中,选择"记录集(查询)"命令,在打开的"记录集"对话框中,输入设定值如表 6-12 所示的数据,单击"确定"按钮,如图 6-89 所示。

表 6-12 "记录集"的表格设定

属性	设置值	属性	设置值
名称	Recordset1	列	全部
连接	connnews	筛选	无
表格	newstype	排序	无

第 6 章 新闻发布系统

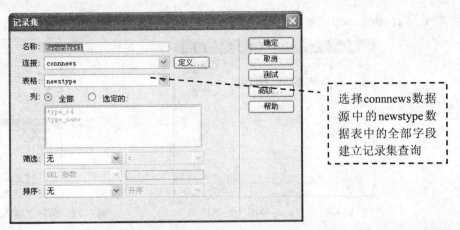

图 6-89 "记录集"对话框

2 绑定记录集后,单击"新闻分类"的列表菜单,在其"属性"面板中单击 动态... 按钮,在打开的"动态列表/菜单"对话框中设置如表 6-13 所示的数据,设置完成后如图 6-90 所示。

表 6-13 "动态列表/菜单"的表格设定

属性	设置值
来自记录集的选项	Recordset1
值	type_id
标签	type_name
选取值等于	Recordset1 记录集中的 type_name 字段

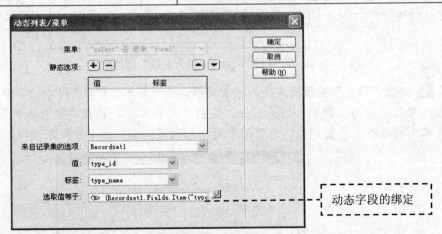

图 6-90 "动态列表/菜单"对话框

3 单击"确定"按钮,完成动态数据的绑定,如图 6-91 所示。在 news_add.asp 编辑页面,再次单击"应用程序"面板中"服务器行为"标签上的 按钮,在弹出的菜单中,选择"插入记录"命令,如图 6-92 所示。

4 在"插入记录"对话框中,输入如表 6-14 的数据,并设定"插入后,转到"为后台管理主页面 admin.asp，如图 6-93 所示。

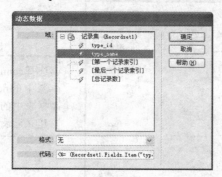

图 6-91 "动态数据"对话框

图 6-92 选择"插入记录"命令

表 6-14 "插入记录"的表格设定

属性	设置值	属性	设置值
连接	connews	获取值自	form1
插入到表格	news	表单元素	表单字段与数据表字段相对应
插入后，转到	admin.asp		

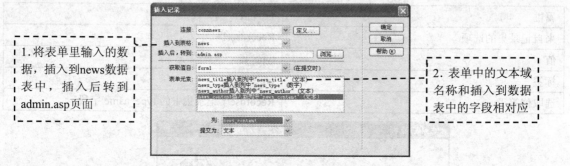

图 6-93 "插入记录"对话框

⑤ 单击"确定"按钮完成插入记录功能，执行菜单"窗口"|"行为"命令，打开"行为"面板，单击"行为"面板上的 ⊕ 按钮，在打开的菜单中，选择"检查表单"命令，打开"检查表单"对话框，设置"值"为"必需的"，"可接受"为"任何东西"，如图 6-94 所示。

图 6-94 "检查表单"对话框

⑥ 单击"确定"按钮回到编辑页面，完成 news_add.asp 页面的设计。

6.4.4 修改新闻页面

修改新闻页面 news_upd.asp 的主要功能是将数据表中的数据送到页面的表单中进行修改，修改数据后再将数据更新到数据表中，页面设计如图 6-95 所示。

图 6-95　修改新闻页面设计

该页面的详细设计步骤如下：

1 打开 news_upd.asp 页面，单击"应用程序"面板中的"绑定"面板上的按钮，在弹出的菜单中，选择"记录集（查询）"选项，在打开的"记录集"对话框中，输入如表 6-15 所示的数据，单击"确定"按钮，如图 6-96 所示。

表 6-15　"记录集"的表格设定

属性	设置值	属性	设置值
名称	Recordset1	列	全部
连接	connnews	筛选	news_id ＝ URL 参数 news_id
表格	news	排序	无

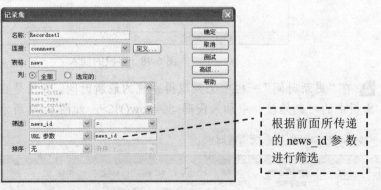

图 6-96　"记录集"对话框

2 利用同样的方法再绑定一个记录集 Recordset2，在"记录集"对话框中输入如表 6-16

所示的数据,该记录集用于实现下拉列表框动态数据的绑定,单击"确定"按钮完成设置,如图 6-97 所示。

表6-16 "记录集"的表格设定

属性	设置值	属性	设置值
名称	Recordset2	列	全部
连接	connnews	筛选器	无
表格	newstype	排序	无

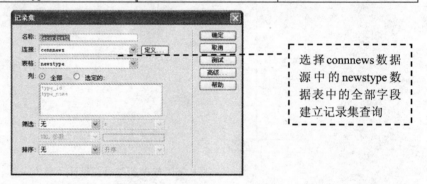

图 6-97 "记录集"对话框

③ 绑定记录集后,将记录集的字段插入至 news_upd.asp 网页中的适当位置,如图 6-98 所示。

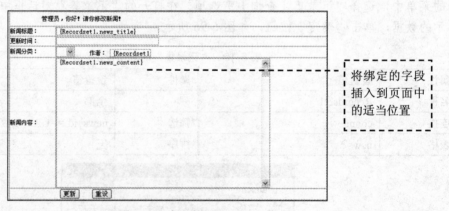

图 6-98 字段的插入

④ 在"更新时间"一栏中必须取得系统的最新时间,方法是在"更新时间"的文本域"属性"面板中的"初始值"中加入代码<%=now()%>,如图 6-99 所示。

<%=now()%> //取得系统当前时间

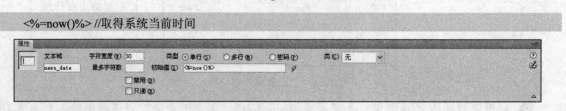

图 6-99 加入代码取得最新时间

第 6 章 新闻发布系统

5 单击"新闻分类"的列表菜单，在其"属性"面板中，单击 动态... 按钮，在打开的"动态列表/菜单"对话框中设置如表 6-17 所示的数据，如图 6-100 所示。

表 6-17 "动态列表/菜单"的表格设定

属性	设置值
来自记录集的选项	Recordset2
值	type_id
标签	type_name
选取值等于	Recordset1 记录集中的 news_type 字段

6 完成表单的设置后，单击"应用程序"面板中的"服务器行为"标签中的 按钮，在弹出的菜单中选择"更新记录"命令，如图 6-101 所示。

图 6-100 "动态列表/菜单"对话框

图 6-101 加入"更新记录"

7 在打开的"更新记录"对话框中，输入如表 6-18 所示的值，如图 6-102 所示。

表 6-18 "更新记录"的表格设定

属性	设置值
连接	connnews
要更新的表格	news
选取记录自	Recordset1
唯一键列	news_id
在更新后，转到	admin.asp
获取值自	form1
表单元素	表单字段与数据表字段相对应

1. 将表单里输入的数据,更新到news数据表中,更新后转到admin.asp页面

2. 表单中的文本域名称要和插入到数据表中的字段相对应

图 6-102 "更新记录"对话框

8 单击"确定"按钮,完成修改新闻页面的设计。

6.4.5 删除新闻页面

删除新闻页面 news_del.asp 和修改页面差不多,如图 6-103 所示。其方法是将表单中的数据从站点的数据表中删除。

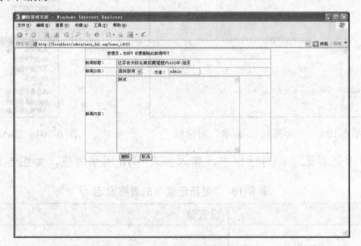

图 6-103 删除新闻页面的设计

该页面的详细设计步骤如下:

1 打开 news_del.asp 页面,单击"应用程序"中的"绑定"面板上的 ⊕ 按钮,接着在弹出的菜单中,选择"记录集(查询)"选项,在打开的"记录集"对话框中,输入如表 6-19 所示的数据,单击"确定"按钮完成设置,如图 6-104 所示。

表 6-19 "记录集"的表格设定

属性	设置值	属性	设置值
名称	Recordset1	列	全部
连接	connnews	筛选	news_id = URL 参数 news_id
表格	news	排序	无

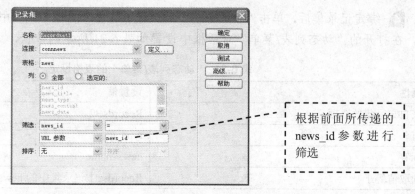

图 6-104 "记录集"对话框

2 利用同样的方法再绑定一个记录集,在打开的"记录集"对话框中,输入如表 6-20 所示的数据,单击"确定"按钮完成设置,如图 6-105 所示。

表 6-20 "记录集"的表格设定

属性	设置值	属性	设置值
名称	Recordset2	列	全部
连接	connnews	筛选	无
表格	newstype	排序	无

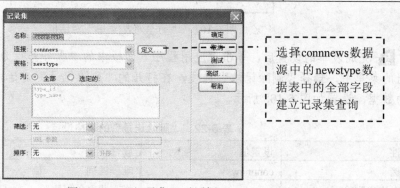

图 6-105 "记录集"对话框

3 绑定记录集后,将记录集的字段插入至 news_del.asp 网页中的适当位置,如图 6-106 所示。

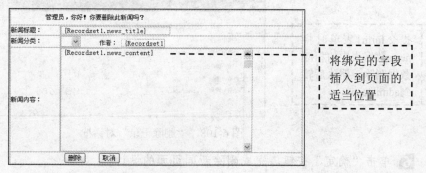

图 6-106 字段的插入

4 绑定记录集后，单击"新闻分类"的菜单，在其"属性"面板中，单击 动态... 按钮，在打开的"动态列表/菜单"对话框中设置如表 6-21 所示的数据，如图 6-107 所示。

表 6-21 "动态列表/菜单"的表格设定

属性	设置值
来自记录集的选项	Recordset2
值	type_id
标签	news_name
选取值等于	Recordset1 记录集中的 news_type 字段

图 6-107 "动态列表/菜单"对话框

5 完成表单的设置后，单击"应用程序"面板中的"服务器行为"标签上的 按钮，在弹出的菜单中，选择"删除记录"选项，在打开的"删除记录"对话框中，输入如表 6-22 所示的数据，设置如图 6-108 所示。

表 6-22 "删除记录"的表格设定

属性	设置值	属性	设置值
连接	connnews	唯一键列	news_id
从表格中删除	news	提交此表单以删除	form1
选取记录自	Recordset1	删除后，转到	admin.asp

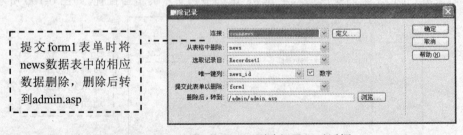

图 6-108 "删除记录"对话框

提交 form1 表单时将 news 数据表中的相应数据删除，删除后转到 admin.asp

6 单击"确定"按钮，完成删除新闻页面的设计。

6.4.6 新增新闻分类页面

新增新闻分类页面 type_add.asp 的功能是将页面的表单数据新增到 newstype 数据表中，页面设计如图 6-109 示。

图 6-109 新增新闻分类页面设计

该页面的详细设计步骤如下：

1 单击"应用程序"面板中的"服务器行为"标签上的 ⊕ 按钮，在弹出的菜单中，选择"插入记录"选项，在打开的"插入记录"对话框中，输入如表 6-23 所示的数据，并设定新增数据后转到系统管理主页面 admin.asp，如图 6-110 所示。

表 6-23 "插入记录"的表格设定

属性	设置值
连接	connnews
插入到表格	newstype
插入后，转到	admin.asp
获取值自	form1
表单元素	表单字段与数据表字段相对应

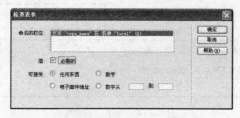

图 6-110 "插入记录"对话框

2 选择"窗口"|"行为"命令，打开"行为"面板，单击"行为"面板中的 ⊕ 按钮，在弹出的菜单中，选择"检查表单"命令，打开"检查表单"对话框，设置"值"为"必需的"，"可接受"为"任何东西"，如图 6-111 所示。

图 6-111 "检查表单"对话框

③ 单击"确定"按钮，完成 type_add.asp 的页面设计。

6.4.7 修改新闻分类页面

修改新闻分类页面 type_upd.asp 的功能是将数据表的数据送到页面的表单中进行修改，修改数据后再更新至数据表中，页面设计如图 6-112 所示。

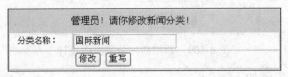

图 6-112 修改新闻分类页面设计

该页面的详细设计步骤如下：

① 打开 type_upd.asp 页面，并单击"应用程序"面板中的"绑定"标签上的 按钮。接着在弹出的菜单中，选择"记录集（查询）"选项，打开"记录集"对话框，输入的设定值如表 6-24 所示，单击"确定"按钮，如图 6-113 所示。

表 6-24 "记录集"的表格设定

属性	设置值	属性	设置值
名称	Recordset1	列	全部
连接	connnews	筛选	type_id = URL参数 type_id
表格	newstype	排序	无

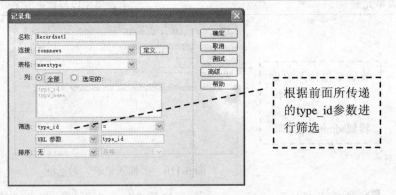

图 6-113 "记录集"对话框

② 绑定记录集后，将记录集的字段插入至 type_upd.asp 网页中的适当位置，如图 6-114 所示。

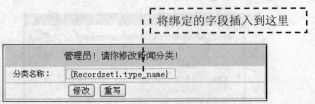

图 6-114 字段的插入

3 完成表单的设置后，单击"应用程序"面板中的"服务器行为"标签上的按钮，在弹出的菜单中，选择"更新记录"选项，在打开的"更新记录"对话框中，输入如表 6-25 所示的数据，设定后如图 6-115 所示。

表 6-25 "更新记录"的表格设定

属性	设置值	属性	设置值
连接	connews	在更新后，转到	admin.asp
要更新的表格	newstype	获取值自	form1
选取记录自	Recordset1	表单元素	表单字段与数据表字段相对应
唯一键列	type_id		

将表单里输入的数据更新到newstype数据表中，更新后转到admin.asp页面

图 6-115 "更新记录"对话框

4 单击"确定"按钮，完成修改新闻分类页面的设计。

6.4.8 删除新闻分类页面

删除新闻分类页面 type_del.asp 的功能是将表单中的数据从站点的数据表 newstype 中删除。该页面的详细设计步骤如下：

1 打开 type_del.asp 页面，并单击"应用程序"面板中的"绑定"标签上的按钮，在弹出的菜单中，选择"命令"选项，如图 6-116 所示。

2 在打开的"命令"对话框中输入如表 6-26 所示的数据，单击"确定"按钮后完成设置，如图 6-117 所示。

表 6-26 "命令"的表格设定

属性	设置值	属性	设置值
名称	Command1	SQL	DELETE FROM newstype WHERE type_id =typeid
连接	connnews	变量	名称： typeid 运行值：Cint(Trim(Request.Querystring ("type_id")))
类型	删除		

图 6-116　选择"命令"选项　　　　图 6-117　"命令"对话框

```
DELETE FROM newstype
//从 newstype 数据表中删除
WHERE type_id =typeid
//删除的选择条件为 type_id =typeid
```

 在 SQL 语句中，变量名称不要与字段中的名称相同，否则会出现替换错误，这个 SQL 语句是从数据表 newstype 中删除 type_id 字段和从 type_id 所传过来的记录，Cint(Trim(Request.Querystring("type_id")))用于进行强制转换，因为 type_id 字段是自动增量类型。

❸ 单击"确定"按钮完成"命令"对话框的设置，在删除新闻分类页面后需要转到 admin.asp 页面，切换到代码窗口，在"删除"命令之后也就是"%>"之前加入代码 Response.Redirect ("admin.asp")，即可完成删除新闻分类页面的设置，加入代码的效果如图 6-118 所示。

```
Response.Redirect("admin.asp
")
//执行语句后转到 admin.asp 页面
```

至此一个功能完善、实用的新闻发布系统就开发完毕了，读者可以将开发新闻发布系统的方法应用到实际的大型网站建设中。

图 6-118　加入代码

第 7 章 在线报名系统

在线报名系统的网站前台展示了报名的个人信息，提供在线报名功能，网站后台实现了对前台信息的管理功能。整体结构如图 7-1 所示。

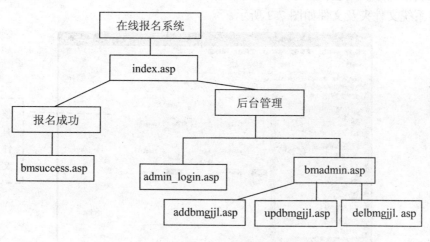

图 7-1 系统结构图

本章重要知识点

- 在线报名系统的结构搭建
- 创建数据库和数据库表
- 建立数据源连接
- 掌握在线报名系统中创建各种页面及页面之间传递信息的技巧和方法
- 在线报名系统中常用功能的设计与实现

系统的整体设计规划

在线报名系统在功能上主要表现为如何提交报名信息，如何对报名信息进行跟进和删除等，所以一个完整的在线报名系统分为在线提交报名信息模块和管理者管理报名信息模块两部分，共有 7 个页面，各页面的功能与对应的文件名称如表 7-1 所示。

表 7-1 在线报名系统中的网页对照

页面名称	功能
index.asp	在线提交报名信息页面
bmsuccess.asp	报名成功提示
admin_login.asp	管理者登录入口页面，是管理者登录在线报名系统的入口页面
bmadmin.asp	后台管理主页面，是管理者对报名的内容进行管理的页面
addbmgjj1.asp	对报名者进行跟进页面，主要用于添加跟进记录
updbmgjl.asp	更新跟进记录
delbmgjjl.asp	删除报名信息页面

7.1.1 页面设计规划

完成在线报名系统的整体规划后，可以在本地站点上建立站点文件夹 baoming，将要制作的在线报名系统文件夹及文件如图 7-2 所示。

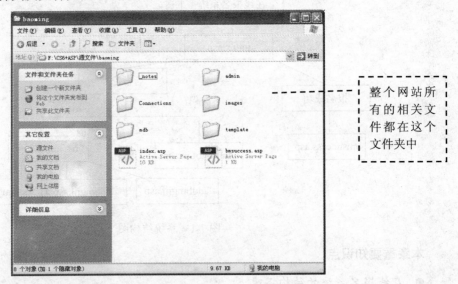

图 7-2 站点规划文件

7.1.2 页面美工设计

在线提交报名信息的页面效果如图 7-3 所示。

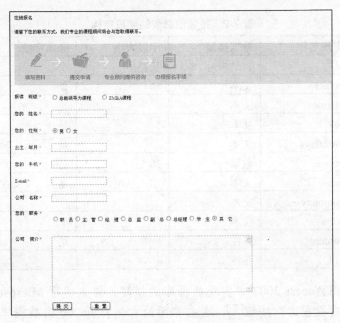

图 7-3 在线提交报名信息的页面设计

7.2 数据库的设计与连接

本节主要讲述如何使用 Access 2007 建立用户管理系统的数据库,以及如何使用 ODBC 在数据库与网站之间建立动态链接。

7.2.1 设计数据库

制作在线报名系统时,首先要设计一个存储访问者报名信息内容,以及管理员账号、密码的数据库文件,以方便管理和使用,报名信息表命名为 baoming,创建的报名信息表 baoming 设计如图 7-4 所示。

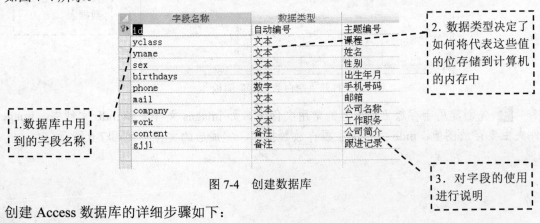

图 7-4 创建数据库

创建 Access 数据库的详细步骤如下:

1 在对报名信息表做全面的分析后, baoming 的字段结构设计如表 7-2 所示。

表 7-2 报名信息表的字段结构

意义	字段名称	数据类型	字段大小	必填字段	允许空字符串
主题编号	id	自动编号	长整型		
课程	yclass	文本	50	是	否
姓名	yname	文本		是	
性别	sex	文本	5	是	
出生年月	birthdays	文本		是	
手机号码	phone	数字	20	是	否
邮箱	mail	文本		是	否
公司名称	company	文本			
工作职务	work	文本			
公司简介	content	备注		是	否
跟进记录	gjjl	备注			

❷ 在 Microsoft Access 2007 中实现数据库的搭建，首先运行 Microsoft Access 2007 程序，然后单击"空白数据库"按钮，在主界面的右侧打开"空白数据库"面板，如图 7-5 所示。

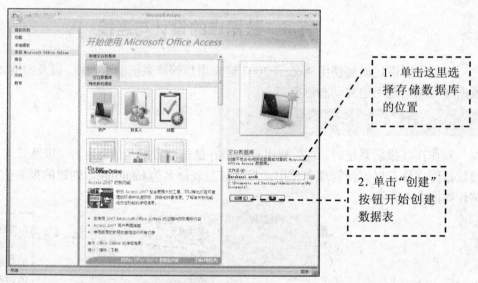

图 7-5 打开"空白数据库"面板

❸ 先创建用于存放主要内容的常用文件夹，如 images 文件夹和 mdb 文件夹，images 文件夹主要存放图像，mdb 文件夹主要存放数据库，完成后的文件夹如图 7-6 所示。

第 7 章 在线报名系统

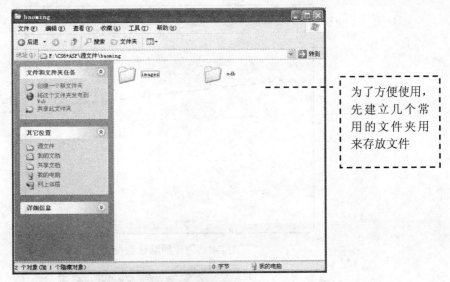

图 7-6 建立常用的文件夹

4️⃣ 建立好常用文件夹后,开始进行 Access 数据库设计,单击"空白数据库"面板上的 🗔 按钮,打开"文件新建数据库"对话框,在"保存位置"下拉列表框中,选择站点 baoming 文件中的 mdb 文件夹,在"文件名"文本框中输入文件名为 gbook.mdb,在"保存类型"下拉列表框中选择"Microsoft Office Access 2002-2003 数据库",如图 7-7 所示。

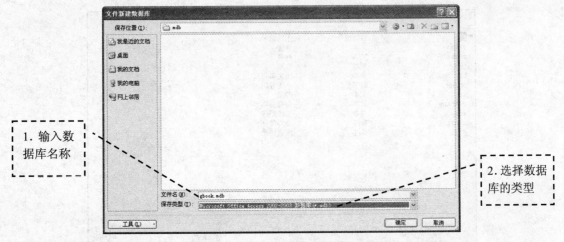

图 7-7 "文件新建数据库"对话框

5️⃣ 单击"确定"按钮,返回"空白数据库"面板,再单击"空白数据库"面板中的"创建"按钮,即可在 Microsoft Access 中创建 gbook.mdb 文件,同时 Microsoft Access 自动默认生成一个名字为"表1:表"的数据表,如图 7-8 所示。

6️⃣ 右键单击"表1:表"数据表,在弹出的快捷菜单中选择"设计视图"命令,打开"另存为"对话框,在"表名称"文本框中输入数据表名称 baoming,如图 7-9 所示。

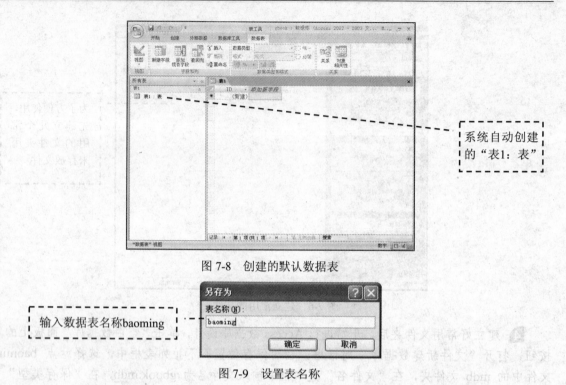

图 7-8 创建的默认数据表

图 7-9 设置表名称

7 单击"确定"按钮,创建的 baoming 数据表,如图 7-10 所示。

图 7-10 建立 baoming 数据表

8 双击 baoming 按钮,打开 baoming 数据表,为了方便访问者访问,可以在数据库中预先编辑一些记录对象,效果如图 7-11 所示。

第 7 章 在线报名系统

图 7-11 baoming 中输入的记录

9 利用同样的方法，再建立一个 Access 数据库，并命名为 admin，最终效果如图 7-12 所示。

图 7-12 数据库 admin

10 编辑完成后为了方便管理员进行管理，可以在数据库中预先编辑一些记录对象，并设置账号和密码。单击"保存"按钮 行后关闭 Access 软件，从而完成数据库的创建。

7.2.2 连接数据库

数据库编辑完成后，必须与网站进行数据库连接，才能实现用数据库内容动态更新网页的效果，具体操作时，则体现为建立数据源连接对象。本小节将介绍在 Dreamweaver CS6 中利用 ODBC 连接数据库的方法。操作过程中应特别注意参数的设置。

具体的操作步骤如下：

1 在 Windows 操作系统中依次选择"控制面板"|"管理工具"|"数据源（ODBC）"|"系统 DSN"命令，如图 7-13 所示。

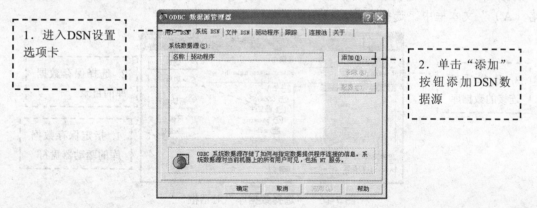

图 7-13 "系统 DSN"选项卡

2 在图 7-13 中单击"添加（D）"按钮后，打开"创建新数据源"对话框，选择 Driver do Microsoft Access（*.mdb）选项，如图 7-14 所示。

3 单击"完成"按钮，打开"ODBC Microsoft Access 安装"对话框，在"数据源名（N）"文本框中输入 connbaoming，如图 7-15 所示。

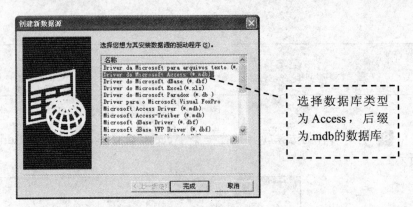

图 7-14 "创建新数据源"对话框

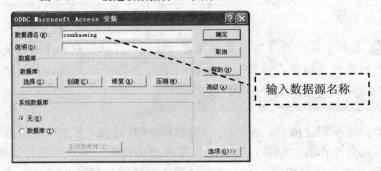

图 7-15 输入数据源名称

4 单击"选择（S）"按钮，打开"选择数据库"对话框。在"驱动器（V）"下拉列表框中找到数据库所在的盘符，在"目录（D）"中，找到保存数据库的文件夹，然后单击左上方"数据库名（A）"选项组中的数据库文件 baoming.mdb，则数据库名称自动添加到"数据库名（A）"文本框中。选择文件路径和设置如图 7-16 所示。

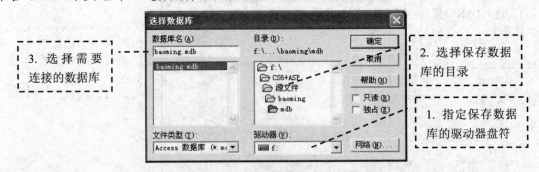

图 7-16 "选择数据库"对话框

5 找到数据库后，单击"确定"按钮，返回到"ODBC 数据源管理器"中的"系统 DSN"选项卡中。在这里可以看到"系统数据源"中已经添加了名称为 connbaoming、驱动程序为 Driver do Microsoft Access（*.mdb）的系统数据源，如图 7-17 所示。

第 7 章 在线报名系统

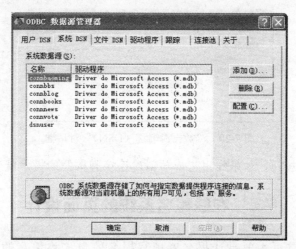

图 7-17 "ODBC 数据源管理器"对话框

⑥ 单击"确定"按钮,完成"ODBC 数据源管理器"中"系统 DSN"选项卡的设置。

⑦ 启动 Dreamweaver CS6,执行菜单"文件"|"新建"命令,打开"新建文档"对话框,在"页面类型"选项卡中选择 ASP VBScript 选项,单击"创建"按钮,在网站根目录下新建一个名为 index.asp 的网页并保存,如图 7-18 所示。

⑧ 设置好"站点"、"文档类型"、"测试服务器"后,在 Dreamweaver CS6 软件中执行菜单"文件"|"窗口"|"数据库"命令,打开"数据库"面板,单击"数据库"面板中的 按钮,在弹出的菜单中,选择"数据源名称(DSN)"选项,如图 7-19 所示。

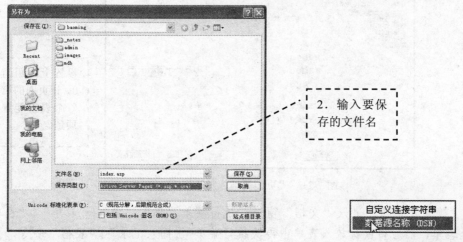

图 7-18 建立首页并保存　　　　　　　　图 7-19 选择"数据源名称(DSN)"选项

⑨ 打开"数据源名称(DSN)"对话框,在"连接名称"文本框中输入 connbaoming,单击"数据源名称(DSN)"下拉列表框右边的三角 按钮,从打开的下拉列表中选择 connbaoming 选项,其他保持默认值,如图 7-20 所示。

191

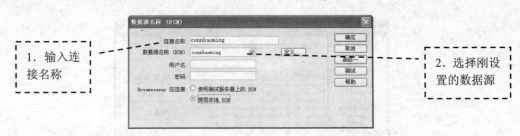

图 7-20 "数据源名称（DSN）"对话框

⑩ 单击"测试"按钮，如果弹出"成功创建连接脚本"的提示就表示数据库连接成功。

7.3 在线报名系统的页面设计

在线报名系统的首页主要是让报名者填写报名信息，将填写的报名信息数据提交到 baoming 数据表中。

在线提交报名信息页面 index.asp 的详细制作步骤如下：

❶ 启动 Dreamweaver CS6，在同一站点下选择刚创建的主页面 index.asp，输入网页标题"在线报名首页"。接下来要设置网页的 CSS 样式，即执行菜单"修改"|"页面属性"命令，打开"页面属性"对话框，单击"分类"列选框中的"外观（CSS）"选项，在"上边距"文本框中输入 0 像素，字体大小设置为 13px，具体设置如图 7-21 所示。

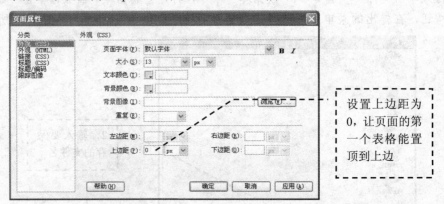

图 7-21 "页面属性"对话框

❷ 单击"确定"按钮，进入"文档"窗口，执行菜单"插入记录"|"表单"|"表单"命令插入一个表单，然后将鼠标放入表单中再次执行菜单"插入记录"|"表格"命令，打开"表格"对话框，在"行数"文本框中，输入需要插入表格的行数 13。在"列"文本框中，输入需要插入表格的列数 2。在"表格宽度"文本框中输入 810 像素，"边框粗细"、"单元格边距"和"单元格间距"都为 0，如图 7-22 所示。

第 7 章 在线报名系统

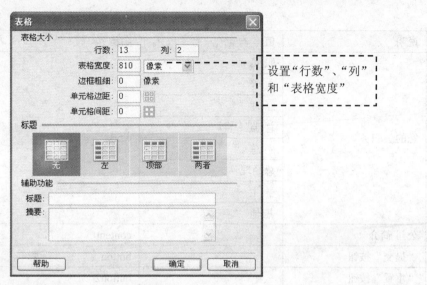

图 7-22 设置"表格"对话框

③ 单击"确定"按钮，即可在"文档"窗口中插入一个 13 行 2 列的表格。选中该表格，在"属性"面板中设置"对齐"为"居中对齐"，效果如图 7-23 所示。

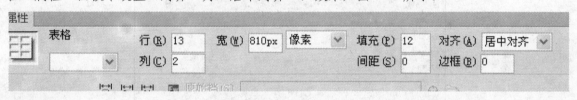

图 7-23 选择对齐方式

④ 根据表 7-3 所示，在表格中插入相关的域，效果如图 7-24 所示。

表 7-3 表单 from 中对应的域

说明	值	名称	类型
报读　班级	总裁领导力课程	yclass	单选按钮
	EMBA 课程		
您的　姓名		yname	文本框
您的　性别	男	sex	单选按钮
	女		
出生　年月		birthdays	文本框
您的　手机		phone	文本框
E-mail		mail	文本框
公司　名称		company	文本框

（续表）

说明	值	名称	类型
您的 职务	职员 主管 经理 总监 副总 总经理 学生 其他	work	单选按钮
公司 简介		content	文本区域
"提交"按钮		button	提交按钮
"重置"按钮		button2	重置按钮

图 7-24 插入各种域

⑤ 单击"应用程序"|"服务器行为"面板中的⊞按钮，在弹出菜单中选择"插入记录"命令，在打开的"插入记录"对话框中设置参数如表 7-4 所示，效果如图 7-25 所示。

表 7-4 "插入记录"设置

属性	设置值
连接	connbaoming
插入到表格	baoming
插入后，转到	bmsuccess.asp
获取值自	form1
表单元素	对比表单字段与数据表字段

第7章 在线报名系统

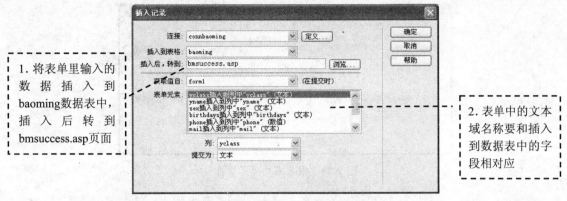

图7-25 "插入记录"对话框

6️⃣ 单击"确定"按钮，返回到网页设计编辑页面，即可完成插入记录的设置。

7️⃣ 有些报名者进入页面 index.asp 后，不填任何数据就直接把表单提交，这样数据库中就会自动生成一笔空白数据，为了阻止发生这种现象，必须加入"检查表单"的动作。具体操作是在 baoming.asp 的标签检测区中，单击<form1>标签，然后再单击"行为"面板中的➕按钮，在弹出的菜单中，选择"检查表单"命令，如图7-26所示。

8️⃣ "检查表单"行为会根据表单的内容来设定检查方式，因此将所有字段的值选中"必需的"复选框，这样就可完成"检查表单"的行为设定了，具体设置如图7-27所示。

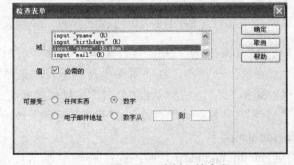

图7-26 选择"检查表单"命令　　　　图7-27 选择必填字段

9️⃣ 单击"确定"按钮，完成在线报名提交页面的设计。

报名成功提示页面 bmsuccess.asp 的设计比较简单，仅提示报名成功，在这不作详细说明，报名成功提示页面 bmsuccess.asp 的设计效果如图7-28所示。

195

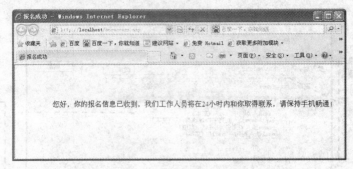

图 7-28 报名成功提示页面

7.4 后台管理功能的设计

在线报名系统的后台管理功能可以使系统管理员通过 admin_login.asp 进行登录管理，管理者登录入口页面的设计效果如图 7-29 所示。

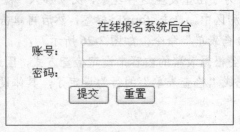

图 7-29 管理者登录入口页面

7.4.1 管理者登录入口页面

管理页面是不允许一般的网站访问者进入的，必须受到权限约束。详细操作步骤如下：

1 启动 Dreamweaver CS6，执行菜单"文件"|"新建"命令，打开"新建文档"对话框，选择"空白页"选项卡，在"页面类型"下拉列表框中选择 ASP VBScript，在"布局"下拉列表框中选择"无"，然后单击"创建"按钮创建新页面，输入网页标题"后台管理登录"，执行菜单"文件"|"另存为"命令，打开"另存为"对话框，在"文件名"文本框中输入文件名 admin_login.asp。

2 打开 admin_login.asp 页面，执行菜单"插入记录"|"表单"|"表单"命令插入一个表单。

3 将光标放置在该表单中，执行菜单"插入记录"|"表格"命令，在该表单中插入一个 4 行 2 列的表格，选中该表格，在"属性"面板中设置"对齐（A）"为"居中对齐"。分别把表格的第 1 行和第 4 行合并，效果如图 7-30 所示。

图 7-30 在表单中插入的表格

第 7 章　在线报名系统

4 在该表格的第 1 行中输入文字"在线报名系统后台",在第 2 行的第 1 个单元格中,输入文字说明"账号:",在第 2 行的第 2 个单元格中单击"文本域"按钮,插入单行文本域表单对象,定义文本域名为 username。属性设置及此时的效果如图 7-31 所示。

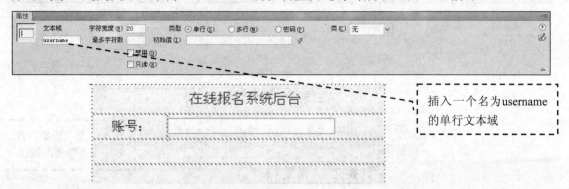

图 7-31　设置及效果

5 在第 3 行的第 1 个单元格中输入文字说明"密码:",在第 3 行的第 2 个单元格中,单击"文本域"按钮,插入密码文本域表单对象,定义文本域名为 password。属性设置及此时的效果如图 7-32 所示。

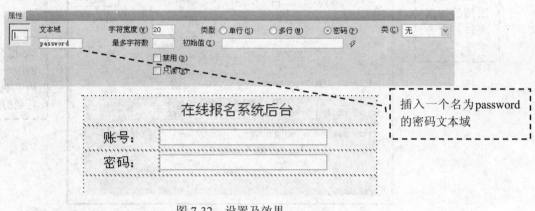

图 7-32　设置及效果

6 选择第 4 行单元格,两次执行菜单"插入记录"|"表单"|"按钮"命令,插入两个按钮,并分别在"属性"面板中进行属性变更:一个为登录时用的"提交表单(S)"单选按钮;另一个为"重设表单(R)"单选按钮,"属性"的设置及效果如图 7-33 所示。

7 单击"应用程序"面板中的"服务器行为"标签上的按钮,在弹出的菜单中,选择"用户身份验证/登录用户"选项,弹出"登录用户"对话框,如果不成功,将返回主页面 index.asp;如果成功将登录后台管理主页面 bmadmin.asp,如图 7-34 所示。

8 执行菜单"窗口"|"行为"命令,打开"行为"面板,单击"行为"面板中的按钮,在弹出的菜单中,选择"检查表单"选项,弹出"检查表单"对话框,设置 username 和 password 文本域的"值"都为"必需的","可接受"为"任何东西",如图 7-35 所示。

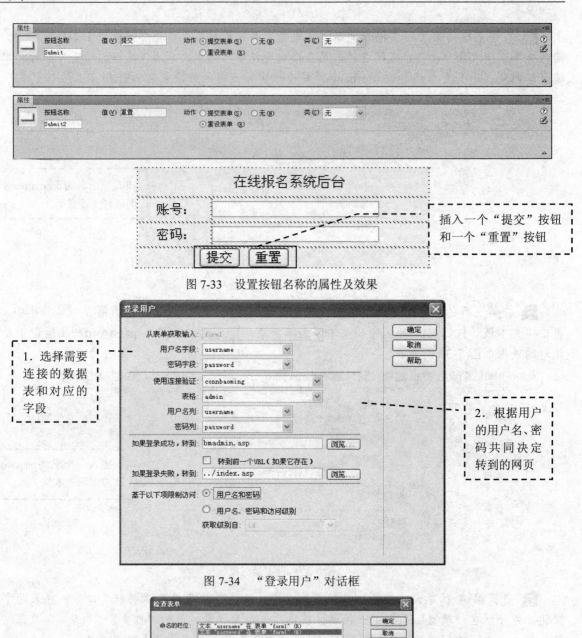

图 7-33 设置按钮名称的属性及效果

图 7-34 "登录用户"对话框

图 7-35 "检查表单"对话框

9 单击"确定"按钮,返回到编辑页面,至此,管理者登录入口页面 admin_login.asp 的设计与制作都已经完成。

7.4.2 后台管理主页面

后台管理主页面 bmadmin.asp 是管理者由登录入口的页面验证成功后所跳转到的页面。该页面主要用于显示已报名的信息，具有对报名信息进行跟进和删除的功能，效果如图 7-36 所示，详细操作步骤如下：

图 7-36　管理主页面的设计效果

1 打开 bmadmin.asp 页面，此页面的设计比较简单，在这里不作说明，单击"绑定"面板上的 ⊞ 按钮，在弹出的对话框中，选择"记录集（查询）"选项，在打开的"记录集"对话框中，输入的设定值如表 7-5 所示，设定后的效果如图 7-37 所示。

表 7-5　"记录集"的表格设置

属性	设置值
名称	Rs
连接	connbaoming
表格	baoming
列	全部
筛选	无
排序	id 降序

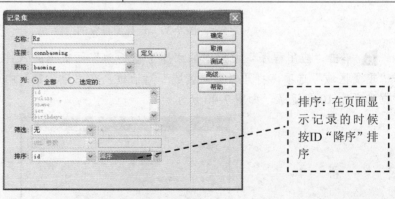

图 7-37　"记录集"对话框

2 绑定记录集后，将记录集字段插入至 bmadmin.asp 网页的适当位置，如图 7-38 所示。

编号	报读班级	姓名	性别	手机号码	E-mail	公司名称	职务
{Rs.id}	{Rs.yclass}	{Rs.yname}	{Rs.sex}	{Rs.phone}	{Rs.mail}	{Rs.company}	{Rs.work}

将记录集字段插入至bmadmin.asp网页的适当位置

图 7-38 插入字段

3 在"跟进记录"单元格中,根据数据表中的回复字段 gjjl 是否为空,来判断管理者是否跟进过。如果该字段为空,则显示"添加跟进记录"字样信息,如果该字段不为空,就表明管理员对此报名信息已跟进过一次,再次跟进就将显示"更新跟进记录"字样信息。

4 在代码视图上,在对应的跟进记录列中,选中"添加跟进记录"、"更新跟进记录"相关字样,在代码视图中修改代码如下。

```
<% if IsNull(Rs.Fields.Item("gjjl").Value) then%>
    添加跟进记录
<% else %>
    更新跟进记录
<% end if %>
```

5 bmadmin.asp 页面的功能是显示数据库中的部分记录,但目前的设置只会显示数据库的第一笔数据,需要应用"服务器行为"中"重复区域"命令,选择 bmadmin.asp 页面中与记录有关的内容,如图 7-39 所示。

图 7-39 选择要重复的内容

6 单击"应用程序"面板中的"服务器行为"面板上的 ➕ 按钮,在弹出的菜单中,选择"重复区域"选项,打开"重复区域"对话框,在"记录集"中选择 Rs 并设置一页显示的数据选项为 10 条记录,如图 7-40 所示。

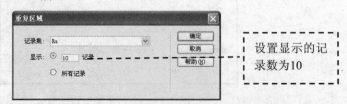

图 7-40 "重复区域"对话框

7 单击"确定"按钮,返回到编辑页面,可以发现先前所选取要重复的区域左上角出现了一个"重复"的灰色标签,这表示已经完成设置。

8 将光标移至要加入"记录集导航条"的位置,在"服务器行为"中的"记录集分页"中分别加入"第一页"、"前一页"、"下一页"和"最后一页"的导向链接,然后单击"确定"按钮返回到编辑页面,可以发现页面出现该记录集的导航条,如图 7-41 所示。

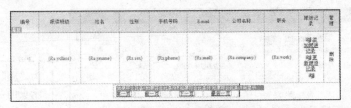

图 7-41 加入"记录集导航条"

9 单击页面中的"添加跟进记录"文字,然后单击"服务器行为"面板上的 按钮,在弹出的菜单中,选择"转到详细页面"命令,如图 7-42 所示。

10 在弹出的"转到详细页面"对话框中,单击"浏览"按钮来打开选择文件的对话框,在此选择 addbmgjjl.asp,如图 7-43 所示。

图 7-42 选择"转到详细页面"命令　　图 7-43 选择要转向的文件

11 单击页面中的"更新跟进记录"文字,然后单击"服务器行为"面板上的 按钮,在弹出的菜单中,选择"转到详细页面"命令,在弹出的"转到详细页面"对话框中,单击"浏览"按钮来打开选择文件的对话框,在此选择 updbmgjjl.asp,如图 7-44 所示。

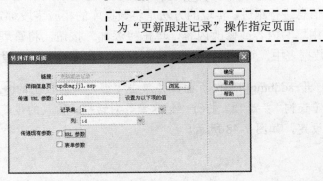

图 7-44 选择要转向的文件

12 单击"确定"按钮,返回到编辑页面,选取编辑页面中的"删除"二字,然后单击"服务器行为"面板上的按钮,在弹出的菜单中选择"转到详细页面"选项,在打开的"转到详细页面"对话框中,设置"详细信息页"为 delbmgjjl.asp,其他设定值皆不改变,如图 7-45 所示。

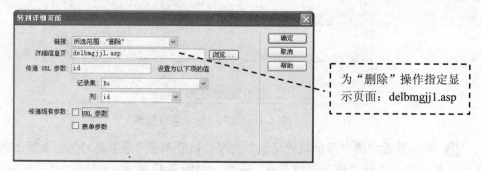

图 7-45 "转到详细页面"对话框

13 后台管理主页面是在管理员输入正确的管理账号和密码后才能够进入的,所以对本页的访问要做一个限制,单击"应用程序"面板中的"服务器行为"标签上的按钮,在弹出的菜单中选择"用户身份验证/限制对页的访问"选项,在打开的"限制对页的访问"对话框中,设置"如果访问被拒绝,则转到"为 admin_login.asp 页面,如图 7-46 所示。

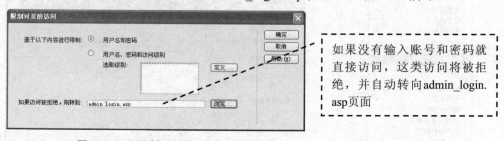

图 7-46 "限制对页的访问"对话框

14 单击"确定"按钮,就完成了后台管理主页面 bmadmin.asp 的制作。

7.4.3 添加、更新跟进记录页面

添加跟进记录页面 addbmgjjl.asp 和更新跟进记录页面 updbmgjjl.asp 的主要功能是通过页面对报名信息进行跟进,实现的方法是将数据库的相应字段绑定到页面中,管理员在"添加跟进记录"中填写内容或修改内容,单击"添加"按钮,将管理员填写跟进记录的内容更新到 baoming 数据表中,页面效果如图 7-47 所示。详细的操作步骤如下:

1 打开 addbmgjjl.asp 页面,并单击"绑定"面板上的按钮,在弹出的菜单中,选择"记录集(查询)"选项,打开"记录集"对话框,输入的设定值如表 7-6 所示,单击"确定"按钮完成设定,如图 7-48 所示。

第 7 章 在线报名系统

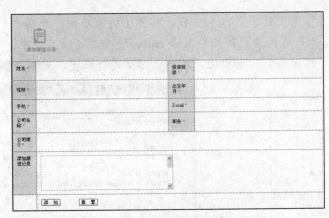

图 7-47 添加跟进记录的静态页面设计

表 7-6 "记录集"的表格设定

属性	设置值	属性	设置值
名称	Rs	列	全部
连接	connbaoming	筛选	id = URL参数id
表格	baoming	排序	无

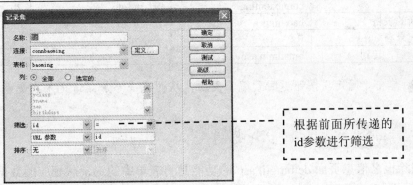

图 7-48 "记录集"对话框

2 绑定记录集后,再将记录集的字段插入至 addbmgjjl.asp 网页中的适当位置,如图 7-49 所示。

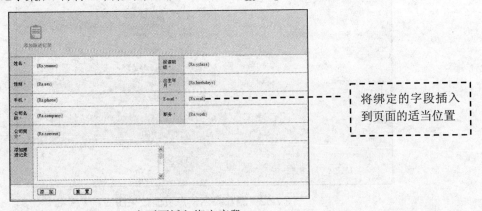

图 7-49 在页面插入绑定字段

3 单击"服务器行为"面板上的按钮，在弹出的菜单中，选择"更新记录"命令，如图 7-50 所示。将填写的跟进记录更新到数据表 baoming 中的 gjjl 字段中。

4 在打开的"更新记录"对话框中，根据表 7-7 进行设置，效果如图 7-51 所示。

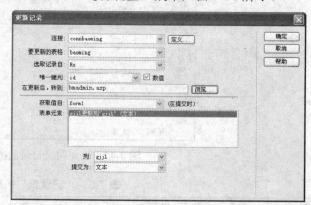

图 7-50 选择"更新记录"命令　　　　图 7-51 "更新记录"对话框

表 7-7 "更新记录"的表格设置

属性	设置	属性	设置
连接	connbaoming	唯一键列	id
要更新的表格	baoming	获取值自	form1
选取记录自	Rs	表单元素	与文本域名对应
在更新后，转到	bmadmin.asp		

5 单击"确定"按钮返回到编辑页面，从而完成添加跟进记录或更新跟进记录页面的设置。

7.4.4 删除报名信息页面

删除报名信息页面 delbmgjjl.asp 的功能是将表单中的记录从相应的数据表中删除，页面设计效果如图 7-52 所示，详细说明步骤如下：

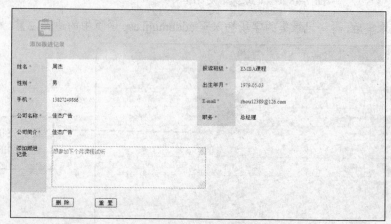

图 7-52 删除报名信息页面效果图

第 7 章　在线报名系统

1 打开 delbmgjjl.asp 页面，单击"绑定"面板上的 + 按钮，在弹出的菜单中，选择"记录集（查询）"选项，在弹出的"记录集"对话框中，输入如表 7-8 所示的数据，单击"确定"按钮完成设置，效果如图 7-53 所示。

表 7-8　"记录集"的表格设置

属性	设置值	属性	设置值
名称	Rs	列	全部
连接	connbaoming	筛选	id = URL参数 id
表格	baoming	排序	无

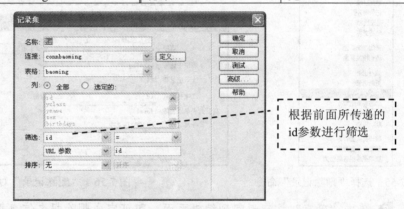

图 7-53　"记录集"对话框

2 绑定记录集后，再将记录集的字段插入至 delbmgjjl.asp 网页的各说明文字后面，如图 7-54 所示。

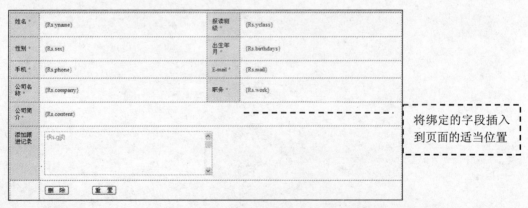

图 7-54　插入字段

3 在 delbmgjjl.asp 的页面上，单击"服务器行为"面板上的 + 按钮，在弹出的菜单中，选择"删除记录"命令，如图 7-55 所示，用于对数据表中的数据进行删除操作。

4 在打开的"删除记录"对话框中，根据表 7-9 的参数进行设置，效果如图 7-56 所示。

205

表 7-9 "删除记录"的表格设置

名称	设置	名称	设置
连接	connbaoming	唯一键列	id
从表格中删除	baoming	提交此表单以删除	form1
选取记录自	Rs	删除后，转到	bmadmin.asp

提交form1表单时从connbaoming数据表中删除相应数据，删除后转到bmadmin.asp

图 7-55 选择"删除记录"命令　　　　图 7-56 "删除记录"对话框

5 单击"确定"按钮返回到编辑页面，即可完成删除报名信息页面的设定。

第 8 章 在线留言管理系统

在线留言管理系统（以下简称留言板）可以实现网站站长与访客之间的沟通，收集访客的意见和信息也是网站建设过程中必不可少的一个重要功能。本章将利用 Dreamweaver CS6 中的"插入记录"和"查询"记录集命令，轻松实现留言和查询留言的动态管理功能。

本章将要制作的在线留言管理系统的网页及网页结构如图 8-1 所示。

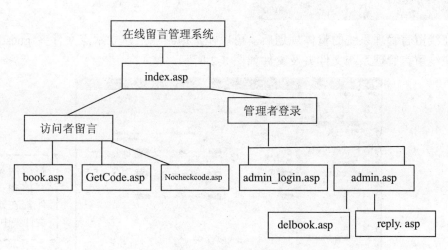

图 8-1 系统结构图

本章重要知识点

- 在线留言管理系统的结构搭建
- 创建数据库和数据库表
- 建立数据源连接
- 掌握在线留言管理系统中创建各种页面及页面之间传递信息的技巧和方法
- 在线留言管理系统常用功能的设计与实现
- 在线留言管理系统中验证码的调用

8.1 系统的整体设计规划

在线留言管理系统在功能上主要表现为如何显示留言，如何对留言进行审核、回复、修改和删除等，所以一个完整的在线留言管理系统分为访问者留言模块和管理者登录模块两部分，共有 8 个页面，各页面的功能与对应的文件名称如表 8-1 所示。

表 8-1 在线留言管理系统网页对照表

页面名称	功能
index.asp	留言内容显示页面，用于显示留言内容和管理者回复内容
book.asp	留言页面，提供用户发表留言的页面
admin_login.asp	管理者登录入口页面，是管理者登录在线留言管理系统的入口页面
admin.asp	后台管理主页面，是管理者对留言的内容进行管理的页面
reply.asp	回复留言页面，是管理者对留言内容进行回复的页面
delbook.asp	删除留言页面，是管理者对一些非法或不文明留言进行删除的页面
GetCode.asp	验证码生成图片页面
Nocheckcode.asp	存储验证码页面

8.1.1 页面设计规划

完成在线留言管理系统的整体规划后，可以在本地站点上建立站点文件夹 guestbook，将要制作的在线留言管理系统文件夹及文件如图 8-2 所示。

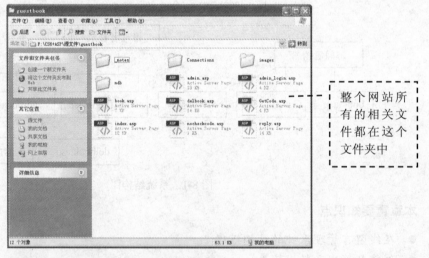

图 8-2 站点规划文件

8.1.2 页面美工设计

在网页美工方面，主要设计了首页和次级页面，采用的是"拐角型"布局结构，页面效果如图 8-3 所示。

第 8 章　在线留言管理系统

图 8-3　页面的设计

8.2　数据库的设计与连接

本节主要讲述如何使用 Access 2007 建立用户管理系统的数据库，如何使用 ODBC 在数据库与网站之间建立动态链接。

8.2.1　设计数据库

制作在线留言管理系统时，首先要设计一个存储访问者留言内容、管理员对留言信息的回复以及管理员账号、密码的数据库文件，以方便管理和使用，所以本数据库包括"留言信息意见表"和"管理员资料信息表"两个数据表，"留言信息意见表"命名为 gbook，"管理员资料信息表"命名为 admin。创建的留言信息意见表 gbook 设计如图 8-4 所示。

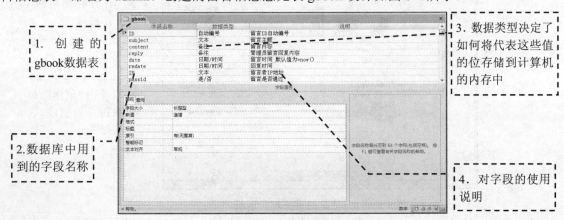

图 8-4　创建数据库

创建 Access 数据库的详细步骤如下：

1. 在对访问者的留言内容做全面的分析后，设计 gbook 的字段结构如表 8-2 所示。

表 8-2　留言信息意见表 gbook

意义	字段名称	数据类型	字段大小	必填字段	允许空字符串
留言ID自动编号	ID	自动编号	长整型		
留言主题	subject	文本	50	是	否
留言者姓名	Gname	文本		是	
留言者QQ	GQQ	数字	20	是	
留言者邮箱	Gemail	文本		是	
留言内容	content	备注		是	否
管理员留言回复内容	reply	备注		是	否
留言时间	date	日期/时间			
回复时间	redate	日期/时间			
留言者IP地址	IP	文本	20	是	否
留言是否通过	passid	是/否			

> **提示**　"是/否"字段是针对某一字段中只包含两个不同的可选值而设立的字段，通过"是/否"数据类型的格式特性，用户可以对"是/否"字段进行选择。此例中管理者可以通过 passid 字段对留言审核是否通过进行标注。

2 运行 Microsoft Access 2007 程序，单击"空白数据库"按钮，在主界面的右侧打开"空白数据库"面板，如图 8-5 所示。

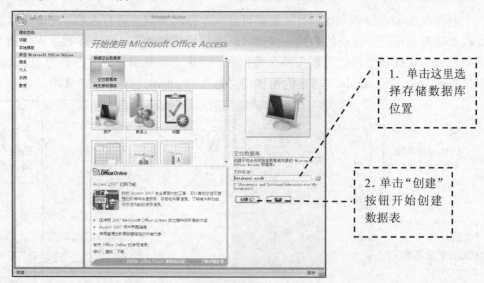

图 8-5　打开"空白数据库"面板

3 先创建用于存放主要内容的常用文件夹，如 images 文件夹和 mdb 文件夹，images 文件夹用于存放图像，mdb 文件夹用于存放数据库，完成后的文件夹如图 8-6 所示。

第 8 章　在线留言管理系统

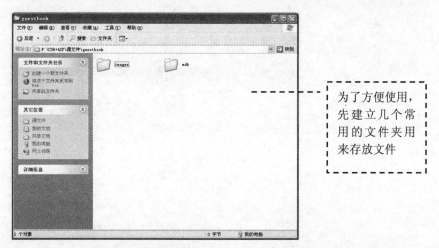

为了方便使用，先建立几个常用的文件夹用来存放文件

图 8-6　建立常用的文件夹

4 建立好常用文件夹后，开始进行 Access 数据库设计，单击"空白数据库"面板上的 按钮，打开"文件新建数据库"对话框，在"保存位置"下拉列表框中，选择站点 guestbook 文件中的 mdb 文件夹，在"文件名"文本框中输入文件名为 gbook.mdb，在"保存类型"下拉列表框中选择"Microsoft Office Access 2002-2003 数据库"，如图 8-7 所示。

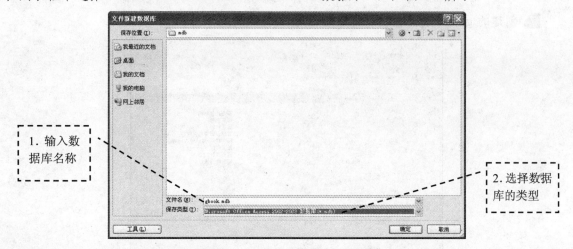

1. 输入数据库名称

2. 选择数据库的类型

图 8-7　"文件新建数据库"对话框

5 单击"确定"按钮，返回"空白数据库"面板，再单击"空白数据库"面板中的"创建"按钮，即可在 Microsoft Access 中创建 gbook.mdb 文件，同时 Microsoft Access 自动默认生成一个名字为"表 1：表"的数据表，如图 8-8 所示。

6 右击"表 1：表"数据表，在弹出的快捷菜单中选择"设计视图"命令，打开"另存为"对话框，在"表名称"文本框中输入数据表名称 gbook，如图 8-9 所示。

211

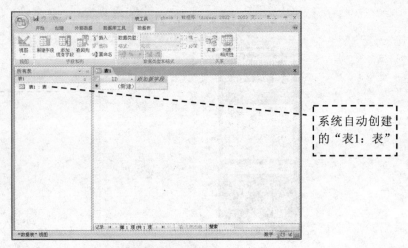

图 8-8 创建的默认数据表

图 8-9 设置表名称

7 创建的 gbook 数据表，如图 8-10 所示。

图 8-10 建立 gbook 数据表

8 按表 8-2 输入字段名并设置其属性，完成后如图 8-11 所示。

图 8-11 创建表的字段

第 8 章　在线留言管理系统

在此数据库中设置了一个 reply 管理权限，用于防止不健康的留言显示出来，管理员可以通过此功能对网站中的留言进行管理。

9 双击 gbook：表按钮，打开 gbook 数据表，为了方便访问者访问，可以在数据库中预先编辑一些记录对象，效果如图 8-12 所示。

向数据表中添加数据，其中passid字段中打勾的表示已通过管理员的审核

图 8-12　gbook 中输入的记录

passid 字段中打勾的表示通过，没打勾的表示没通过。

10 利用同样的方法，再建立一个 Access 数据库，并命名为 admin，最终结果如图 8-13 所示。

图 8-13　数据库 admin

11 编辑完成后为了方便管理员进行管理，可以在数据库中预先编辑一些记录对象，并设置好账号和密码。单击"保存"按钮 关闭 Access 软件，从而完成数据库的创建。

8.2.2　连接数据库

数据库编辑完成后，必须与网站进行数据库连接，才能实现用数据库内容动态更新网页的效果，具体操作时，则体现为建立数据源连接对象。本小节主要介绍在 Dreamweaver CS6 中利用 ODBC 连接数据库的方法。操作过程中应特别注意参数的设置。

具体的操作步骤如下：

1 在 Windows 操作系统中依次选择"控制面板"|"管理工具"|"数据源（ODBC）"|"系统 DSN"命令，打开"系统 DSN"选项卡，如图 8-14 所示。

2 单击"添加（D）"按钮，打开"创建新数据源"对话框，选择 Driver do Microsoft Access（*.mdb）选项，如图 8-15 所示。

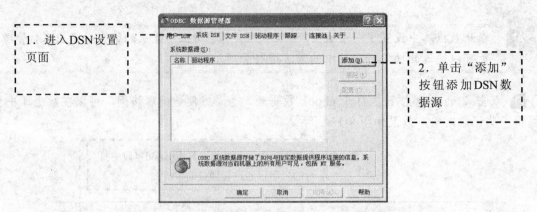

图 8-14 "ODBC 数据源管理器"中的"系统 DSN"选项卡

图 8-15 "创建新数据源"对话框

3 单击"完成"按钮,打开"ODBC Microsoft Access 安装"对话框,在"数据源名(N)"文本框中输入 connbooks,如图 8-16 所示。

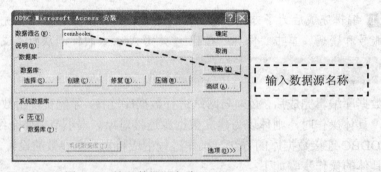

图 8-16 输入数据源名称

4 单击"选择(S)"按钮,打开"选择数据库"对话框。在"驱动器(V)"下拉列表框中找到数据库所在的盘符,在"目录(D)"中找到保存数据库的文件夹,然后单击左上方"数据库名(A)"选项组中的数据库文件 gbook.mdb,则数据库名称自动添加到"数据库名(A)"文本框中。选择文件路径和设置如图 8-17 所示。

第 8 章　在线留言管理系统

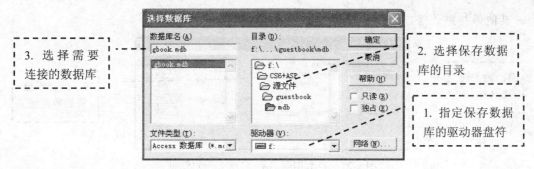

图 8-17 "选择数据库"对话框

⑤ 找到数据库后,单击"确定"按钮,返回到"ODBC 数据源管理器"中的"系统 DSN"选项卡中。在这里可以看到在"系统数据源"中,已经添加了名为 connbooks、驱动程序为 Driver do Microsoft Access(*.mdb)的系统数据源,如图 8-18 所示。

⑥ 单击"确定"按钮,完成"ODBC 数据源管理器"中"系统 DSN"选项卡的设置。

⑦ 启动 Dreamweaver CS6,执行菜单"文件"|"新建"命令,打开"新建文档"对话框,在"页面类型"选项卡中选择 ASP VBScript 选项,单击"创建"按钮,在网站根目录下新建一个名为 index.asp 的网页并保存,如图 8-19 所示。

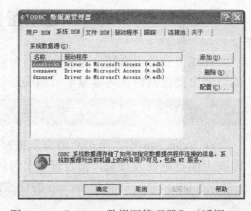

图 8-18 "ODBC 数据源管理器"对话框

⑧ 设置好"站点"、"文档类型"、"测试服务器"后,在 Dreamweaver CS6 软件中执行菜单"文件"|"窗口"|"数据库"命令,打开"数据库"面板,单击"数据库"面板中的 ⊞ 按钮,在弹出的菜单中,选择"数据源名称(DSN)"选项,如图 8-20 所示。

图 8-19 建立首页并保存

图 8-20 选择"数据源名称(DSN)"选项

⑨ 打开"数据源名称(DSN)"对话框,在"连接名称"文本框中输入 conngbook,单击"数据源名称(DSN)"下拉列表框右边的三角 ▼ 按钮,从打开的下拉列表中选择 connbooks

215

选项，其他保持默认值，如图 8-21 所示。

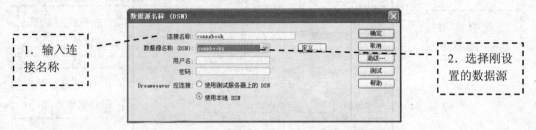

图 8-21 "数据源名称（DSN）"对话框

10 单击"测试"按钮，如果弹出"成功创建连接脚本"的提示就表示数据库连接成功。

8.3 在线留言管理系统的页面设计

在线留言管理系统分为前台和后台两部分，本节主要介绍前台部分的动态网页。前台部分的页面主要包括留言内容显示页面 index.asp 和在线提交的留言页面 book.asp。

8.3.1 留言内容显示页面

在 index.asp 中，单击"留言"链接时，将打开在线提交的留言页面 book.asp，访问者可以在上面自由发表意见，但管理人员可以对恶性留言进行审核、删除、修改等。

留言内容显示页面 index.asp 的详细制作步骤如下：

1 启动 Dreamweaver CS6，在同一站点下选择刚创建的主页面 index.asp，输入网页标题 "留言首页"。接下来要设置网页的 CSS 样式，即执行菜单 "修改" | "页面属性"命令，打开"页面属性"对话框，单击"分类"列选框中的"外观（CSS）"选项，在"上边距"文本框中输入 0 像素，字体大小设置为 12px，具体设置如图 8-22 所示。

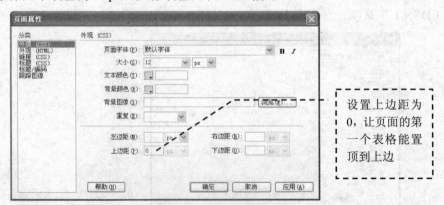

图 8-22 "页面属性"对话框

2 单击"确定"按钮进入"文档"窗口，执行菜单 "插入记录" | "表格"命令，打开"表格"对话框，在"行数"文本框中，输入需要插入表格的行数 3。在"列"文本框中，输入需要插入表格的列数 1。在"表格宽度"文本框中输入 655 像素，"边框粗细"、"单元格

边距"和"单元格间距"都为 0,如图 8-23 所示。

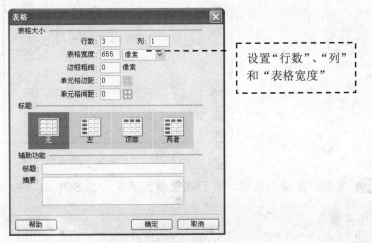

图 8-23　设置"表格"属性

3️⃣ 单击"确定"按钮,即可在"文档"窗口中插入一个 3 行 1 列的表格。选中该表格,在"属性"面板中选择"对齐"为"居中对齐",如图 8-24 所示。

图 8-24　选择对齐方式

4️⃣ 把鼠标放在第 1 行第 1 列中,执行菜单"插入记录"|"图像"命令,打开"选择图像源文件"对话框,选择文件夹 images 下面的 top.jpg 嵌入到表格中。

5️⃣ 在第 2 行中执行菜单"插入记录"|"表格"命令,打开"表格"对话框,设置要插入的表格"行数"为 4 行,"列"为 1 列,"表格宽度"为 100%,其他参数设置为 0,单击"确定"按钮,即可在第 2 行中插入一个 4 行 1 列的新表格。

6️⃣ 执行菜单"窗口"|"绑定"命令,打开"绑定"面板,单击"绑定"面板上的➕按钮,在弹出的菜单中选择"记录集(查询)"选项,在打开的"记录集"对话框中设定如表 8-3 所示的数据,效果如图 8-25 所示。

表 8-3　"记录集"的表格设定

属性	设置值	属性	设置值
名称	Rs	列	全部
连接	conngbook	筛选	无
表格	gbook	排序	无

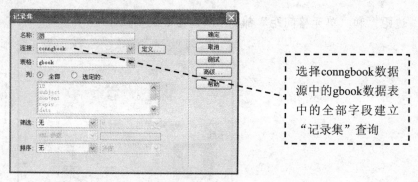

图 8-25 "记录集"对话框

7 单击"高级"按钮,进行高级模式绑定,在 SQL 文本框中输入如下代码:

```
SELECT *
FROM gbook              //从数据库中选择 gbook 表
WHERE passid=true       //选择的条件是 passid 为"真值"
```

8 当此 SQL 语句从数据表 gbook 中查询出所有的 passid 字段值为 ture 的记录时,表示此留言已经通过管理员的审核,如图 8-26 所示。

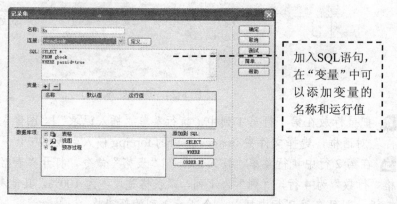

图 8-26 输入 SQL 语句

9 单击"确定"按钮,完成记录集的绑定,然后将此字段插入至 index.asp 网页的适当位置,如图 8-27 所示。

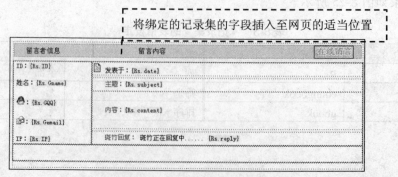

图 8-27 插入字段

10 在"斑竹回复"单元格中,根据数据表中的回复字段 reply 是否为空来判断管理者是否访问过。如果该字段为空,则显示"对不起,暂无回复!"字样信息,如果该字段不为空,就表明管理员对此留言进行了回复,显示回复内容即可。

11 在设计视图中,选中"管理回复"单元格,找到"对不起,暂无回复!"字样,并加入以下代码,如图 8-28 所示。

```
<% if IsNull(Rs.Fields.Item("reply").Value) then%>
    对不起,暂无回复!
    <% else %>
    <%=(Rs.Fields.Item("reply").Value)%>
    <% end if %>
```

图 8-28 加入代码

12 由于 index.asp 页面显示的是数据库中的部分记录,但目前的设置只会显示数据库的第一笔数据,因此需要应用"服务器行为"中"重复区域"命令,选择 index.asp 页面中需要重复显示的内容,如图 8-29 所示。

图 8-29 选择需要重复显示的内容

13 单击"应用程序"面板中的"服务器行为"面板中的 按钮,在弹出的菜单中,选择"重复区域"选项,在打开的"重复区域"对话框中,设定显示的数据选项,如图 8-30 所示。

14 单击"确定"按钮返回到编辑页面,可以发现先前所选取要重复的区域左上角出现了一个"重复"的灰色标签,表示已经完成设定。

15 将鼠标移至要加入"记录集导航条"的位置,在"服务器行为"中的"记录集分页"中分别加入"第一页"、"前一页"、"下一页"和"最后一页"的导向链接,然后单击"确定"按钮,返回到编辑页面,此时页面就会出现该记录集的导航条,效果如图 8-31 所示。

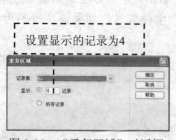
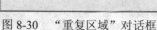
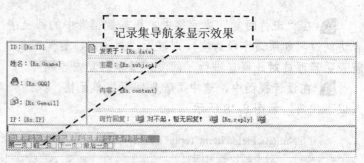

图 8-30 "重复区域"对话框　　　　图 8-31 加入"记录集导航条"

16 至此，在线留言管理系统的 index.asp 页面设计完成，服务器行为的绑定效果如图 8-32 所示。打开 IE 浏览器，在地址栏中输入 http://128.0.0.1/index.asp 进行测试，测试效果如图 8-33 所示。

图 8-32 服务器行为的绑定效果　　　　图 8-33 在线留言管理系统测试效果图

8.3.2 留言页面

本小节将要完善访问者的在线留言功能，其主要技术是：通过"服务器行为"面板中的"插入记录"功能将访问者填写的内容插入到数据表 gbook.mdb 中，通过"行为"面板中的"检查表单"功能对留言主题和内容进行是否为空的检测。

详细的制作步骤如下：

1 启动 Dreamweaver CS6，执行菜单"文件"|"新建"命令，打开"新建文档"对话框，选择"空白页"选项卡，在"页面类型"下拉列表框中选择 ASP VBScript，在"布局"列表框中选择"无"，然后单击"创建"按钮创建新页面。

2 执行菜单"文件"|"另存为"命令，将新建文件在根目录下保存为 book.asp。访问者的留言页面 book.asp 的效果如图 8-34 所示。

图 8-34 book.asp 静态页面设计效果图

❸ 执行菜单"插入记录"|"表单"|"表单"命令，插入一个表单，把光标放在刚插入的表单中，执行菜单"插入记录"|"表格"命令，插入一个 2 行 1 列的表格。选中该表格，在"属性"面板中选择"对齐"为"居中对齐"。

❹ 在刚创建的表格的第 1 行中执行"插入"|"图像"命令，将 images 文件夹中的 lyb01.jpg 图像插入到第 1 行中，接着在表格的第 2 行中，执行菜单"插入"|"表格"命令，插入一个 2 行 2 列、宽度为 100%的表格。在新插入的表格的第 1 行第 1 列中，插入一个 5 行 3 列、宽度为 90%的表格，在这个表格插入相关的表单和文本框，得到的效果如图 8-35 所示。

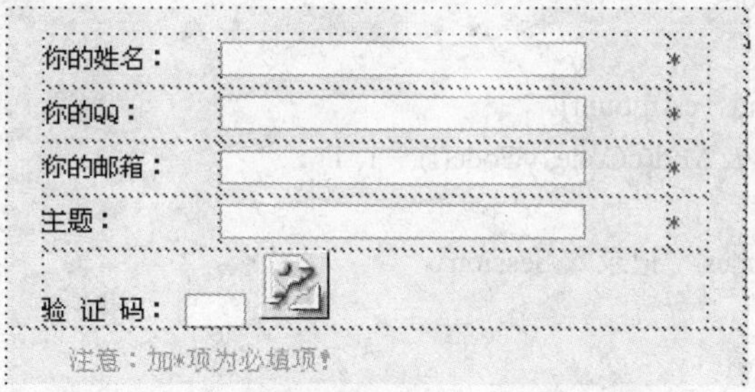

图 8-35 插入相关表格和文本框

❺ 选择第 5 行的单元格，执行菜单"插入记录"|"表单"|"文本域"命令，插入一个文本域，并选择该文本域，在"属性"面板中设置"文本域"的名称为 verifycode，在这个文本域后面加入图片验证码的调用代码：

```
<img src="getcode.asp" alt="验证码,看不清楚?请点击刷新验证码" style="cursor : pointer;"onclick="this.src='getcode.asp?t='+(newDate().getTime());nocheckcode. src='nocheckcode.asp'" />
```

说 明

验证码来源于 getcode.asp，alt 属性是当验证码无法显示时将显示"验证码,看不清楚?请点击刷新验证码"文字。

getcode.asp 中的代码如下：

```asp
<%
Option Explicit
Response.buffer=true
Response.Expires = -1
Response.ExpiresAbsolute = Now() - 1
Response.Addheader    "cache-control","no-cache"
Response.AddHeader    "Pragma","no-cache"
Response.ContentType = "Image/BMP"
Call Com_CreatValidCode("GetCode")
Sub Com_CreatValidCode(pSN)
    Randomize
    Dim i, ii, iii
    Const cOdds = 3 ' 杂点出现的几率
    Const cAmount = 10 ' 文字数量
    Const cCode = "0123456789"
    ' 颜色的数据（字符，背景）
    Dim vColorData(1)
    vColorData(0) = ChrB(0) & ChrB(0) & ChrB(211)    ' 蓝 0，绿 0，红 0（黑色）
    vColorData(1) = ChrB(255) & ChrB(255) & ChrB(255) ' 蓝 250，绿 236，红 211（浅蓝色）
    ' 随机产生字符
    Dim vCode(4), vCodes
    For i = 0 To 3
        vCode(i) = Int(Rnd * cAmount)
        vCodes = vCodes & Mid(cCode, vCode(i) + 1, 1)
    Next
    Session(pSN) = vCodes    '记录入 Session
    ' 字符的数据
    Dim vNumberData(9)
    vNumberData(0) = "1110000111101111011110111101111010010111101001011110100101111010010111101111011110111101111100000111"
    vNumberData(1) = "1111011111100011111111011111111101111111111011111111110111111111101111111110111111111100000111"
    vNumberData(2) = "1110000111101111011110111101111111110111111110111111110111111111011111111101111111100000011"
    vNumberData(3) = "1110000111101111011110111101111111101111111001111111110111111111101111011101111011101111110000111"
    vNumberData(4) = "1111101111111101111111001111111010111111101101111110110111110000001111111011111111101111111110000011"
    vNumberData(5) = "1100000011110111111110111111111010001111100111011111111101111111110111101111011110111111110000111"
```

```
        vNumberData(6) = "11110001111101110111101111111101111111101000111110
0111011110111011101111011110111101111011111110000111"
        vNumberData(7) = "11000000111101110111110111011111111101111111101111111
1011111111101111111110111111111011111111011111"
        vNumberData(8) = "11100001111101111011110111101111011110111110000111111
0110111110111101111011110111101111011111110000111"
        vNumberData(9) = "11100011111101110111110111101111011110111101110011111
0001011111111011111111101111011101111110001111"
    ' 输出图像文件头
    Response.BinaryWrite ChrB(66) & ChrB(77) & ChrB(230) & ChrB(4) & ChrB(0) & ChrB(0) & ChrB(0) & ChrB(0) &_
        ChrB(0) & ChrB(0) & ChrB(54) & ChrB(0) & ChrB(0) & ChrB(0) & ChrB(40) & ChrB(0) &_
        ChrB(0) & ChrB(0) & ChrB(40) & ChrB(0) & ChrB(0) & ChrB(0) & ChrB(10) & ChrB(0) &_
        ChrB(0) & ChrB(0) & ChrB(1) & ChrB(0)
    ' 输出图像信息头
    Response.BinaryWrite ChrB(24) & ChrB(0) & ChrB(0) & ChrB(0) & ChrB(0) & ChrB(0) & ChrB(176) & ChrB(4) &_
        ChrB(0) & ChrB(0) & ChrB(18) & ChrB(11) & ChrB(0) & ChrB(0) & ChrB(18) & ChrB(11) &_
        ChrB(0) & ChrB(0) & ChrB(0) & ChrB(0) & ChrB(0) & ChrB(0) & ChrB(0) & ChrB(0) &_
        ChrB(0) & ChrB(0)
    For i = 9 To 0 Step -1    ' 历经所有行
        For ii = 0 To 3    ' 历经所有字
            For iii = 1 To 10 ' 历经所有像素
                ' 逐行、逐字、逐像素地输出图像数据
                If Rnd * 99 + 1 < cOdds Then ' 随机生成杂点
                    If Mid(vNumberData(vCode(ii)), i * 10 + iii, 1) Then
                        Response.BinaryWrite vColorData(0)
                    Else
                        Response.BinaryWrite vColorData(1)
                    End If
                Else
                    Response.BinaryWrite vColorData(Mid(vNumberData(vCode (ii)), i * 10 + iii, 1))
                End If
            Next
        Next
    Next
End Sub
%>
```

6 在右边栏中执行菜单"插入"|"表格"命令,插入一个3行1列的表格,在插入的新表格中的第1行中输入"留言内容:",在第2行中执行菜单"插入"|"表单"|"文本区域"

命令，插入一个名为 content 的文本区域，如图 8-36 所示。

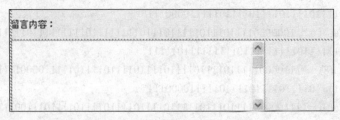

图 8-36　插入图像和文本区域

7 选择第 3 行单元格，执行菜单"插入"|"表单"|"按钮"命令，分别插入两个按钮，并在"属性"面板中进行属性变更，一个选中"提交表单"单选按钮；另一个选中"重设表单"单选按钮，具体设置和效果如图 8-37 所示。

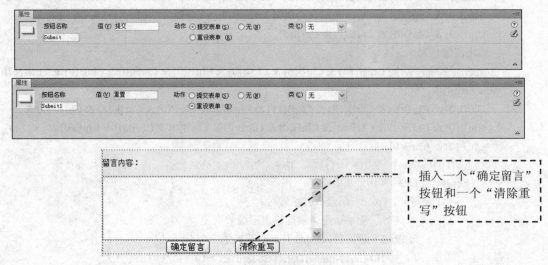

图 8-37　插入按钮效果图

8 在表单内部，执行"插入记录"|"表单"|"隐藏区域"命令，插入一个隐藏区域，选中该隐藏区域，将其命名为 IP，并在"属性"面板中对其赋值，如图 8-38 所示。

```
<%=Request.ServerVariables("REMOTE_ADDR")%>
//自动取得用户的 IP 地址
```

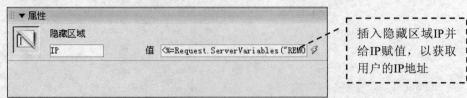

图 8-38　设定 IP

9 单击"应用程序"|"服务器行为"面板中的按钮，在弹出的菜单中选择"插入记录"命令，在打开的"插入记录"对话框中设置如表 8-4 所示参数，效果如图 8-39 所示。

表 8-4 "插入记录"的表格设置

属性	设置值
连接	conngbook
插入到表格	gbook
插入后，转到	index.asp
获取值自	form1
表单元素	对比表单字段与数据表字段

图 8-39 "插入记录"对话框

⑩ 单击"确定"按钮，返回到网页设计的编辑页面，即可完成页面 book.asp 插入记录的设置。

⑪ 有些访问者进入留言页面 book.asp 后，不填任何数据就直接把表单提交，这样数据库中就会自动生成一笔空白数据，为了阻止发生这种现象，必须加入"检查表单"的动作。具体操作是在 book.asp 的标签检测区中，单击<form1>标签，然后单击"行为"面板中的➕按钮，在弹出的菜单中，选择"检查表单"命令，如图 8-40 所示。

⑫ "检查表单"行为会根据表单的内容来设定检查方式，留言者一定要填入标题和内容，因此将 subject、content 这两个字段的值选中"必需的"复选框，这样就可完成"检查表单"的行为设定了，具体设置如图 8-41 所示。

图 8-40 选择"检查表单"命令

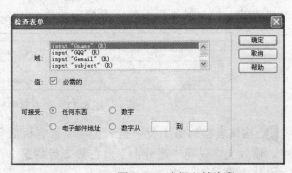

图 8-41 选择必填字段

13 单击"确定"按钮，完成留言页面的设计。

8.4 后台管理功能的设计

在线留言管理系统的后台管理功能可以使系统管理员通过 admin_login.asp 进行登录管理，管理者登录入口页面的设计效果如图 8-42 所示。

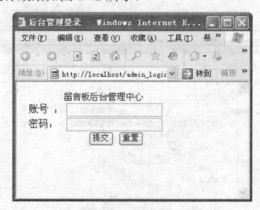

图 8-42　管理者登录入口页面

8.4.1　管理者登录入口页面

管理页面是不允许一般的网站访问者进入的，必须受到权限约束。详细操作步骤如下：

1 启动 Dreamweaver CS6，执行菜单"文件"|"新建"命令，打开"新建文档"对话框，选择"空白页"选项卡，在"页面类型"下拉列表框中选择 ASP VBScript，在"布局"下拉列表框中选择"无"，然后单击"创建"按钮创建新页面，输入网页标题"后台管理登录"，执行菜单"文件"|"另存为"命令，打开"另存为"对话框，在"文件名"文本框中输入文件名 admin_login.asp。

2 打开 admin_login.asp 页面，执行菜单"插入记录"|"表单"|"表单"命令，插入一个表单。

3 将光标放置在该表单中，执行菜单"插入记录"|"表格"命令，在该表单中插入一个 4 行 2 列的表格，选中该表格，在"属性"面板中设置"对齐（A）"为"居中对齐"。分别把表格的第 1 行和第 4 行合并，得到的效果如图 8-43 所示。

图 8-43　在表单中插入的表格

4 在该表格的第 1 行中输入文字"留言板后台管理中心"，在表格第 2 行的第 1 个单元格中，输入文字说明"账号："，在第 2 行的第 2 个单元格中单击"文本域"按钮，插入单行文本域表单对象，定义文本域名为 username。属性设置及此时的效果如图 8-44 所示。

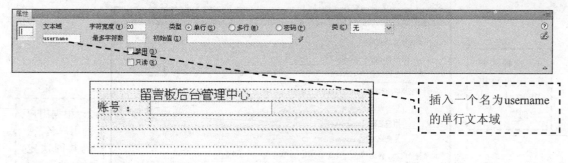

图 8-44 设置及效果

5 在第 3 行的第 1 个单元格中输入文字说明"密码："，在第 3 行的第 2 个单元格中，单击"文本域"按钮，插入密码文本域表单对象，定义文本域名为 password。属性设置及此时的效果如图 8-45 所示。

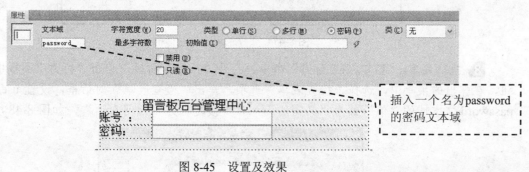

图 8-45 设置及效果

6 选择第 4 行单元格，两次执行菜单"插入记录"|"表单"|"按钮"命令，插入两个按钮，并分别在"属性"面板中进行属性变更：一个为登录时用的"提交表单（S）"单选按钮；另一个为"重设表单（R）"单选按钮，"属性"的设置及效果如图 8-46 所示。

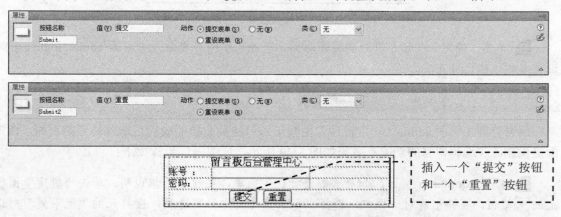

图 8-46 设置按钮名称的属性及效果

7 单击"应用程序"面板中的"服务器行为"标签上的 按钮，在弹出的菜单中，选择"用户身份验证/登录用户"选项，弹出"登录用户"对话框，如果不成功，将返回页面 index.asp；如果成功将登录后台管理主页面 admin.asp，如图 8-47 所示。

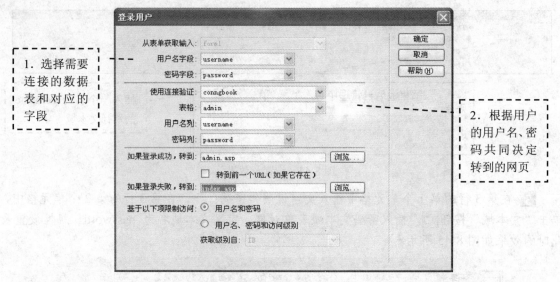

图 8-47 "登录用户"对话框

⑧ 执行菜单"窗口"|"行为"命令，打开"行为"面板，单击"行为"面板中的 按钮，在弹出的菜单中，选择"检查表单"选项，弹出"检查表单"对话框，设置 username 和 password 文本域的"值"都为"必需的"，"可接受"为"任何东西"，如图 8-48 所示。

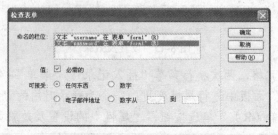

图 8-48 "检查表单"对话框

⑨ 单击"确定"按钮，返回到编辑页面，至此，管理者登录入口页面 admin_login.asp 的设计与制作都已经完成。

8.4.2 后台管理主页面

后台管理主页面 admin.asp 是管理者由登录入口的页面验证成功后所跳转到的页面。该页面提供删除和编辑留言的功能，效果如图 8-49 所示，详细操作步骤如下：

① 打开 admin.asp 页面，此页面的设计比较简单，在这里不作说明，单击"绑定"面板上的 按钮，在弹出的对话框中，选择"记录集（查询）"选项，在打开的"记录集"对话框中，输入如表 8-5 所示的设定值，设定后的效果如图 8-50 所示。

第 8 章　在线留言管理系统

图 8-49　后台管理主页面的设计效果

表 8-5　"记录集"的表格设置

属性	设置值
名称	Rs
连接	conngbook
表格	gbook
列	全部
筛选	无
排序	以ID降序

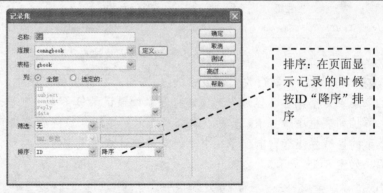

图 8-50　"记录集"对话框

2 绑定记录集后，将记录集字段插入至 admin.asp 网页的适当位置，如图 8-51 所示。

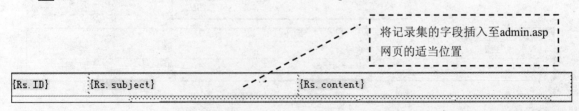

图 8-51　插入字段

3 admin.asp 页面的功能是显示数据库中的部分记录，但目前的设置只会显示数据库的

229

第一笔数据，需要应用"服务器行为"中的"重复区域"命令，选择admin.asp页面中与记录有关的内容，如图8-52所示。

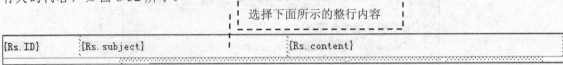

图8-52 选择要重复的内容

4 单击"应用程序"面板中的"服务器行为"面板上的按钮，在弹出的菜单中，选择"重复区域"选项，打开"重复区域"对话框，在"记录集"中选择Rs并设置一页显示的数据选项为10条记录，如图8-53所示。

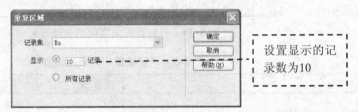

图8-53 "重复区域"对话框

5 单击"确定"按钮，返回到编辑页面，可以发现先前所选取要重复的区域左上角出现了一个"重复"的灰色标签，这表示已经完成设置。

6 选取记录集有记录时需要显示的记录表格，如图8-54所示。

重复	主题	内容
{Rs.ID}	{Rs.subject}	{Rs.content}

图8-54 选择有记录时的显示页面

7 单击"服务器行为"面板中的按钮，在弹出的菜单中，选择"显示区域" | "如果记录集不为空则显示区域"选项，打开"如果记录集不为空则显示区域"对话框，在"记录集"下拉列表框中选择Rs选项，单击"确定"按钮，返回到编辑页面，可以发现先前所选取要显示的区域左上角，出现了一个"如果符合此条件则显示"的灰色卷标，这表示已经完成设定了，如图8-55所示。

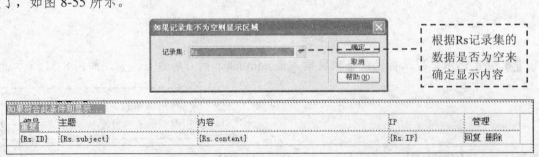

图8-55 完成的设置

8 选取记录集没有记录时需要显示的内容，即"目前没有任何留言"这几个字，如图8-56所示。

目前没有任何留言 ---- 选择没有记录时需要显示的内容

图 8-56　选择没有记录要显示的页面内容

⑨ 单击"服务器行为"面板中的+按钮，在弹出的菜单中，选择"显示区域"｜"如果记录集为空则显示区域"选项，打开"如果记录集为空则显示区域"对话框，在"记录集"下拉列表框中选择 Rs 选项，单击"确定"按钮返回到编辑页面，会发现先前所选取要显示的区域左上角，出现了一个"如果符合此条件则显示"的灰色卷标，这表示已经完成设定，如图 8-57 所示。

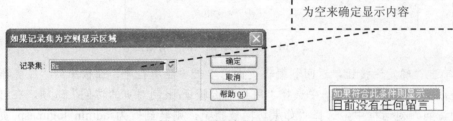

根据Rs记录集的数据是否为空来确定显示内容

图 8-57　设置与设置效果

⑩ 将光标移至要加入"记录集导航条"的位置，在"服务器行为"中的"记录集分页"中分别加入"第一页"、"前一页"、"下一页"和"最后一页"的导向链接，然后单击"确定"按钮返回到编辑页面，会发现页面出现该记录集的导航条，如图 8-58 所示。

图 8-58　加入"记录集导航条"

⑪ 单击页面中的"回复"文字，然后单击"服务器行为"面板上的+按钮，在弹出的菜单中，选择"转到详细页面"命令，如图 8-59 所示。

⑫ 弹出"转到详细页面"对话框，设置"详细信息页"为 reply.asp，如图 8-60 所示。

为"回复"操作指定页面：reply.asp

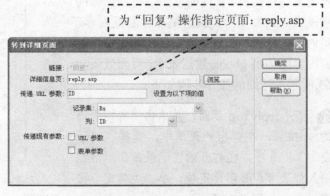

图 8-59　选择"转到详细页面"命令　　图 8-60　选择要转向的文件

13 单击"确定"按钮，返回到编辑页面，选取编辑页面中的"删除"二字，然后单击"服务器行为"面板上的+按钮，在弹出的菜单中选择"转到详细页面"选项，打开"转到详细页面"对话框，设置"详细信息页"为delbook.asp，其他设定值皆不改变，如图8-61所示。

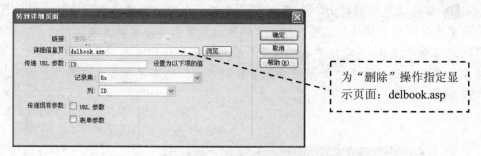

为"删除"操作指定显示页面：delbook.asp

图 8-61 "转到详细页面"对话框

14 单击"确定"按钮，返回到编辑页面，单击"应用程序"面板中的"服务器行为"标签上的+按钮，在弹出的菜单中选择"用户身份验证/限制对页的访问"选项，在打开的"限制对页的访问"对话框中，选择"如果访问被拒绝，则转到"为admin_login.asp 页面，如图8-62所示。

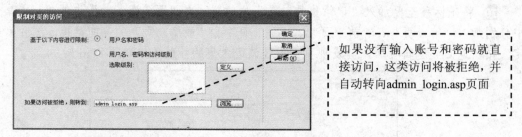

如果没有输入账号和密码就直接访问，这类访问将被拒绝，并自动转向admin_login.asp页面

图 8-62 "限制对页的访问"对话框

15 单击"确定"按钮，即可完成后台管理主页面 admin.asp 的制作。

8.4.3 回复留言页面

回复留言的功能主要是通过 reply.asp 页面对用户留言进行回复，实现的方法是将数据库的相应字段绑定到页面中，管理员在"回复内容"中填写内容，单击"回复"按钮，将管理员填写回复的内容添加到 gbook 数据表中，页面效果如图 8-63 所示。详细的操作步骤如下：

1 打开 reply.asp 页面，并单击"绑定"面板上的+按钮，在弹出的菜单中，选择"记录集（查询）"选项，在打开的"记录集"对话框中，输入如表8-6所示设定值，单击"确定"按钮完成设定，如图8-64所示。

图 8-63 回复留言页面

第 8 章 在线留言管理系统

表 8-6 "记录集"的表格设定

属性	设置值	属性	设置值
名称	Rs	筛选	ID = URL参数 ID
连接	conngbook	排序	无
表格	gbook	列	全部

图 8-64 "记录集"对话框

② 绑定记录集后，再将记录集的字段插入至 reply.asp 网页中的适当位置，如图 8-65 所示。

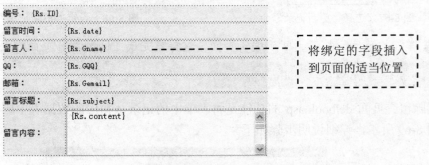

图 8-65 在页面插入绑定字段

③ 在本页面中添加两个隐藏区域：一个为 repiydate，用来设定回复时间，赋值等于 <%=now()%>；另外一个是 passid，是用来决定是否通过审核的一个权限，赋值为 1 时表示自动通过审核，如图 8-66 所示。

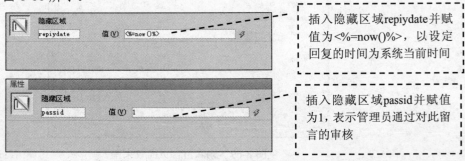

图 8-66 设置"隐藏区域"

④ 单击"服务器行为"面板上的 ⊞ 按钮，在弹出的菜单中，选择"更新记录"命令，如

图 8-67 所示。

⑤ 在打开的"更新记录"对话框中，根据表 8-7 进行设置，效果如图 8-68 所示。

表 8-7 "更新记录"的表格设置

属性	设置	属性	设置
连接	conngbook	唯一键列	ID
要更新的表格	gbook	获取值自	form1
选取记录自	Rs	表单元素	与文本域名对应
在更新后，转到	admin.asp		

图 8-67 选择"更新记录"命令　　　　图 8-68 设定"更新记录"对话框

⑥ 单击"确定"按钮返回到编辑页面，这样就完成了回复留言页面的设置。

8.4.4 删除留言页面

删除留言页面 delbook.asp 的功能是将表单中的记录从相应的数据表中删除，页面设计效果如图 8-69 所示，详细说明步骤如下。

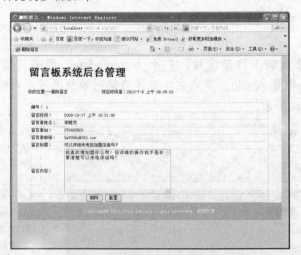

图 8-69 删除留言页面效果图

① 打开 delbook.asp 页面，单击"绑定"面板上的 按钮，在弹出的菜单中，选择"记录集（查询）"选项，在弹出的"记录集"对话框中，输入如表 8-8 所示的数据，单击"确定"

按钮完成设置，效果如图 8-70 所示。

表 8-8 "记录集"的表格设置

属性	设置值	属性	设置值
名称	Rs	筛选	ID=URL参数ID
连接	conngbook	排序	无
表格	gbook	列	全部

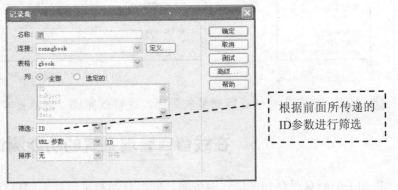

图 8-70 "记录集"对话框

2 绑定记录集后，再将记录集的字段插入至 delbook.asp 网页的各说明文字后面，如图 8-71 所示。

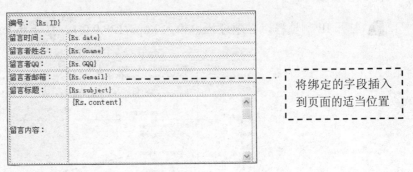

图 8-71 字段插入

3 在 delbook.asp 的页面上，单击"服务器行为"面板上的 按钮，在弹出的菜单中，选择"删除记录"命令，如图 8-72 所示。

4 在打开的"删除记录"对话框中，根据表 8-9 的参数来设置，效果如图 8-73 所示。

表 8-9 "删除记录"的表格设置

属性	设置值	属性	设置值
连接	conngbook	唯一键列	ID
从表格中删除	gbook	提交此表单以删除	form1
选取记录自	Rs	删除后，转到	admin.asp

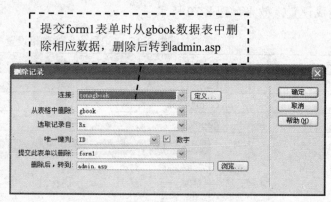

提交form1表单时从gbook数据表中删除相应数据，删除后转到admin.asp

图8-72　选择"删除记录"命令　　　　　　图8-73　"删除记录"对话框

5 单击"确定"按钮返回到编辑页面，这样就完成了删除留言页面的设定。

8.5　在线留言管理系统的功能测试

将相关的网页保存并上传到服务器，即可开始测试该功能的执行情况。

8.5.1　前台留言测试

测试步骤如下：

1 打开IE浏览器，在地址栏中输入http://128.0.0.1，打开index.asp，如图8-74所示。

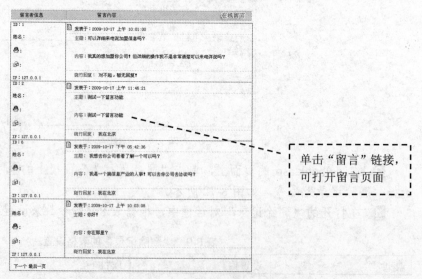

单击"留言"链接，可打开留言页面

图8-74　首页效果

2 单击"留言"链接，即可进入留言页面book.asp，如图8-75所示。

第 8 章　在线留言管理系统

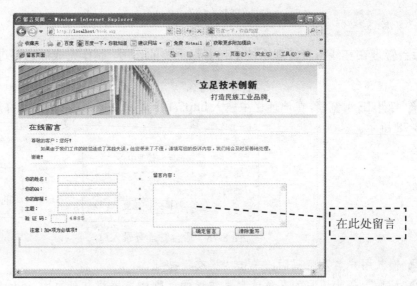

图 8-75　留言页面效果图

(3) 在留言页面中输入如图 8-76 所示的信息，单击"确定留言"按钮，此时打开 gbook 数据表，可以看到记录中多了一个刚填写的数据，表示留言成功。如图 8-77 所示。

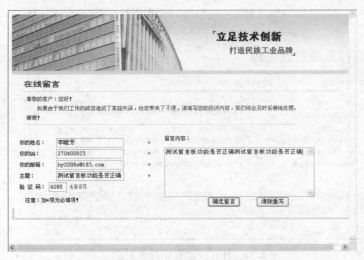

图 8-76　输入留言信息

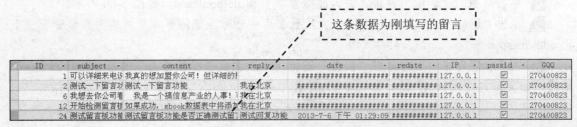

图 8-77　向数据表中添加的数据

237

8.5.2 后台管理测试

后台管理在在线留言管理系统中起着很重要的作用，制作完成后也要进行测试，操作步骤如下：

1 打开 IE 浏览器，在地址栏中输入 http://128.0.0.1/admin_login.asp，打开 admin_login.asp，如图 8-78 所示。

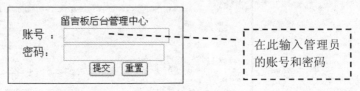

图 8-78 后台管理登录入口

2 输入用户名及密码后，单击"提交"按钮。

3 如果上一步填写的登录信息是错误的，则浏览器将转到页面 index.asp；如果输入的用户名和密码都正确，则进入 admin.asp 页面，如图 8-79 所示。

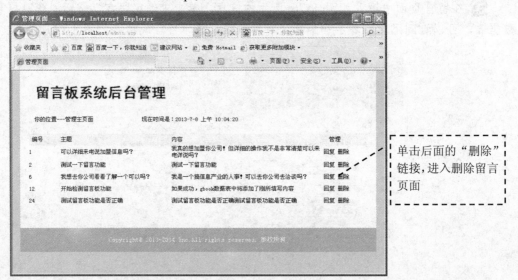

图 8-79 打开的后台管理主页面

4 单击后面的"删除"链接，进入删除留言页面 delbook.asp，如图 8-80 所示。

5 单击"删除"按钮，即可将此留言从数据库中删除。删除留言后将返回后台管理主页面 admin.asp。

6 在后台管理主页面中单击"回复"链接（本次测试选择编号为 7 的留言进行回复），则进入回复留言页面 reply.asp，如图 8-81 所示。

第 8 章 在线留言管理系统

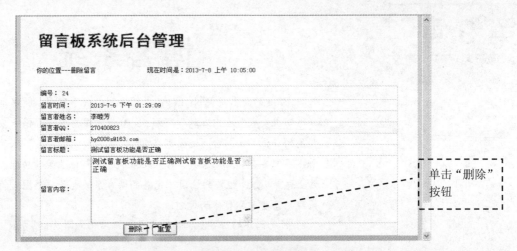

图 8-80 打开的删除留言页面

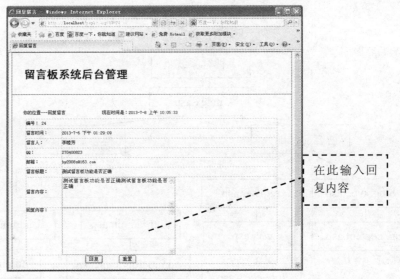

图 8-81 打开的回复留言页面

7 填写回复内容后单击"回复"按钮,将成功回复,并已自动通过了审核。

第 9 章 博客系统

Blog 的全名是 Web Log，是网上一个共享空间，即以日记的形式在网络上发表个人内容的一种形式，Blog 系统需要拥有供一般网站浏览使用的日记页面前台，还要拥有"博客"发表日记的后台。从开发技术上讲，不但要有插入记录集、修改记录集、更新记录集的功能，还要有图片上传等 ASP 组件的应用。完善的博客系统也是一个庞大的动态功能系统，需要前期整体的规划。

将要制作的博客系统的网页及网页结构如图 9-1 所示。

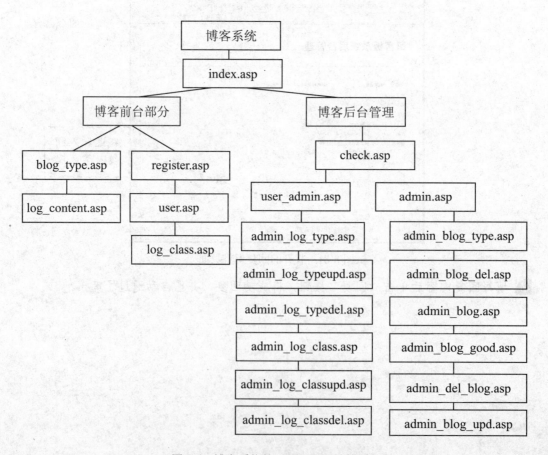

图 9-1 博客系统的网页及网页结构图

第 9 章 博客系统

本章重要知识点

- 博客系统的规划
- 博客主页面的设计
- 博客分类功能的实现
- 博客个人注册功能与个人日志的关联
- 不同身份登录后台管理，实现不同登录转向的方法
- 后台删除、增加管理日志的方法

9.1 系统的整体设计规划

本系统主要的结构分成一般用户使用和管理员使用两个部分。个人博客系统的页面共由 20 个页面组成，系统页面的功能与文件名称如表 9-1 所示。

表 9-1　博客系统将要开发的功能网页设计表

需要制作的主要页面	页面名称	功能
博客主页面	index.asp	显示最新博客以及最新注册等信息页面
博客分类页面	blog_type.asp	列出所有博客分类的大体内容
日志内容页面	log_content.asp	博客分类中内容的详细页面
博客个人主页面	user.asp	个人博客主页面
日志分类内容页面	log_class.asp	个人日志分类的内容页面
用户注册页面	register.asp	新用户注册页面
后台管理转向页面	check.asp	判断登录用户后再分别转向不同页面
后台管理主页面	user_admin.asp/admin.asp	一般用户管理页面 / 管理员管理页面
日志分类管理页面	admin_log_type.asp	个人日志分类管理页面，可添加日志分类
修改日志分类页面	admin_log_typeupd.asp	修改日志分类的页面
删除日志分类页面	admin_log_typedel.asp	删除日志分类的页面
日志列表管理主页面	admin_log_class.asp	个人日志列表管理页面，可添加日志
修改日志列表页面	admin_log_classupd.asp	修改个人日志的页面
删除日志列表页面	admin_log_classdel.asp	删除个人日志的页面
博客分类管理页面	admin_blog_type.asp	管理员对博客分类管理页面，可添加分类
修改博客分类页面	admin_blog_upd.asp	管理员对博客分类进行修改的页面
删除博客分类页面	admin_blog_del.asp	管理员对博客分类进行删除的页面
博客列表管理主页面	admin_blog.asp	管理员对用户博客进行管理的页面
推荐博客管理页面	admin_blog_good.asp	管理员对用户博客是否推荐的管理页面
删除用户博客页面	admin_del_blog.asp	管理员对用户博客进行删除的页面

9.1.1 页面设计规划

在大体介绍了博客系统整个网站的规划后，在本地站点上建立站点文件夹 blog。将要制作的博客系统文件夹和文件如图 9-2 所示。

图 9-2　站点规划文件

9.1.2　网页美工设计

设计的博客主页面和个人博客页面的页面效果分别如图 9-3 和图 9-4 所示。

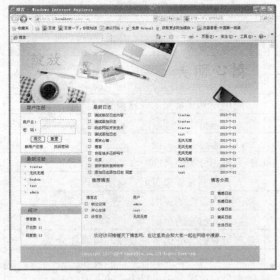

图 9-3　博客主页面的美工设计

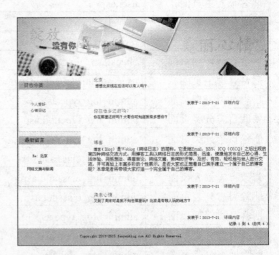

图 9-4　个人博客页面的美工设计

9.2　数据库的设计与连接

制作博客系统，首先要设计一个存储用户资料、博客信息、博客回复的数据库文件，方便博客系统开发时数据的调用与管理。

9.2.1 设计数据库

博客系统的数据库大小需要根据系统的内容大小而定。这里建立一个 blog 数据库,并在里面分别建立用户信息数据表 users、博客分类表 blog_type、日志信息表 blog_log、日志分类表 log_type、日志回复表 log_reply 以及管理员账号信息表 admin 作为数据查询、新增、修改与删除的后端支持,创建的用户信息表 users 如图 9-5 所示。

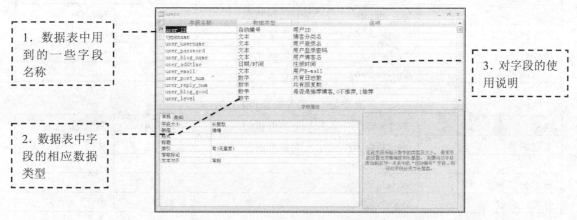

图 9-5 创建的 users 用户信息数据表

具体的制作步骤如下:

❶ 用户信息数据表 users、博客分类表 blog_type、日志信息表 blog_log、日志分类表 log_type、日志回复表 log_reply 和管理员账号信息表 admin 的字段结构如表 9-2~表 9-7 所示。

表 9-2 用户信息数据表 users

意义	字段名称	数据类型	字段大小	默认值
用户ID	user_ID	自动编号	长整型	
博客分类名	typename	文本	20	
用户登录名	user_username	文本	20	
用户登录密码	user_password	文本	20	
用户博客名	user_blog_name	文本	20	
注册时间	user_addtime	日期/时间		Now()
用户E-mail	user_email	文本	20	
共有日志数	user_post_num	数字	长整型	0
共有回复数	user_reply_num	数字	长整型	0
是否是推荐博客,0不推荐,1推荐	user_blog_good	数字	长整型	0
	user_level	数字		

表 9-3 博客分类表 blog_type

意义	字段名称	数据类型	字段大小	默认值
博客分类ID	type_ID	自动编号	长整型	
博客分类名	typename	文本	20	

表9-4 日志信息表 blog_log

意义	字段名称	数据类型	字段大小	默认值
日志ID	log_ID	自动编号	长整型	
用户名	user_username	文本	20	
日志分类ID	log_class_ID	自动编号	20	
日志标题	log_title	文本	50	
日志添加时间	log_addtime	日期/时间		Now()
日志回复数	log_reply_num	数字	长整型	0
发布时间	pubDate	日期/时间		Now()
日志内容	log_content	备注		

表9-5 日志分类表 log_type

意义	字段名称	数据类型	字段大小	默认值
主题编号	log_class_ID	自动编号	长整型	
用户名	user_username	文本	20	
日志分类名称	log_class_name	文本	20	
分类日志数	log_class_num	数字	长整型	0

表9-6 日志回复表 log_reply

意义	字段名称	数据类型	字段大小	默认值
回复ID	reply_ID	自动编号	长整型	
日志ID	log_ID	文本	20	
回复人姓名	reply_user	自动编号	20	
回复标题	reply_title	文本	50	
回复时间	reply_addtime	日期/时间		Now()
回复内容	reply_content	备注		

表9-7 管理员账号信息表 admin

意义	字段名称	数据类型	字段大小	默认值
主题编号	ID	自动编号	长整型	
管理员用户名	username	文本	20	
管理员密码	password	文本	20	

2 首先运行 Microsoft Access 2007 程序。打开程序界面，单击"空白数据库"按钮，在主界面的右侧打开"空白数据库"面板，如图9-6所示。

3 在"我的电脑"相关路径中先新建几个文件夹，如：images 文件夹、mdb 文件夹，如图9-7所示。

4 再单击"空白数据库"面板上的 按钮，打开"文件新建数据库"对话框，在"保存位置"下拉列表框中，选择站点 blog 文件夹中的 mdb 文件夹，在"文件名"文本框中输入文件名 blog，如图9-8所示。

第 9 章 博客系统

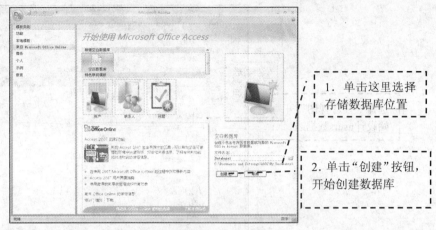

图 9-6 打开"空白数据库"面板

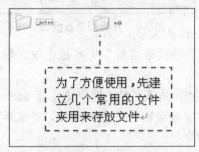

图 9-7 先设定文件夹

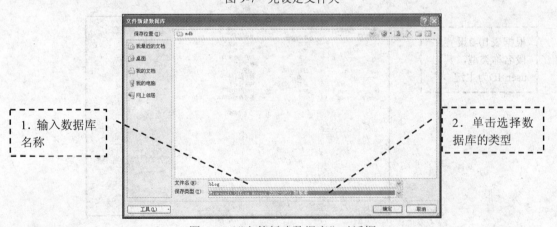

图 9-8 "文件新建数据库"对话框

⑤ 单击"确定"按钮，返回"空白数据库"面板，再单击"空白数据库"面板中的"创建"按钮，即在 Microsoft Access 中创建了 blog.mdb 文件，同时 Microsoft Access 自动默认生成了一个名为"表1：表"的数据表，右击"表1：表"，从弹出的快捷菜单中选择"设计视图"命令，如图 9-9 所示。

245

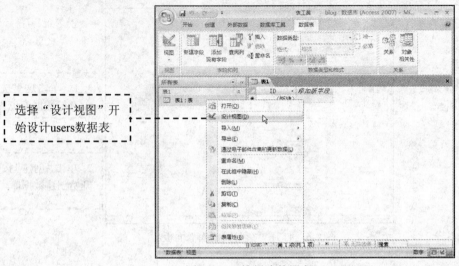

图 9-9　开始创建数据表

6 打开“另存为”对话框，在“表名称”文本框中输入数据表名称 users，如图 9-10 所示。

图 9-10　“另存为”对话框

7 单击“确定”按钮，即在“所有表”列表框中建立了 users 数据表，按照表 9-2 所示，输入字段名称并设置其属性，完成后如图 9-11 所示。

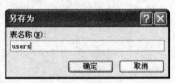

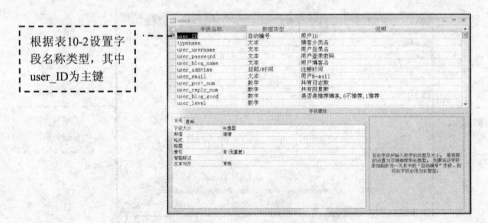

图 9-11　创建表的字段

8 双击 users 按钮，打开 users 的数据表，为了方便以后使用，可以在数据库中预先输入一些数据，如图 9-12 所示。

user_ID	typename	user_user	user_pa	user_blog	user_addtime	user_emai	user_post
1	情感日志	admin	admin	帆云空间	13-7-20 上午 09:11:05	xnceo@126.c	6
3	伤感日志	test	nnnn	开心生活	13-7-20 上午 09:49:36	hy2008@test	1
10	心情日志	huahua	huahua	天意人为	13-7-20 上午 10:59:33	xnceo@126.c	0
11	搞笑日志	无风无雨	123456	没有你	13-7-20 上午 11:08:08	hy2008s@163	4
12	生活日志	tiaotao	123456	网络天空	13-7-20 下午 05:39:06	hy2008s@163	0

图 9-12　在 users 表中输入记录

⑨ 利用同样的方法，建立如图 9-13 ~ 图 9-16 所示的数据表。

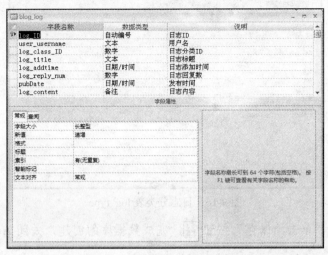

图 9-13　日志信息表 blog_log

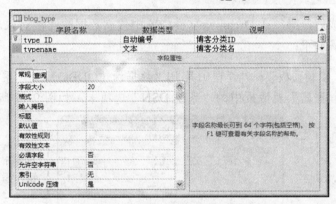

图 9-14　博客分类表 blog_type

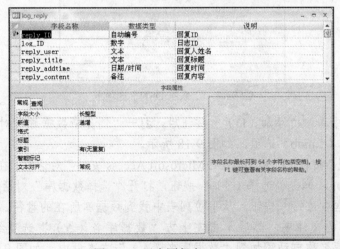

图 9-15　日志回复表 log_reply

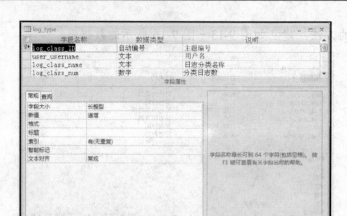

图 9-16　日志分类表 log_type

10 编辑完成后，单击"保存"按钮，完成数据库的创建，关闭 Access 2007 软件。

9.2.2　连接数据库

数据库编辑完成后，必须在 Dreamweaver CS6 中建立数据源连接对象。

具体的连接步骤如下：

1 依次选择"控制面板"|"管理工具"|"数据源（ODBC）"|"系统 DSN"命令，打开"ODBC 数据源管理器"对话框中的"系统 DSN"选项卡，如图 9-17 所示。

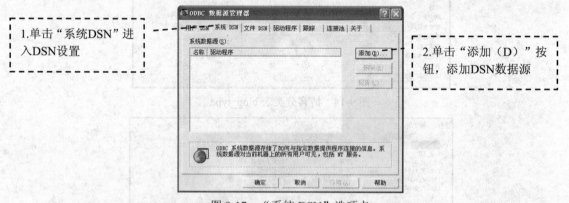

图 9-17　"系统 DSN"选项卡

2 在图 9-17 中单击"添加（D）"按钮后，打开"创建新数据源"对话框，选择 Driver do Microsoft Access（*.mdb）选项，如图 9-18 所示。

3 单击"完成"按钮，打开"ODBC Microsoft Access 安装"对话框，在"数据源名（N）"文本框输入 connblog，单击"选择（S）"按钮，打开"选择数据库"对话框，单击"驱动器（V）"下拉列表框右边的按钮，从下拉列表中找到数据库所在的盘符，在"目录（D）"中找到保存数据库的文件夹，然后单击左上方"数据库名（A）"选项组中的数据库文件 blog.mdb，则数据库名称自动添加到"数据库名（A）"文本框中，如图 9-19 所示。

第9章 博客系统

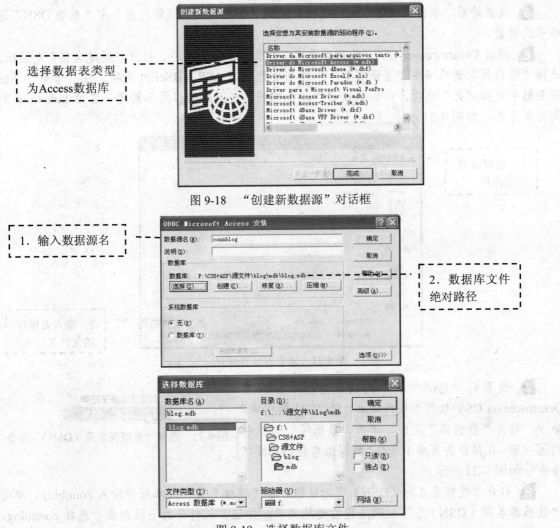

图 9-18 "创建新数据源"对话框

图 9-19 选择数据库文件

④ 找到数据库后,单击"确定"按钮,返回到"ODBC 数据源管理器"中的"系统 DSN"选项卡中。在这里可以看到"系统数据源"中已经添加了名称为 connblog、驱动程序为 Driver do Microsoft Access(*.mdb)的系统数据源,如图 9-20 所示。

图 9-20 "系统 DSN"选项卡

5 设置好后，单击"确定"按钮退出，完成"ODBC 数据源管理器"中"系统 DSN"选项卡的设置。

6 启动 Dreamweaver CS6，执行菜单"文件"|"新建"命令，打开"新建文档"对话框，选择"空白页"选项卡中"页面类型"下拉列表框下的 ASP VBScript 选项，在"布局"下拉列表框中选择"无"选项，然后单击"创建"按钮，在网站根目录下新建一名为 index.asp 的网页并保存，如图 9-21 所示。

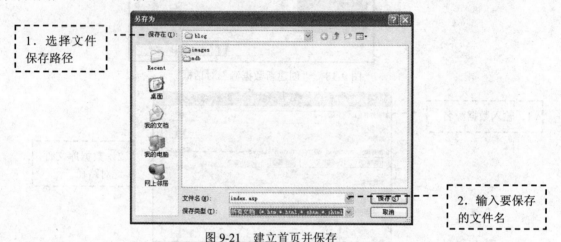

图 9-21　建立首页并保存

7 设置好"站点"、"测试服务器"后，在 Dreamweaver CS6 软件中执行菜单"窗口"|"数据库"命令，打开"数据库"面板，单击"数据库"面板中的￼按钮，在弹出的菜单中选择"数据源名称（DSN）"命令，如图 9-22 所示。

图 9-22　选择"数据源名称（DSN）"命令

8 打开"数据源名称（DSN）"对话框，在"连接名称"文本框中输入 connblog，单击"数据源名称（DSN）"下拉列表框右边的三角￼按钮，从打开的下拉列表中选择 connblog，其他保持默认值，单击"测试"按钮，如果连接成功将提示"成功创建连接脚本"，如图 9-23 所示。

图 9-23　"数据源名称（DSN）"对话框

9 单击"确定"按钮，完成数据库的连接。

9.3 博客主要页面的设计

博客主页面 index.asp 主要由"博客分类"、"最新日志"、"统计"、"推荐博客"、"用户注册"和"最新注册"等几大栏目组成。当用户登录后可进入个人博客主页面和个人博客管理页面,对博客列表进行修改、删除和添加。如果登录的用户是管理员账号 admin,则进入后台管理页面,此页面不但可以对自己的博客进行编辑,还可以对其他用户的博客进行推荐和删除操作。

9.3.1 博客主页面的设计

博客主页面 index.asp 的页面设计效果如图 9-24 所示。

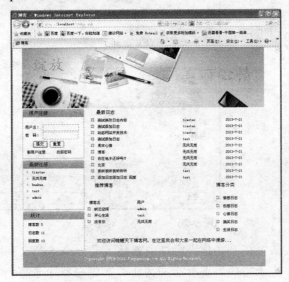

图 9-24 博客主页面效果图

详细的设计步骤如下:

1 启动 Dreamweaver CS6,在同一站点下选择刚创建的主页面 index.asp。输入网页标题"博客"。接下来要设置网页的 CSS 格式,执行菜单"修改"|"页面属性"命令,打开"页面属性"对话框,单击"分类"列表框下的"外观(CSS)"选项,在"大小"文本框中输入 12px,在"上边距"文本框中输入 0px,"背景颜色"设为#FEF4F3,其他设置如图 9-25 所示。

2 单击"确定"按钮,进入"文档"窗口,执行菜单"插入"|"表格"命令,打开"表格"对话框,在"行数"文本框中输入需要插入表格的行数 5,在"列"文本框中输入需要插入表格的列数 2。在"表格宽度"文本框中输入 765 像素,"边框粗细"、"单元格边距"和"单元格间距"都为 0,其他设置如图 9-26 所示。

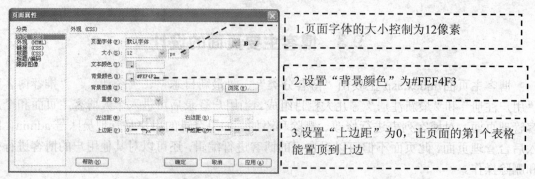

图 9-25 "页面属性"对话框

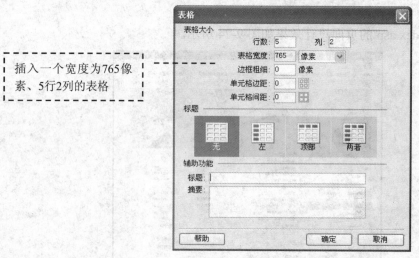

图 9-26 "表格"对话框

③ 单击"确定"按钮,在"文档"窗口中就插入了一个 5 行 2 列的表格。用鼠标选中第 1 行将其合并,同样地,把表格的第 5 行合并为 1 行。选中整个表格,在"属性"面板中设置"对齐"为"居中对齐",效果如图 9-27 所示。

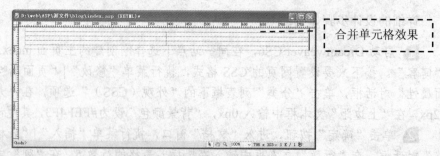

图 9-27 插入表格并合并单元格

④ 把光标放在第 1 行中,执行菜单"插入"|"图像"命令,打开"选择图像源文件"对话框,在"查找范围"站点中,选择 images 文件夹中的 1.gif 嵌入到表格中,在第 5 行的"属性"面板中设置高度为 40 像素,设置背景色为#F98496,并在这行中输入文字"Copyright 2013-2015 fanyunblog.com All Rights Reserved.","字体颜色"为白色,并设置"对齐"为"居

中对齐",效果如图 9-28 所示。

嵌入相应的图像和文字

图 9-28　嵌入图像

⑤ 在第 2 行第 1 个单元格中根据前面的内容设计出一个会员登录系统,再在其他单元格中插入相应的图片和文字,得到首页的页面结构如图 9-29 所示。

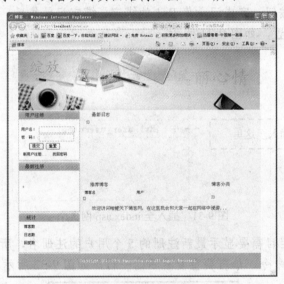

图 9-29　页面设计图

⑥ 首页的页面结构搭建好以后,开始对每一个栏目进行设计,首先对"最新注册"栏目进行设计,"最新注册"栏目根据 users 表中的 user_ID 降序来显示 users 数据表中的最新记录,单击"应用程序"面板中的"绑定"标签上的 按钮,在弹出的菜单中,选择"记录集(查询)"命令,在打开的"记录集"对话框中,输入如表 9-8 所示的数据,如图 9-30 所示。

表 9-8　"记录集"的表格设定

属性	设置值
名称	Rs1
连接	connblog
表格	users
列	全部
筛选	无
排序	以 user_ID 降序

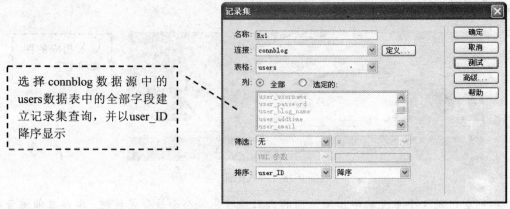

图 9-30 绑定"记录集"设定

7 单击"确定"按钮，完成记录集 Rs1 的绑定，绑定记录集后，将记录集的字段插入至 index.asp 网页的适当位置，如图 9-31 所示。

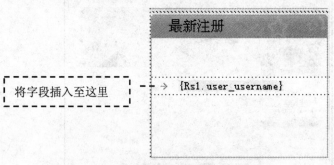

图 9-31 插入至 index.asp 网页中

8 "最新注册"栏目需要显示最新注册的 5 个用户的注册名，所以必须应用"服务器行为"中的"重复区域"命令，单击要重复显示的一行，如图 9-32 所示。

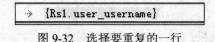

图 9-32 选择要重复的一行

9 选择要重复显示的一行后，单击"应用程序"面板中的"服务器行为"标签上的 + 按钮，在弹出的菜单中选择"重复区域"命令，打开"重复区域"对话框，在打开的"重复区域"对话框中，设置显示的记录数为 5 条记录，如图 9-33 所示。

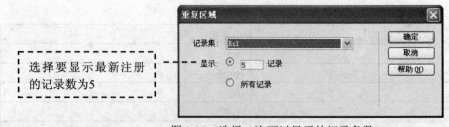

图 9-33 选择一次可以显示的记录条数

10 单击"确定"按钮，返回到编辑页面，会发现先前所选取要重复的区域左上角出现了一个"重复"的灰色标签,这表示已经完成设置。

11 显示出最新注册的用户后,访问者可以单击用户名进入注册用户个人博客页面。实现的方法是:首先选取编辑页面中的 Rs1.user_username 字段,如图 9-34 所示。

图 9-34 选择字段

12 选取编辑页面中的 Rs1.user_username 字段后,单击"应用程序"面板中的"服务器行为"标签上的按钮,在弹出的菜单中选择"转到详细页面"命令,打开"转到详细页面"对话框,设置"详细信息页"为 user.asp,设置"传递 URL 参数"为 user_username,如图 9-35 所示。

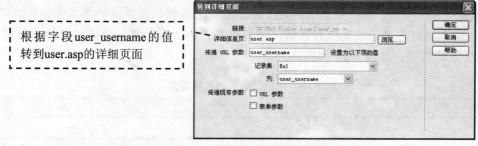

图 9-35 "转到详细页面"对话框

13 单击"确定"按钮,完成对"最新注册"栏目的制作。下面将对"统计"栏目进行设计,需要进行统计的栏目包括博客数、日记数、回复数,可以在记录集查询高级模式中的 SQL 语句中使用 COUNT(*)函数进行统计。

> COUNT(*) 函数不需要 expression 参数,因为该函数不使用有关任何特定列的信息。该函数计算符合查询限制条件的总数。COUNT(*) 函数返回符合查询中指定的搜索条件的数目,而不消除重复值。

14 单击"应用程序"面板中的"绑定"标签上的按钮,在弹出的菜单中选择"记录集(查询)"命令,在打开的"记录集"对话框中输入如表 9-9 所示的数据,如图 9-36 所示。

表 9-9 "记录集"的表格设定

属性	设置值
名称	Rs2
连接	connblog
SQL	SELECT count(*) as num FROM users //计算所有用户博客数

图 9-36 绑定"记录集"Rs2

15 单击"应用程序"面板中的"绑定"标签上的➕按钮,在弹出的菜单中选择"记录集(查询)"命令,打开"记录集"对话框,分别在打开的"记录集"对话框中输入如表 9-10 和表 9-11 所示的数据,如图 9-37 和图 9-38 所示。

表 9-10 "记录集"的表格设定

属性	设置值
名称	Rs3
连接	connblog
SQL	SELECT count(*) as num FROM blog_log //计算所有日志数

图 9-37 绑定"记录集"Rs3

表 9-11 "记录集"的表格设定

属性	设置值
名称	Rs4
连接	connblog
SQL	SELECT count(*) as num FROM log_reply //计算所有回复数

第 9 章 博客系统

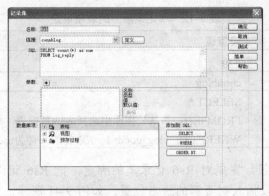

图 9-38 绑定"记录集"Rs4

16 单击"确定"按钮，完成记录集 Rs2、Rs3、Rs4 的绑定，绑定记录集后，将记录集的字段插入至 index.asp 网页的适当位置，如图 9-39 所示。

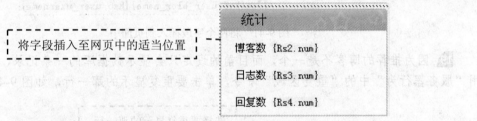

图 9-39 插入至 index.asp 网页中

17 插入字段后完成对"统计"栏目的制作，现在来设置"推荐博客"栏目，推荐博客的条件应为 users 数据表中的 user_blog_good 等于 1 时成立（1 为推荐，0 为不推荐），单击"应用程序"面板中的"绑定"标签上的 按钮，在弹出的菜单中选择"记录集（查询）"命令，打开"记录集"对话框，在打开的"记录集"对话框中输入如表 9-12 所示的数据，如图 9-40 所示。

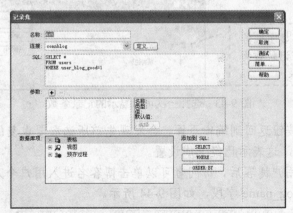

图 9-40 绑定"记录集"Rs6

表 9-12 "记录集"的表格设定

属性	设置值
名称	Rs6
连接	connblog
SQL	SELECT * FROM users //从数据库中选择users数据表 WHERE user_blog_good=1 //选择的条件为user_blog_good=1

18 单击"确定"按钮，完成对 Rs6 记录集的绑定，把 Rs6 记录集中的 user_blog_name 和 user_username 两个字段插入到页面的适当位置，如图 9-41 所示。

图 9-41 将两个字段插入到页面中

19 因为推荐的博客不是一个，而目前的设定只会显示数据库的一条记录，因此，需要应用"服务器行为"中的"重复区域"命令，单击要重复显示的那一行，如图 9-42 所示。

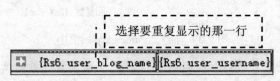

图 9-42 选择要重复的一行

20 单击"应用程序"面板中的"服务器行为"标签上的按钮，在弹出的菜单中选择"重复区域"命令，在打开的"重复区域"对话框中，设置显示的记录数为 5，如图 9-43 所示。

图 9-43 选择一次可以显示的记录条数

21 单击"确定"按钮返回到编辑页面，会发现先前所选取要重复的区域左上角出现了一个"重复"的灰色标签，这表示已经完成设置。

22 显示出推荐的用户博客后，访问者可以单击博客名进入用户个人的博客页面，选取编辑页面中的 Rs6.user_blog_name 字段，如图 9-44 所示。

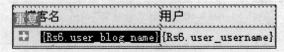

图 9-44 选择字段

第 9 章 博客系统

(23) 选取编辑页面中的 Rs6.user_blog_name 字段后单击"应用程序"面板中的"服务器行为"标签上的 按钮，在弹出的菜单中选择"转到详细页面"命令，在打开的"转到详细页面"对话框中，设置"详细信息页"为 user.asp，设置"传递 URL 参数"为 user_username，如图 9-45 所示。

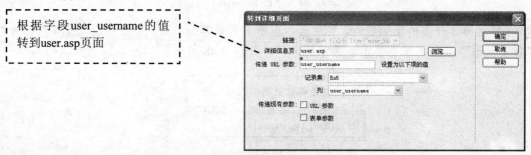

根据字段 user_username 的值转到 user.asp 页面

图 9-45 "转到详细页面"对话框

(24) 单击"确定"按钮，完成对"推荐博客"栏目的制作，在"博客分类"栏目中主要是绑定 blog_type 数据表，单击"应用程序"面板中的"绑定"标签上的 按钮，在弹出的菜单中选择"记录集（查询）"命令，在打开的"记录集"对话框中输入如表 9-13 所示的数据，如图 9-46 所示。

表 9-13 "记录集"的表格设定

属性	设置值
名称	Rs7
连接	connblog
表格	blog_type
列	全部
筛选	无
排序	无

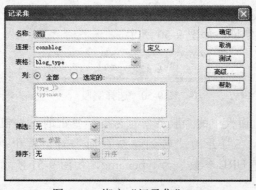

图 9-46 绑定"记录集"Rs7

(25) 单击"确定"按钮完成对 Rs7 记录集的绑定，将 Rs7 记录集中的 typename 字段插入到页面中的适当位置，如图 9-47 所示。

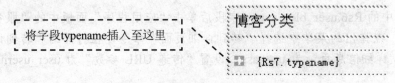

图 9-47 插入字段 typename

26 在显示博客分类的记录数时,要求显示出所有的博客分类数,需要应用"服务器行为"中的"重复区域"命令,单击要重复显示的一行,如图 9-48 所示。

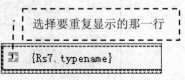

图 9-48 选择要重复的一行

27 单击"应用程序"面板中的"服务器行为"标签上的 按钮,在弹出的菜单中选择"重复区域"选项,在打开的"重复区域"对话框中,设置显示的记录数,例如所有记录,如图 9-49 所示。

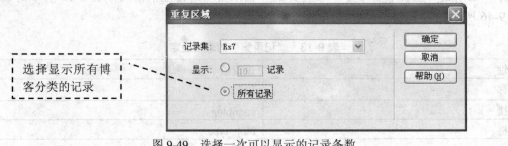

图 9-49 选择一次可以显示的记录条数

28 单击"确定"按钮,回到编辑页面,会发现先前所选取要重复的区域左上角出现了一个"重复"的灰色标签,这表示已经完成设置。

29 显示所有博客分类后,单击博客中的分类进入博客分类的子内容页面,所以要选取编辑页面中的 Rs7.typename 字段,如图 9-50 所示。

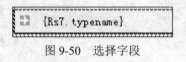

图 9-50 选择字段

30 单击"应用程序"面板中的"服务器行为"标签上的 按钮,在弹出的菜单中,选择"转到详细页面"命令,在打开的"转到详细页面"对话框中,设置"详细信息页"为 blog_type.asp,设置"传递 URL 参数"为 typename,如图 9-51 所示。

第 9 章 博客系统

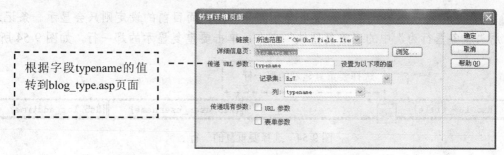

图 9-51 设置"转到详细页面"对话框

31 单击"确定"按钮完成"博客分类"栏目的制作,下面将制作"最新日志"栏目,最新日志将用到的是博客信息表 blog_log,单击"应用程序"面板中的"绑定"标签上的⊞按钮,在弹出的菜单中,选择"记录集(查询)"命令,在打开的"记录集"对话框中输入如表 9-14 所示的数据,如图 9-52 所示。

表 9-14 "记录集"的表格设定

属性	设置值
名称	Rs5
连接	connblog
表格	blog_log
列	全部
筛选	无
排序	以 log_ID 降序

选择 connblog 数据源中的 blog_log 数据表中的全部字段建立记录集查询,并以 log_ID 降序显示

图 9-52 绑定记录集 Rs5

32 单击"确定"按钮完成对 Rs5 记录集的绑定,然后将 Rs5 记录集中的字段插入到页面中的适当位置,如图 9-53 所示。

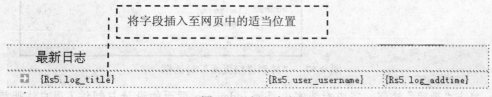

图 9-53 插入字段

33 在显示最新日志的记录数时要求显示部分日志,而目前的设定则只会显示一条记录,需要应用"服务器行为"中的"重复区域"命令,单击要重复显示的那一行,如图9-54所示。

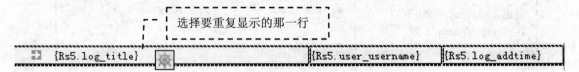

图9-54 选择要重复的一行

34 单击"应用程序"面板中的"服务器行为"标签上的 + 按钮,在弹出的菜单中,选择"重复区域"命令,在打开的"重复区域"对话框中,设置显示的记录数为10,如图9-55所示。

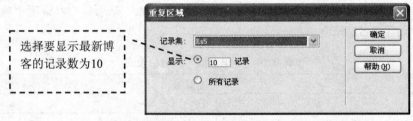

图9-55 选择一次可以显示的记录条数

35 单击"确定"按钮,回到编辑页面,会发现先前所选取要重复的区域左上角出现了一个"重复"的灰色标签,这表示已经完成设置。

36 当单击访问最新日志的标题时,希望进入日志详细内容页面查看内容,选取编辑页面中的 Rs5.log_title 字段,如图9-56所示。

图9-56 选择字段

37 单击"应用程序"面板中的"服务器行为"标签上的 + 按钮,在弹出的菜单中,选择"转到详细页面"命令,在打开的"转到详细页面"对话框中,设置"详细信息页"为 log_content.asp,设置"传递URL参数"为 log_ID,如图9-57所示。

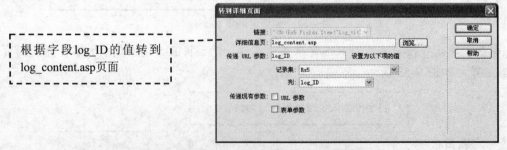

图9-57 "转到详细页面"对话框

38 单击"确定"按钮,完成对博客主页面 index.asp 页面的设计与制作(用户注册模块的制作可以参考本书中的其他章节,这里不作详细说明),打开 IE 浏览器,在 IE 地址栏中输入 http://127.0.0.1/index.asp 浏览效果。

9.3.2 博客分类页面的设计

博客分类页面 blog_type.asp 是在首页 index.asp 单击"博客分类"时,通过 typename 字段参数的传递打开的另一个页面,主要用来显示博客分类中的子分类信息。

详细的制作步骤如下:

1 打开博客分类页面 blog_type.asp,单击"应用程序"面板中的"绑定"标签上的 ⊞ 按钮,在弹出的菜单中,选择"记录集(查询)"命令,在打开的"记录集"对话框中输入如表 9-15 所示的数据,如图 9-58 所示。

表 9-15 "记录集"的表格设定

属性	设置值
名称	Rs
连接	connblog
表格	users
列	全部
筛选	typename = URL参数 typename
排序	以user_ID降序

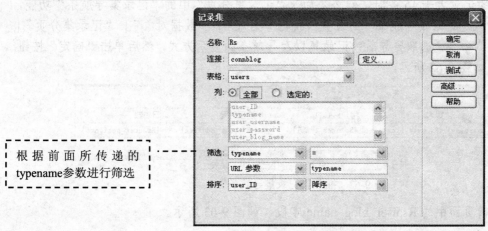

图 9-58 绑定"记录集"Rs

2 单击"确定"按钮,完成对 Rs 记录集的绑定,将 Rs 记录集中的字段插入到页面中的适当位置,如图 9-59 所示。

图 9-59 插入字段

③ 需要应用"重复区域"命令来显示部分或全部的博客分类子分类中的用户信息，单击要重复显示的那一行表格，如图9-60所示。

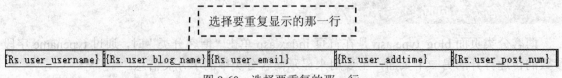

图9-60 选择要重复的那一行

④ 单击"应用程序"面板中的"服务器行为"标签上的 按钮，在弹出的菜单中，选择"重复区域"命令，在打开的"重复区域"对话框中，设置显示的记录数为15，如图9-61所示。

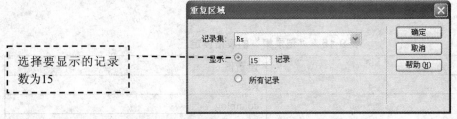

图9-61 选择一次可以显示的记录条数

⑤ 单击"确定"按钮回到编辑页面，会发现先前所选取要重复的区域左上角出现了一个"重复"的灰色标签，这表示已经完成设置。

⑥ 当显示的记录大于15条时，就必须加入"记录集分页"中的"记录集导航条"功能，将光标移至要加入"记录集导航条"的位置，执行"插入"|"数据对象"|"记录集分页"|"记录集导航条"命令，选取要导航的记录集以及导航条的显示方式，然后单击"确定"按钮回到编辑页面，如图9-62所示。

图9-62 插入"记录集导航条"

⑦ 选取编辑页面中的Rs.user_blog_name字段，如图9-63所示。

图9-63 选择字段

⑧ 单击"应用程序"面板中的"服务器行为"标签上的 按钮，在弹出的菜单中，选择"转到详细页面"命令，在打开的"转到详细页面"对话框中设置"详细信息页"为user.asp，设置"传递URL参数"为user_username，如图9-64所示。

第 9 章 博客系统

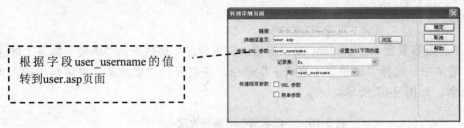

根据字段user_username的值转到user.asp页面

图 9-64 "转到详细页面"对话框

⑨ 选择 Rs.user_email 字段，在"属性"面板中单击"链接"文本框后面的"浏览文件"按钮，打开"选择文件"对话框，在该对话框中选中"数据源"单选按钮，然后在"域"列表框中，单击选择"记录集(Rs)"中的 user_email 字段，并且在 URL 链接前面加上"mailto:"，如图 9-65 所示。

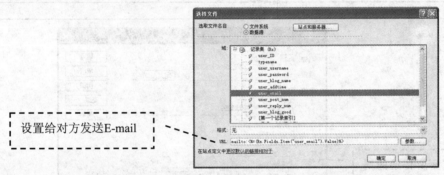

设置给对方发送E-mail

图 9-65 设置给对方发送 E-mail

⑩ 单击"确定"按钮，完成博客分类页面 blog_type.asp 的设计制作。

9.3.3 日志内容页面的设计

日志内容页面是当访问者单击日志标题时进入的页面，是显示日志的详细内容和回复主题的信息页面，也可以在线对此主题提交回复，日志内容页面 log_content.asp 的页面设计效果如图 9-66 所示。

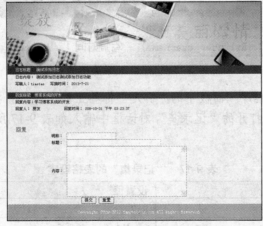

图 9-66 日志内容页面效果图

详细操作步骤如下：

1 打开日志内容页面 log_content.asp，单击"应用程序"面板中的"绑定"标签上的+按钮，在弹出的菜单中，选择"记录集（查询）"命令，在打开的"记录集"对话框中输入如表 9-16 所示的数据，如图 9-67 所示。

表 9-16　"记录集"的表格设定

属性	设置值
名称	Rs1
连接	connblog
表格	blog_log
列	全部
筛选	log_ID = URL参数 log_ID
排序	无

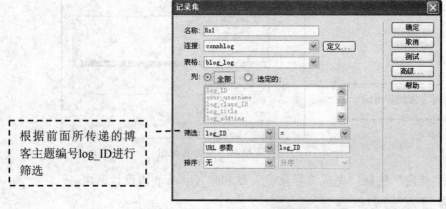

图 9-67　绑定"记录集"Rs1

2 单击"确定"按钮完成记录集 Rs1 的绑定，绑定记录集后，将记录集 Rs1 中的字段插入至 log_content.asp 网页中的适当位置，如图 9-68 所示。

图 9-68　插入 Rs1 记录集中的字段

3 再次单击"应用程序"面板中的"绑定"标签上的+按钮，在弹出的菜单中选择"记录集（查询）"命令，在打开的"记录集"对话框中输入如表 9-17 所示的数据，如图 9-69 所示。

表 9-17　"记录集"的表格设定

属性	设置值
名称	Rs2
连接	connblog

（续表）

属性	设置值
表格	log_reply
列	全部
筛选	log_ID = URL参数 log_ID
排序	无

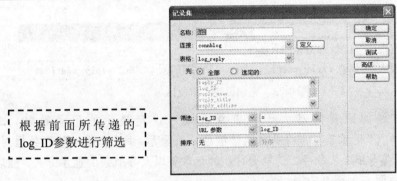

图 9-69 绑定"记录集" Rs2

4 单击"确定"按钮完成记录集 Rs2 的绑定，绑定记录集后，将记录集 Rs2 中的字段插入至 log_content.asp 网页中的适当位置，如图 9-70 所示。

图 9-70 插入 Rs2 记录集中的字段

5 由于一个主题有可能不止一条回复信息，所以必须加入"服务器行为"中"重复区域"的设定来显示回复信息的部分或全部数据，选择 log_content.asp 页面中要重复显示的那一行，如图 9-71 所示。

图 9-71 选择要重复显示的那一行

6 选择要重复显示的区域后，单击"应用程序"面板中的"服务器行为"面板上的按钮，在弹出的菜单中，选择"重复区域"命令，在打开的"重复区域"对话框中，设定"显示"的记录条数为 5，如图 9-72 所示。

7 单击"确定"按钮，返回编辑页面，会发现先前所选取要重复的区域左上角出现了一个"重复"的灰色标签，这表示已经完成设置，如图 9-73 所示。

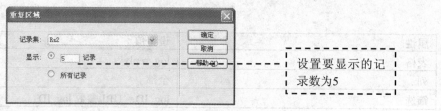

图 9-72 选择要重复显示的记录条数

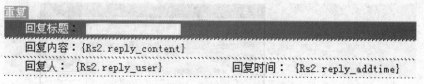

图 9-73 完成设定"重复区域"

8. 当一个主题的回复信息大于"重复区域"设定显示的记录数时，就必须在 log_content.asp 中加入"记录集导航条"功能让信息分页显示，执行"插入"|"数据对象"|"记录集分页"|"记录集导航条"命令，选取要导航的记录集以及导航条的显示方式，然后单击"确定"按钮回到编辑页面，如图 9-74 所示。

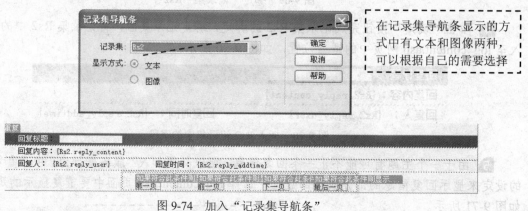

图 9-74 加入"记录集导航条"

9. 单击"确定"按钮就加入了记录集分页的功能，当一个主题如果有回复信息的时候希望显示所有的回复信息，当没有回复信息时就显示提示语"目前无回复内容，请回复！"，这就要加入"显示区域"功能，首先选取记录集有数据时要显示的数据表格，如图 9-75 所示。

图 9-75 选择有记录时显示的表格

10. 单击"服务器行为"面板上的+按钮，在弹出的菜单中，选择"显示区域"|"如果记录集不为空则显示区域"命令，在打开的"如果记录集不为空则显示区域"对话框中选择记录集为 Rs2，再单击"确定"按钮回到编辑页面，会发现先前所选取要显示的区域左上角出现了一个"如果符合此条件则显示"的灰色卷标，表示已经完成设置，如图 9-76 所示。

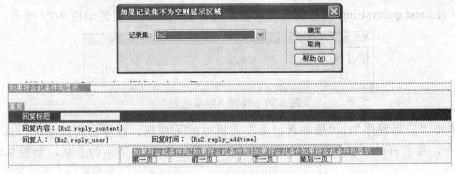

图 9-76 完成设置的显示图标

11 再选择没有回复数据时要显示的文字"目前无回复内容,请回复!",根据前面的制作步骤,将区域设定成"如果记录集为空则显示区域",如图 9-77 所示。

图 9-77 选择没有数据时的显示

12 下面将制作"回复"栏,这一栏和前面的留言板一样,将回复的信息添加到数据表 log_reply 中,设计表单 form1 中的文本域和文本区域如表 9-18 所示,静态页面的设计效果如图 9-78 所示。

表 9-18 form1 的表格设定

意义	文本(区)域/按钮名称	类型
昵称	reply_user	单行
标题	reply_title	单行
内容	reply_content	多行
提交	Submit	提交表单
重置	Submit2	重设表单

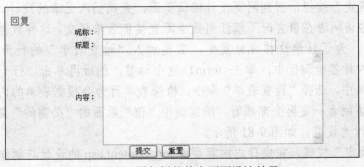

图 9-78 回复栏的静态页面设计效果

13 执行菜单"插入"|"表单"|"隐藏区域"命令,在表单中插入一个"隐藏区域",选中该隐藏区域,在"属性"面板中设置名称为 log_ID,值为<%=request.querystring("log_ID")

%>，其中 request.querystring 就是获取请求页面时传递的参数，设置如图 9-79 所示。

图 9-79 设置"隐藏区域"

14 单击"应用程序"|"服务器行为"面板中的 + 按钮，在弹出的菜单中，选择"插入记录"命令，在打开的"插入记录"对话框中，设置如表 9-19 所示的参数，如图 9-80 所示。

表 9-19 "插入记录"的表格设定

属性	设置值
连接	connblog
插入到表格	log_reply
插入后，转到	log_content.asp
获取值自	form1
表单元素	表单字段与数据表字段相对应

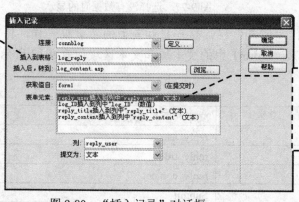

图 9-80 "插入记录"对话框

15 单击"确定"按钮，回到网页设计编辑页面，完成插入记录的设计。

16 但是有些访问者在留言时不填任何数据而直接把表单提交，这样数据库中就会自动生成一笔空白数据，为了杜绝这种现象发生，需要加入"检查表单"的行为。具体操作是在 log_content.asp 的标签检测区中，单击<form1>这个标签，然后再单击"行为"面板上的 + 按钮，在弹出的菜单中，选择"检查表单"命令，检查表单行为会根据表单的内容来设定检查的方式，在此希望访问者一定要全部填写，所以选中"值"后面的"必需的"复选框，这样就可完成检查表单的行为设置，如图 9-81 所示。

17 单击"确定"按钮，完成日志内容页面 log_content.asp 的设计与制作。

第 9 章 博客系统

图 9-81 选择必填字段

9.3.4 个人博客主页面的设计

个人博客主页面 user.asp 主要由"日志分类"、"最新留言"及"博客内容"几个栏目组成，页面设计效果如图 9-82 所示。

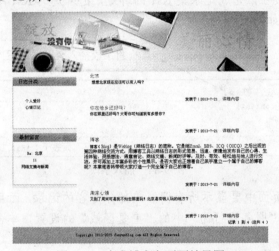

图 9-82 个人博客主页面效果图

详细的制作步骤如下：

1 打开 user.asp 页面，因为博客主页面和博客分类页面都由 user_username 的 URL 变量传递到 user.asp 页面，所以可以用 user_username 字段的"URL 参数"建立一个博客的记录集。单击"应用程序"面板中的"绑定"标签上的 ⊞ 按钮，在弹出的菜单中，选择"记录集（查询）"命令，在打开的"记录集"对话框中，输入如表 9-20 所示的数据，如图 9-83 所示。

表 9-20 "记录集"的表格设定

属性	设置值
名称	Rs1
连接	connblog
表格	blog_log
列	全部
筛选	user_username = URL参数 user_username
排序	以 log_ID 升序

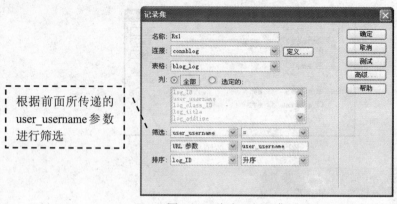

图 9-83 绑定"记录集"Rs1

2 单击"确定"按钮,完成记录集 Rs1 的绑定,把绑定的 Rs1 中的字段插入到个人博客主页面中的适应位置,如图 9-84 所示。

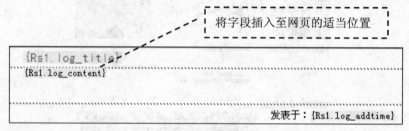

图 9-84 插入字段

3 在个人博客主页面中要显示所有博客或部分博客的记录,而目前的设定则只会显示一条记录,因此需要加入"服务器行为"中的"重复区域"的设置,单击要重复显示的表格,如图 9-85 所示。

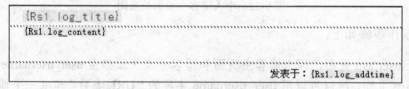

图 9-85 选择要重复的表格

4 单击"应用程序"面板中的"服务器行为"标签上的⊞按钮,在弹出的菜单中,选择"重复区域"命令,在打开的"重复区域"对话框中设置显示的记录数为 5,如图 9-86 所示。

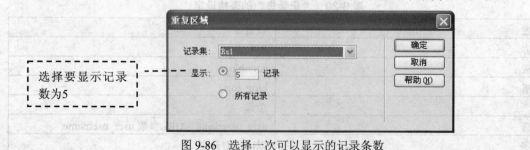

图 9-86 选择一次可以显示的记录条数

5 单击"确定"按钮回到编辑页面，会发现先前所选取要重复的区域左上角出现了一个"重复"的灰色标签，这表示已经完成设置。

6 在 user.asp 页面中加入"记录集导航条"，用来分页显示博客的数据，将光标移至要加入"记录集导航条"的位置，执行"插入" | "数据对象" | "记录集分页" | "记录集导航条"命令，选取要导航的记录集以及导航条的显示方式，然后单击"确定"按钮回到编辑页面，如图 9-87 所示。

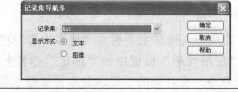

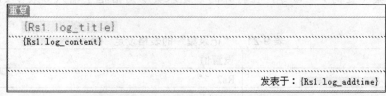

图 9-87 加入"记录集导航条"

7 加入"记录集导航条"后再插入"记录集导航状态"来显示目前是第几页和共有多少记录，将光标移至表格的右上角，并在"插入"面板的"数据"中单击 工具按钮，打开"记录集导航状态"对话框，选取要显示状态的记录集，再单击"确定"按钮回到编辑页面，此时页面就会出现该记录集的导航状态，设置及显示效果如图 9-88 所示。

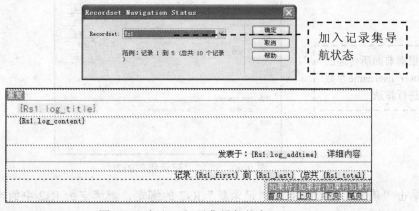

图 9-88 加入"记录集导航状态"

8 插入"记录集导航条"和"记录集导航状态"后选取编辑页面中的"详细内容"文字，再单击"应用程序"面板中的"服务器行为"标签上的 按钮，在弹出的菜单中，选择"转到详细页面"命令，在打开的"转到详细页面"对话框中设置"详细信息页"为 log_content.asp，设置"传递 URL 参数"为 log_ID，如图 9-89 所示。

根据字段log_ID的值转到 log_content.asp 的详细页面

图 9-89 "转到详细页面"对话框

⑨ 单击"确定"按钮,完成个人博客主页面中"博客内容"栏目的制作,现在对"日志分类"栏目进行制作,单击"应用程序"面板中的"绑定"标签上的 按钮,在弹出的菜单中,选择"记录集(查询)"命令,在打开的"记录集"对话框中输入如表 9-21 所示的数据,如图 9-90 所示。

表 9-21 "记录集"的表格设定

属性	设置值
名称	Rs2
连接	connblog
表格	log_type
列	全部
筛选	user_username = URL参数 user_username
排序	无

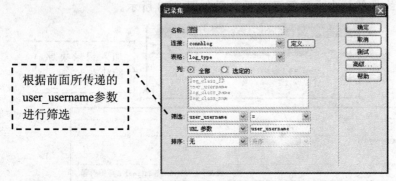

根据前面所传递的 user_username参数进行筛选

图 9-90 绑定"记录集"Rs2

⑩ 单击"确定"按钮,完成"记录集"Rs2 的绑定,把绑定的 Rs2 中的字段插入页面的适应位置,如图 9-91 所示。

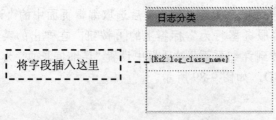

将字段插入这里

图 9-91 插入字段

11 在个人博客主页面中要显示所有日志分类的记录,而目前的设定则只会显示一条记录,因此需要加入"服务器行为"中的"重复区域"命令,选择要重复显示的表格,如图 9-92 所示。

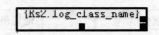

图 9-92 选择要重复显示的表格

12 单击"应用程序"面板中的"服务器行为"标签上的➕按钮,在弹出的菜单中,选择"重复区域"命令,在打开的"重复区域"对话框中设置显示的记录数为"所有记录",如图 9-93 所示。

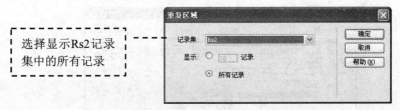

图 9-93 选择一次可以显示的记录数

13 单击"确定"按钮回到编辑页面,会发现先前所选取要重复的区域左上角出现了一个"重复"的灰色标签,这表示已经完成设置。

14 选取编辑页面中的 Rs2.log_class_name 字段,单击"应用程序"面板中的"服务器行为"标签上的➕按钮,在弹出的菜单中,选择"转到详细页面"命令,在打开的"转到详细页面"对话框设置"详细信息页"为 log_class.asp,设置"传递 URL 参数"为 log_class_ID,如图 9-94 所示。

图 9-94 "转到详细页面"对话框

15 单击"确定"按钮完成制作。接着制作"最新留言"功能,单击"应用程序"面板中的"绑定"标签上的➕按钮,在弹出的菜单中,选择"记录集(查询)"命令,在打开的"记录集"对话框中单击"高级"按钮进入"高级"模式,在"高级"模式中输入如表 9-22 所示的数据,如图 9-95 所示。

表 9-22 "记录集"的表格设定

属性	设置值
名称	Rs3
连接	connblog
参数	名称:MMuser;默认值:admin;值:request.querystring("user_username")

(续表)

属性	设置值
SQL	SELECT blog_log.log_ID,blog_log.user_username, blog_log.log_addtime,log_reply.* FROM blog_log,log_reply WHERE blog_log.user_username='MMuser'And blog_log.log_ID=log_reply.log_ID

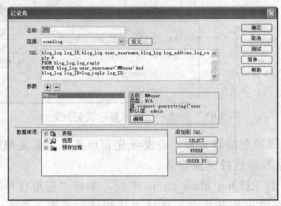

图 9-95　绑定"记录集"Rs3

 在回复表里没有所从属主题博客的相关信息，这里用条件 blog_log.log_ID=log_reply.log_ID 来获取信息，并用 blog_log.user_username='MMuser'来限制用户。

16 单击"确定"按钮，完成"记录集"Rs3 的绑定，将 Rs3 记录集中的 reply_title 字段插入到"最新留言"栏目中，如图 9-96 所示。

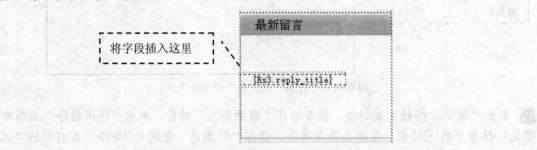

图 9-96　插入 reply_title 字段

17 选取 reply_title 字段所在的表格，单击"应用程序"面板中的"服务器行为"标签上的 + 按钮，在弹出的菜单中，选择"重复区域"命令，在打开的"重复区域"对话框中设置显示的记录数为 5，如图 9-97 所示。

第 9 章 博客系统

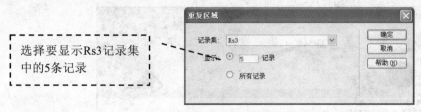

图 9-97 选择一次可以显示的记录数为 5

18 单击"确定"按钮完成设置,再单击"应用程序"面板中的"绑定"标签上的按钮,在弹出的菜单中,选择"记录集(查询)"命令,在打开的"记录集"对话框中输入如表 9-23 所示的数据,如图 9-98 所示。

表 9-23 "记录集"的表格设定

属性	设置值
名称	Rs4
连接	connblog
表格	users
列	全部
筛选	user_username = URL参数 user_username
排序	无

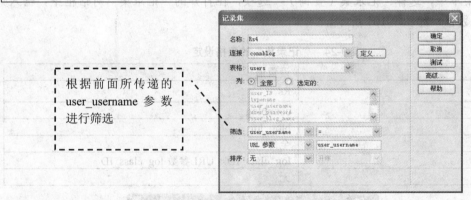

图 9-98 绑定"记录集"Rs4

19 单击"确定"按钮,完成"记录集"Rs4 的绑定,执行菜单"插入"|"布层对象"|"Div 标签"命令,插入一个层,再把 Rs4 中的 user_blog_name 字段插入到层中,并设置字体效果,完成后的效果如图 9-99 所示。

图 9-99 插入层和字段

9.3.5 日志分类内容页面的设计

日志分类内容页面 log_class.asp 是显示个人博客分类内容的页面,页面设计比较简单,效果如图 9-100 所示。

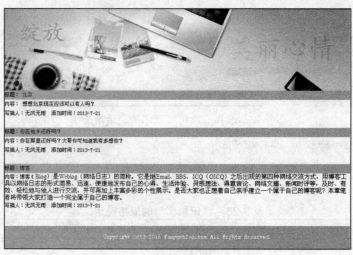

图 9-100 博客分类内容效果图

详细制作步骤如下:

1 打开日志分类内容页面 log_class.asp，单击"应用程序"面板中"绑定"标签上的按钮，在弹出的菜单中，选择"记录集（查询）"选项，在打开的"记录集"对话框中，输入如表 9-24 所示的数据，如图 9-101 所示。

表 9-24 "记录集"的表格设定

属性	设置值
名称	Rs
连接	connblog
表格	blog_log
列	全部
筛选	log_class_ID = URL参数 log_class_ID
排序	无

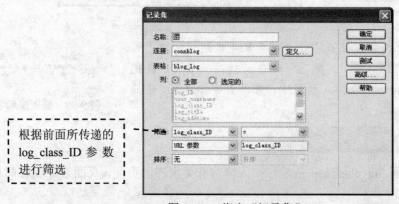

图 9-101 绑定"记录集"Rs

2 单击"确定"按钮，完成对"记录集"Rs 的绑定，再把绑定的 Rs 插入到网页的相应位置，如图 9-102 所示。

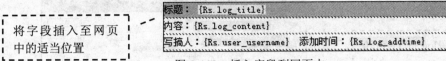

图 9-102 插入字段到网页中

3 在日志分类内容页面中要显示所有日志分类页面的部分记录或全部记录,而目前的设定则只会显示一条记录,因此需要加入"服务器行为"中的"重复区域"的设置,选择要重复显示的表格,如图 9-103 所示。

图 9-103 选择要重复的表格

4 单击"应用程序"面板中的"服务器行为"标签上的田按钮,在弹出的菜单中,选择"重复区域"命令,在打开的"重复区域"对话框中设置显示的记录数为5,如图 9-104 所示。

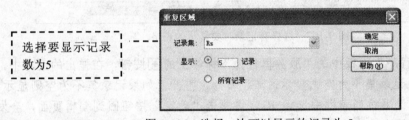

图 9-104 选择一次可以显示的记录为 5

5 单击"确定"按钮回到编辑页面,会发现先前所选取要重复的区域左上角出现了一个"重复"的灰色标签,这表示已经完成设置。

6 当日志分类内容信息较多时,需要加入记录集分页功能,将光标移至要加入"记录集导航条"的位置,执行"插入"|"数据对象"|"记录集分页"|"记录集导航条"命令,选取要导航的记录集以及导航条的显示方式,然后单击"确定"按钮回到编辑页面,如图 9-105 所示。

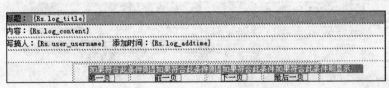

图 9-105 插入"记录集导航条"

7 选取编辑页面中的 Rs.log_title 字段,单击"应用程序"面板中的"服务器行为"标签上的田按钮,在弹出的菜单中选择"转到详细页面"选项,在打开的"转到详细页面"对话框中设置"详细信息页"为 log_content.asp,设置"传递URL参数"为 log_ID,设置如图 9-106 所示。

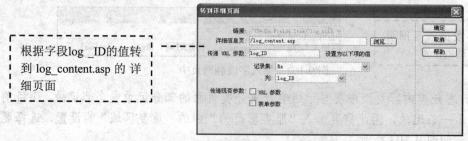

根据字段log _ID的值转到log_content.asp 的详细页面

图 9-106 "转到详细页面"对话框

⑧ 当一个日志有回复分类内容的时候,希望显示所有的分类内容信息,当没有分类信息时就显示提示语"目前没信息",这就要加入"显示区域"功能,选择有记录时要显示的那个表格,如图 9-107 所示。

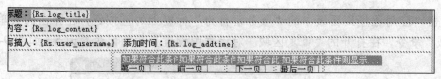

图 9-107 选择有记录时要显示的表格

⑨ 单击"应用程序"面板中的"服务器行为"标签上的田按钮,在弹出的菜单中,选择"显示区域"|"如果记录集不为空则显示区域"命令,打开"如果记录集不为空则显示区域"对话框,在"记录集"下拉列表框中选择 Rs,再单击"确定"按钮回到编辑页面,会发现先前所选取要显示的区域左上角出现了一个"如果符合此条件则显示…"的灰色卷标,表示已经完成设置,效果如图 9-108 所示。

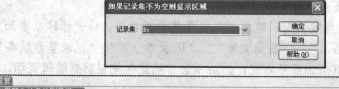

图 9-108 记录集不为空则显示设置及效果

⑩ 选取记录集没有数据时要显示的文字"目前没信息",然后再单击"应用程序"面板中的"服务器行为"标签上的田按钮,在弹出的菜单中,选择"显示区域"|"如果记录集为空则显示区域"命令,在"记录集"中选择 Rs,再单击"确定"按钮回到编辑页面,会发现先前所选取要显示的区域左上角出现了一个"如果符合此条件则显示…"的灰色卷标,表示已经完成设置,效果如图 9-109 所示。

第 9 章 博客系统

图 9-109 记录集为空则显示的效果

至此，日志分类内容页面的设计就已经完成。

9.4 后台管理页面的设计

当用户登录成功则转向 check.asp，失败则转到 err.asp 页面。在 check.asp 页面通过一个条件判断语句进行判断，如果在首页登录中登录用户是一般用户则转向 user_admin.asp（一般用户管理页面），如果登录用户是 admin 则转向 admin.asp（管理员管理页面）。一般用户只能对自己的日志分类和日志列表进行管理，而管理员除了对自己的日志进行管理外，还可以对用户信息、用户日志和博客分类信息进行管理。

9.4.1 后台管理转向页面

check.asp 页面通过 if 条件判断语句对跳转过来的用户名字段 user_username 进行判断，如果是 admin 则转向 admin.asp，如果不是则转向 user_admin.asp。

详细制作的步骤如下：

1 打开博客首页 index.asp，在"用户登录"栏目中，单击"应用程序"面板中的"服务器行为"标签上的 ▣ 按钮，在弹出的菜单中，选择"用户身份验证"|"登录用户"命令，向该网页添加登录用户的服务器行为，设置如果登录成功，则转向 check.asp 页面，如果登录失败，则转向 err.asp 页面，设置如图 9-110 所示。

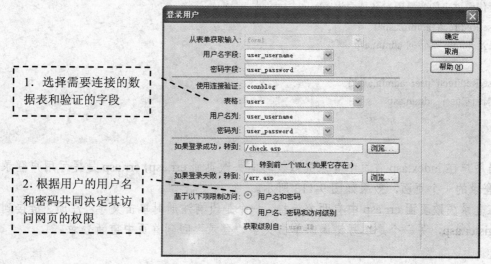

图 9-110 "登录用户"对话框

2 设置完成后，单击"确定"按钮关闭该对话框，返回到"文档"窗口。在"服务器行为"面板中就增加了一个"登录用户"行为。可以看到表单对象对应的"属性"面板的动作属性值为<%=MM_LoginAction%>，如图 9-111 所示。它的作用就是实现用户登录功能，是 Dreamweaver CS6 自动生成的动作对象。

图 9-111 表单对应的"属性"面板

3 当用户成功登录后转到 check.asp。check.asp 页面比较简单，就是在里面加入一段 if 条件判断语句和绑定一个 MM_username 的阶段变量，单击"应用程序"面板中的"绑定"标签上的 + 按钮，在弹出的菜单中，选择"阶段变量"命令，在打开的"阶段变量"对话框中设置名称为 MM_username，如图 9-112 所示。

图 9-112 "阶段变量"对话框

4 单击"确定"按钮，完成阶段变量 MM_username 的绑定，再单击"代码视图"按钮 回到代码编辑页面中，向里面加入一段 if 条件判断语句，代码如下：

```
<%
if session("MM_Username")="admin" then
// 判断传递过来的变量用户名是否为 admin
response.Redirect("admin.asp")
// 如果是 admin 则转向 admin.asp
else
response.Redirect("user_admin.asp")
// 否则转向 user_admin.asp
end if
%>
```

5 当用户在 index.asp 首页中登录失败就转向失败页面 err.asp，err.asp 是提示用户登录失败再重新登录的一个页面，效果如图 9-113 所示。

6 在登录失败页面 err.asp 中有两个链接，一个是没有注册时单击文字"注册"链接到注册页面 register.asp，另一个是填写错误时单击文字"登录"回到首页中重新登录。

第 9 章 博客系统

图 9-113　登录失败页面效果图

9.4.2　一般用户管理页面

一般用户管理页面 user_admin.asp 是通过用户登录成功后再进行判断转向的页面，该页面可以对自己的注册资料进行修改，同时还可以对自己的日志分类和日志列表进行修改、删除和添加。静态页面的设计效果如图 9-114 所示。

图 9-114　一般用户后台管理页面效果图

详细制作步骤如下：

1 在 user_admin.asp 页面设计中表单 form1 中的文本域和文本区域设置如表 9-25 所示。

表 9-25　表单 form1 中的文本域和文本区域设置

意义	文本（区）域/按钮名称	类型
用户名	user_username	单行
用户密码	user_password	单行
博客名称	user_blog_name	单行
用户E-mail	user_email	单行
所属分类	typename	列表/菜单
修改	Submit	提交按钮
取消	Submit2	重设按钮

2 单击"应用程序"面板中的"绑定"标签上的 ⊞ 按钮，在弹出的菜单中，选择"阶段变量"命令，在打开的"阶段变量"对话框中设置名称为 MM_username，设置如图 9-115 所示。

283

图 9-115 "阶段变量"对话框

3 单击"确定"按钮完成阶段变量 MM_username 的绑定,将绑定的阶段变量插入到网页 xxxxxx 中,如图 9-116 所示。

图 9-116 插入"阶段变量"MM_username

4 再次单击"应用程序"面板中的"绑定"标签上的 + 按钮,在弹出的菜单中,选择"记录集(查询)"命令,在打开的"记录集"对话框中输入如表 9-26 所示的数据,如图 9-117 所示。

表 9-26 "记录集"rs_user 的表格设定

属性	设置值
名称	rs_user
连接	connblog
表格	users
列	全部
筛选	user_username = 阶段变量 MM_username
排序	无

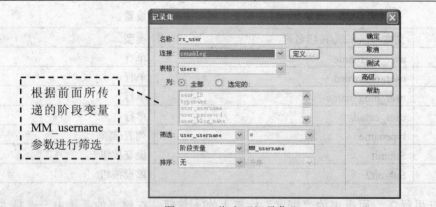

图 9-117 绑定"记录集"rs_user

5 单击"确定"按钮,完成记录集 rs_user 的绑定,把绑定的 rs_user 中的字段插入网页的合适位置,如图 9-118 所示。

第 9 章 博客系统

图 9-118 插入字段

6 在"所属分类"中需要动态绑定所有的博客分类,单击"应用程序"面板中的"绑定"标签上的⊕按钮,在弹出的菜单中,选择"记录集(查询)"命令,在打开的"记录集"对话框中输入如表 9-27 所示的数据,如图 9-119 所示。

表 9-27 "记录集"的表格设定

属性	设置值
名称	Re
连接	connblog
表格	blog_type
列	全部
筛选	无
排序	无

图 9-119 绑定"记录集"Re

7 单击选择 type_name 列表/菜单,在"属性"面板中单击 动态... 按钮,打开"动态列表/菜单"对话框,在打开的"动态列表/菜单"对话框中设置"来自记录集的选项"为 Re,"值"和"标签"都为 typename,再单击"选取值等于"后面的图标,打开"动态数据"对话框,选择"域"为 rs_user 记录集中的 typename 字段,然后单击"确定"按钮回到"动态列表/菜单"对话框,再次单击"确定"按钮完成动态数据的绑定,设置如图 9-120 所示。

图 9-120　动态数据的绑定

⑧ 完成记录集的绑定后，单击"服务器行为"面板上的 + 按钮，从弹出的菜单中，选择"更新记录"命令，为网页添加"更新记录"的服务器行为，如图 9-121 所示。

图 9-121　选择"更新记录"命令

⑨ 打开"更新记录"对话框，输入如表 9-28 所示的数据，如图 9-122 所示。

表 9-28　"更新记录"的表格设定

属性	设置值
连接	connblog
要更新的表格	users
选取记录自	rs_user
唯一键列	user_ID
在更新后，转到	user_admin.asp
获取值自	form1
表单元素	对比表单字段与数据表字段

图 9-122 "更新记录"对话框

⑩ 单击"确定"按钮，完成更新记录的设置。用户可以单击"个人主页"进入个人博客主页面 user.asp，首先选取编辑页面中的"个人主页"文字，再单击"应用程序"面板中的"服务器行为"标签上的⊕按钮，在弹出的菜单中选择"转到详细页面"命令，在打开的"转到详细页面"对话框中设置"详细信息页"为 user.asp，设置"传递 URL 参数"为 user_username，如图 9-123 所示。

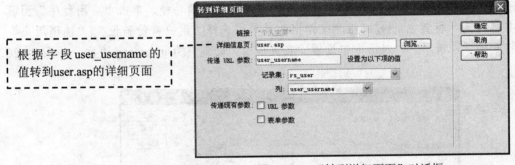

图 9-123 "转到详细页面"对话框

⑪ 单击编辑页面中的文字"博客主页"，在"属性"面板上单击"链接"文本框后面的按钮，打开"选择文件"对话框，选择同一站点中的首页文件 index.asp。

⑫ 由于 user_admin.asp 的页面主要是提供用户链接到编辑页面，对自己的博客日志和日志分类进行添加、修改和删除的功能，因此要设定转到详细页面功能，这样转到的页面才能够根据参数值而从数据库中将某一笔数据筛选出来进行编辑。单击页面中的"日志分类管理"文字，然后单击"服务器行为"面板上的⊕按钮，在弹出的菜单中，选择"转到详细页面"命令，在打开的"转到详细页面"对话框中设置"详细信息页"为 admin_log_type.asp，设置"传递 URL 参数"为 user_username 字段，如图 9-124 所示。

⑬ 单击"确定"按钮回到编辑页面，选取编辑页面中"日志列表管理"文字，然后单击"服务器行为"面板上的⊕按钮，在弹出的菜单中，选择"转到详细页面"命令，在打开的"转到详细页面"对话框中设置"详细信息页"为 admin_log_class.asp 选项，设置"传递 URL 参数"为 user_ID，其他设定值皆不改变，如图 9-125 所示。

根据字段user_username的值转到admin_log_type.asp页面

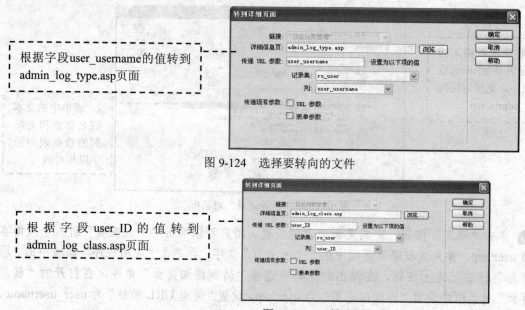

图9-124 选择要转向的文件

根据字段 user_ID 的值转到 admin_log_class.asp页面

图9-125 "转到详细页面"对话框

14 选取编辑页面中"注销用户"文字给用户添加一个注销功能,单击"应用程序"面板中的"服务器行为"标签上的 按钮,在弹出的菜单中选择"用户身份验证"|"注销用户"命令,在打开的"注销用户"对话框中设置"在完成后,转到"为 index.asp 页面,如图9-126所示。

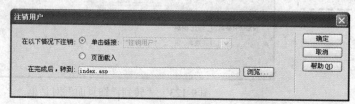

图9-126 设置"注销用户"对话框

15 单击"确定"按钮回到编辑页面,因为一般用户管理页面 user_admin.asp 是通过用户账号和密码进入的,所以不允许其他用户进入,这就必须设置用户的权限,单击"应用程序"面板中的"服务器行为"标签上的 按钮,在弹出的菜单中,选择"用户身份验证"|"限制对页的访问"命令,在打开的"限制对页的访问"对话框中设置"如果访问被拒绝,则转到"为 index.asp 页面,如图9-127所示。

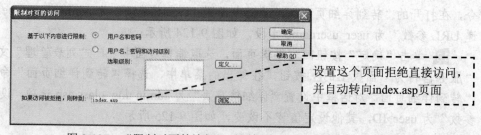

设置这个页面拒绝直接访问,并自动转向index.asp页面

图9-127 "限制对页的访问"对话框

16 单击"确定"按钮就完成了一般用户管理页面 user_admin.asp 的制作，整体页面设计效果如图 9-128 所示。

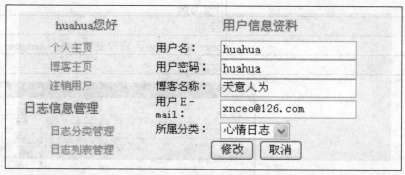

图 9-128 整体页面设计效果图

管理员管理页面 admin.asp 的制作与一般用户管理页面 user_admin.asp 大部分相同，只是增加了两个页面的链接，页面链接如表 9-29 所示。

表 9-29 "页面链接"的表格设定

文字	链接的页面
博客分类管理	admin_blog_type.asp
博客列表管理	admin_blog.asp

9.4.3 日志分类管理页面

日志分类管理页面 admin_log_type.asp 主要提供用户添加日志分类和链接到修改、删除日志分类的功能，静态页面设计效果如图 9-129 所示。

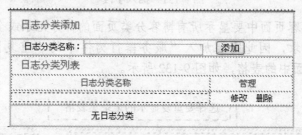

图 9-129 静态页面设计效果图

详细制作步骤如下：

1 单击"应用程序"面板中的"绑定"标签上的 ⊞ 按钮，在弹出的菜单中选择"记录集（查询）"命令，在打开的"记录集"对话框中输入如表 9-30 所示的数据，如图 9-130 所示。

表 9-30 "记录集"的表格设定

属性	命令
名称	Rs
连接	connblog

（续表）

属性	命令
表格	log_type
列	全部
筛选	user_username = 阶段变量 MM_username
排序	无

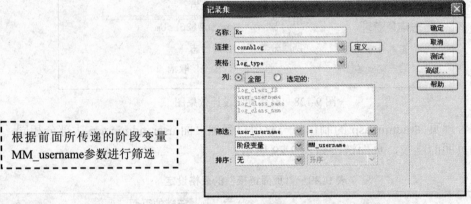

根据前面所传递的阶段变量 MM_username 参数进行筛选

图 9-130 绑定"记录集"Rs

② 单击"确定"按钮，完成记录集 Rs 的绑定，把绑定的记录集 Rs 中的字段 log_class_name 插入到网页中的适当位置，如图 9-131 所示。

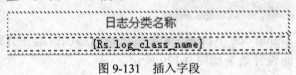

图 9-131 插入字段

③ 在博客分类内容页面中要显示所有博客分类页面的部分记录或全部记录，而目前的设定则只会显示一条记录，因此需要加入"服务器行为"中的"重复区域"的设置，选择 admin_log_type.asp 页面中的表格，如图 9-132 所示。

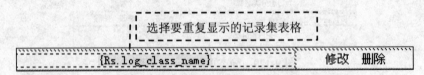

图 9-132 选择要重复显示的记录集表格

④ 单击"应用程序"面板中的"服务器行为"面板上的 按钮，在弹出的菜单中，选择"重复区域"命令，在打开的"重复区域"对话框中，设定一页显示的记录数为"所有记录"，设置如图 9-133 所示。

⑤ 单击"确定"按钮回到编辑页面，会发现先前所选取要重复的区域左上角出现了一个"重复"的灰色标签，表示已经完成设置。

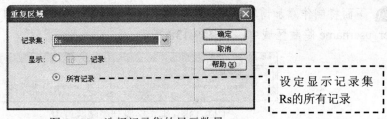

图 9-133　选择记录集的显示数量

6 如果数据库中有数据则希望显示数据,如果没有数据就显示"无日志分类"的信息提示语,首先选取记录集有数据时要显示的数据表格,如图 9-134 所示。

图 9-134　选择有记录时要显示的表格

7 单击"应用程序"面板中的"服务器行为"标签上的 ➕ 按钮,在弹出的菜单中,选择"显示区域"|"如果记录集不为空则显示区域"命令,打开"如果记录集不为空则显示区域"对话框,在"记录集"下拉列表框中选择 Rs,再单击"确定"按钮回到编辑页面,会发现先前所选取要显示的区域左上角出现了一个"如果符合此条件则显示"的灰色卷标,表示已经完成设置,如图 9-135 所示。

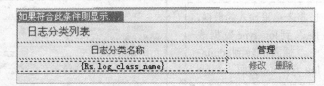

图 9-135　记录集不为空则显示的区域

8 选取记录集没有数据时要显示的数据表格,如图 9-136 所示。

图 9-136　选择没有数据时要显示的区域

9 单击"应用程序"面板中的"服务器行为"标签上的 ➕ 按钮,在弹出的菜单中,选择"显示区域"|"如果记录集为空则显示区域"命令,打开"如果记录集为空则显示区域"对话框,在"记录集"中选择 Rs,再单击"确定"按钮回到编辑页面,会发现先前所选取要显示的区域左上角出现了一个"如果符合此条件则显示"的灰色卷标,表示已经完成设置,如图 9-137 所示。

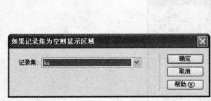

图 9-137　记录集为空则显示

10 下面将制作添加博客分类，首先将面板中 Session 的变量 MM_username 绑定到表单中的 user_username 隐藏区域中，如图 9-138 所示。

图 9-138　绑定字段到隐藏区域中

11 单击"应用程序"面板中"服务器行为"标签中的田按钮，在弹出的菜单中，选择"插入记录"命令，在"插入记录"对话框中，输入设定值如表 9-31 所示，并设定新增数据后转到个人博客管理主页面 admin_log_type.asp，如图 9-139 所示。

表 9-31　"插入记录"的表格设定

属性	设置值
连接	connblog
插入到表格	log_type
插入后，转到	admin_log_type.asp
获取值自	form1
表单元素	表单字段与数据表字段相对应
列	Log_class_name
提交为	文本

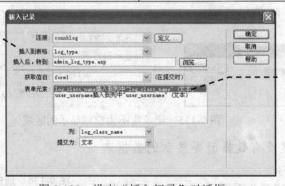

图 9-139　设定"插入记录"对话框

12 单击"确定"按钮完成记录的插入，选择表单，执行菜单"窗口"｜"行为"命令，打开"行为"面板，单击"行为"面板中的田按钮，在弹出的菜单中，选择"检查表单"命令，打开"检查表单"对话框，设置 log_class_name 文本域的"值"都为"必需的"，"可接受"为"任何东西"，设置如图 9-140 所示。

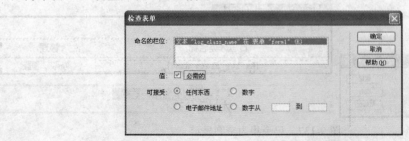

图 9-140　"检查表单"对话框

第 9 章 博客系统

13 页面编辑中的文字"修改"和"删除"的连接必须要传递参数给转到的页面,这样前往的页面才能够根据参数值而从数据库将某一笔数据筛选出来进行编辑。选取编辑页面中"修改"文字,单击"服务器行为"面板上的⊕按钮,在弹出的菜单中,选择"转到详细页面"命令,在打开的"转到详细页面"对话框中,设置"详细信息页"为admin_log_typeupd.asp,设置"传递URL参数"为log_class_ID,其他设置保持默认值,如图9-141所示。

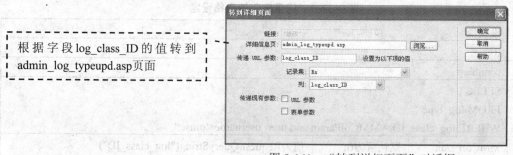

图 9-141 "转到详细页面"对话框

14 选取"删除"文字并重复上面的操作,将转到的页面修改为 admin_log_typedel.asp,如图 9-142 所示。

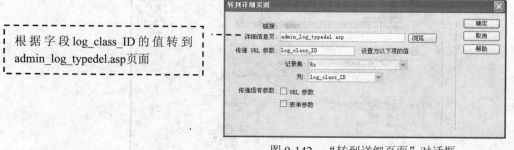

图 9-142 "转到详细页面"对话框

15 单击"确定"按钮,完成日志分类管理页面 admin_log_type.asp 的制作,如图 9-143 所示。

图 9-143 日志分类管理页面效果图

9.4.4 修改日志分类页面

修改日志分类页面 admin_log_typeupd.asp 的主要功能是将数据表中的数据送到页面的表单中进行修改,修改数据后再更新到数据表中,页面设计如图9-144所示。

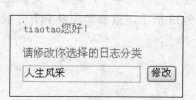

图 9-144 修改日志分类页面设计

详细操作步骤如下：

1 打开 admin_log_typeupd.asp 页面，并单击"绑定"面板上的 ⊞ 按钮，在弹出的菜单中选择"记录集（查询）"命令，打开"记录集"对话框，单击"高级"按钮进入高级模式窗口，输入如表 9-32 所示的数据，单击"确定"按钮完成设置，如图 9-145 所示。

表 9-32 "记录集"的表格设定

属性	设置值		
名称	Rs		
连接	connblog		
SQL	SELECT * FROM log_type WHERE log_class_ID = MMColParam and user_username='muser'		
参数	MMColParam	默认值为0；	值为Request.QueryString("log_class_ID")
	muser	默认值为0；	值为session("MM_username")

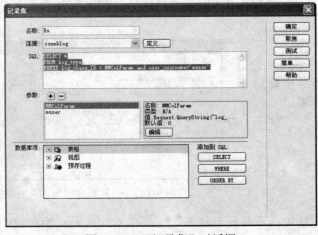

图 9-145 "记录集"对话框

2 单击"确定"按钮完成记录集 Rs 的绑定，绑定记录集后，将记录集的字段插入至 admin_log_typeupd.asp 网页中的适当位置，如图 9-146 所示。

图 9-146 字段的插入

3 完成表单的布置后，在 admin_log_typeupd.asp 这个页面加入"服务器行为"中"更新记录"的设定，在 admin_log_typeupd.asp 的页面上，单击"应用程序"面板中的"服务器行为"标签上的 ⊞ 按钮，在弹出的菜单中，选择"更新记录"命令，在打开的"更新记录"对话框中，输入设定值如表 9-33 所示，效果如图 9-147 所示。

第 9 章　博客系统

表 9-33　"更新记录"的表格设定

属性	设置值
连接	connblog
要更新的表格	log_type
选取记录自	Rs
唯一键列	log_class_ID
在更新后，转到	admin_log_type.asp
获取值自	form1
表单元素	表单字段与数据表字段必须一致

将表单里输入的数据，更新到 log_type 数据表中，更新后转到 admin_log_type.asp 页面

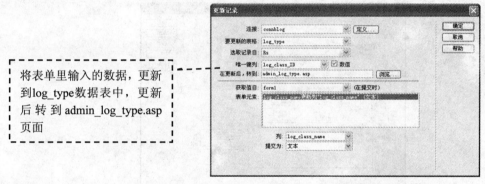

图 9-147　"更新记录"对话框

▌4▐　单击"确定"按钮，回到编辑页面完成修改日志分类页面的设计。

9.4.5　删除日志分类页面

删除日志分类的页面 admin_log_typedel.asp 和修改日志分类页面的设计差不多，如图 9-148 所示，其功能是将表单中的数据从站点的数据表中删除。

图 9-148　页面设计

详细制作步骤如下：

▌1▐　打开 admin_log_typedel.asp 页面，并单击"绑定"面板上的 按钮，在弹出的菜单中，选择"记录集（查询）"命令，打开"记录集"对话框，单击"高级"按钮进入高级模式窗口，输入设定值如表 9-34 所示，单击"确定"按钮后完成设定，如图 9-149 所示。

295

表 9-34 "记录集"的表格设定

名称	Rs	
连接	connblog	
SQL	SELECT * FROM log_type WHERE log_class_ID = MMColParam and user_username='muser'	
参数	MMColParam	默认值为0；值为Request.QueryString("log_class_ID")
	Muser	默认值为0；值为session("MM_username")

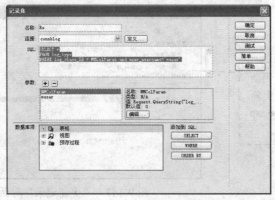

图 9-149 "记录集"对话框

2 单击"确定"按钮完成记录集 Rs 的绑定，绑定记录集后，将记录集的字段插入至 admin_log_typedel.asp 网页的适当位置，如图 9-150 所示。

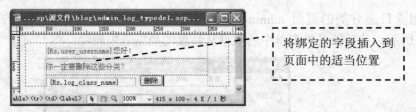

图 9-150 字段的插入

3 将面板中的 log_class_ID 绑定到表单中的 log_class_ID 隐藏区域中，如图 9-151 所示。

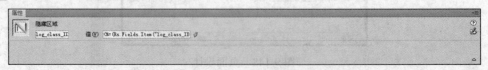

图 9-151 绑定字段到隐藏区域中

4 完成表单的布置后，要在 admin_log_typeupd.asp 这个页面加入"服务器行为"中"删除记录"的设置，在 admin_log_typeupd.asp 的页面上，单击"应用程序"面板中的"服务器行为"标签上的 + 按钮，在弹出的菜单中，选择"删除记录"命令，在打开的"删除记录"对话框中，输入设定值如表 9-35 所示，效果如图 9-152 所示。

表 9-35 "删除记录"的表格设定

属性	设置值
连接	connblog
从表格中删除	log_type
选取记录自	Rs
唯一键列	log_class_ID
提交此表单以删除	form1
删除后，转到	admin_log_type.asp

5 单击"确定"按钮，回到编辑页面完成删除日志分类页面的设计。

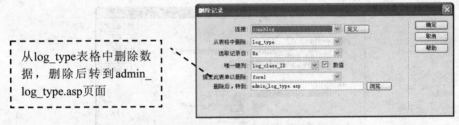

从log_type表格中删除数据，删除后转到admin_log_type.asp页面

图 9-152 "删除记录"对话框

9.4.6 日志列表管理主页面

日志列表管理主页面 admin_log_class.asp 的主要功能是显示所有博客，并通过它进入到修改日志列表页面 admin_log_classupd.asp 和删除日志列表页面 admin_log_classdel.asp，还有添加日志的功能，页面设计效果如图 9-153 所示。

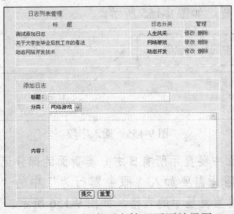

图 9-153 日志列表管理页面效果图

详细的制作步骤如下：

1 单击"绑定"面板上的 + 按钮，在弹出的菜单中，选择"记录集（查询）"命令，打开"记录集"对话框，单击"高级"按钮进入高级模式窗口，输入如表 9-36 所示的数据，单击"确定"按钮完成设置，如图 9-154 所示。

表 9-36 "记录集"的表格设定

属性	设置值
名称	Rs
连接	connblog
SQL	SELECT blog_log.*,log_type.log_class_ID,log_type.log_class_name FROM blog_log,log_type WHEREblog_log.user_username='muser'And log_type.log_class_ID=blog_log.log_class_ID ORDER BY blog_log.log_ID DESC
变量	名称：muser；默认值：1；值：Session("MM_username")

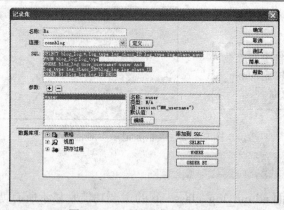

图 9-154 "记录集"对话框

② 单击"确定"按钮完成记录集 Rs 的绑定，绑定记录后，将 log_title 字段和 log_class_name 字段插入到网页中的适当位置，如图 9-155 所示。

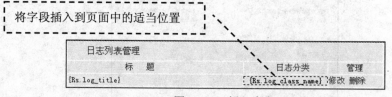

图 9-155 插入字段

③ 在日志分类内容页面中要显示所有日志分类页面的部分记录或全部记录，而目前的设定则只会显示一条记录，因此需要加入"服务器行为"中的"重复区域"的设置，选择 admin_log_class.asp 页面中要重复显示的表格，如图 9-156 所示。

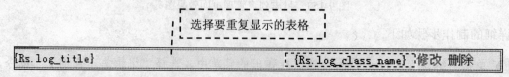

图 9-156 选择要重复显示的表格

④ 单击"应用程序"面板中的"服务器行为"面板上的 按钮，在弹出的菜单中，选择

"重复区域"命令，在打开的"重复区域"对话框中，设定一页显示的数据选项为"所有记录"，如图9-157所示。

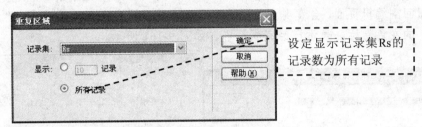

图9-157 选择要重复显示记录集的数目

5. 单击"确定"按钮回到编辑页面，会发现先前所选取要重复的区域左上角出现了一个"重复"的灰色标签，这表示已经完成设置。

6. 如果依照记录集的状况或条件来判别是否要显示网页中的某些区域，这就需要显示区域的设定，首先选择记录集有数据时要显示的数据表格，如图9-158所示。

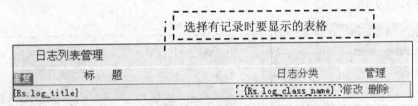

图9-158 选择有记录时要显示的记录

7. 单击"应用程序"面板中的"服务器行为"标签上的 按钮，在弹出的菜单中，选择"显示区域"|"如果记录集不为空则显示区域"命令，打开"如果记录集不为空则显示区域"对话框，在"记录集"中选择Rs再单击"确定"按钮回到编辑页面，会发现先前所选取要显示的区域左上角出现了一个"如果符合此条件则显示"的灰色卷标，这表示已经完成设置，如图9-159所示。

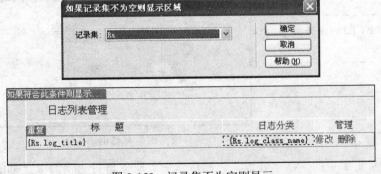

图9-159 记录集不为空则显示

8. 选取记录集没有数据时要显示的数据表格，如图9-160所示。

目前无日志，请你添加日志

图9-160 选择没有数据时要显示的区域

⑨ 单击"应用程序"面板中的"服务器行为"标签上的⊞按钮,在弹出的菜单中,选择"显示区域"|"如果记录集为空则显示区域"命令,在"记录集"中选择 Rs,再单击"确定"接钮回到编辑页面,会发现先前所选取要显示的区域左上角出现了一个"如果符合此条件则显示"的灰色卷标,表示已经完成设置,如图 9-161 所示。

图 9-161 记录集为空则显示的区域

⑩ 当 admin_log_class.asp 页面中日志分类内容信息较多时,就需要加入记录集的分页功能,将光标移至要加入"记录集导航条"的位置,执行"插入"|"数据对象"|"记录集分页"|"记录集导航条"命令,选取要导航的记录集以及导航条的显示方式,然后单击"确定"按钮回到编辑页面,如图 9-162 所示。

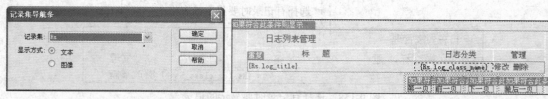

图 9-162 加入"记录集导航条"

⑪ 选取编辑页面中的字段 Rs.log_title,然后单击"服务器行为"面板上的⊞按钮,在弹出的菜单中,选择"转到详细页面"命令,在打开的"转到详细页面"对话框中设置"详细信息页"为 log_class.asp,设置"传递 URL 参数"为 log_class_ID,其他设定值皆不改变,如图 9-163 所示。

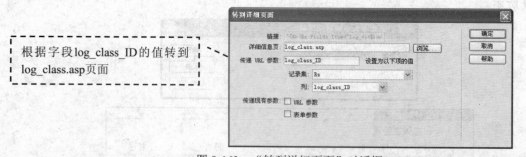

图 9-163 "转到详细页面"对话框

⑫ 选取编辑页面中的文字"修改",然后单击"服务器行为"面板上的⊞按钮,在弹出的菜单中,选择"转到详细页面"命令,在打开的"转到详细页面"对话框中设置"详细信息页"为 admin_log_classupd.asp,设置"传递 URL 参数"为 log_ID,其他设定值皆不改变,如图 9-164 所示。

第 9 章 博客系统

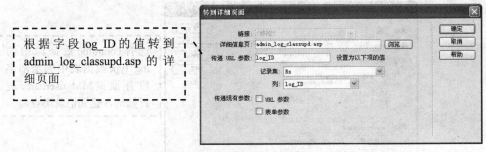

根据字段 log_ID 的值转到 admin_log_classupd.asp 的详细页面

图 9-164 "转到详细页面"对话框

13 选取编辑页面中的文字"删除",然后单击"服务器行为"面板上的 按钮,在弹出的菜单中,选择"转到详细页面"命令,在打开的"转到详细页面"对话框中设置"详细信息页"为 admin_log_classdel.asp,设置"传递 URL 参数"为 log_ID,其他设定值皆不改变,如图 9-165 所示。

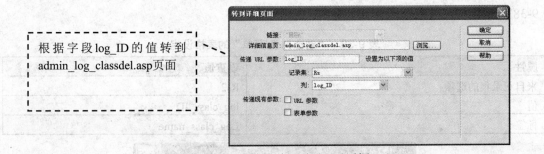

根据字段 log_ID 的值转到 admin_log_classdel.asp 页面

图 9-165 "转到详细页面"对话框

14 下面将制作添加日志的功能,主要的方法是将页面中表单数据新增到 blog_log 数据表中,单击"绑定"面板上的 按钮,在弹出的菜单中,选择"记录集(查询)"命令,在打开的"记录集"对话框中,输入的设定值如表 9-37 所示,单击"确定"按钮完成设置,如图 9-166 所示。

表 9-37 "记录集"的表格设定

属性	设置值
名称	Rs2
连接	connblog
表格	log_type
列	全部
筛选	user_username = 阶段变量 MM_username
排序	无

301

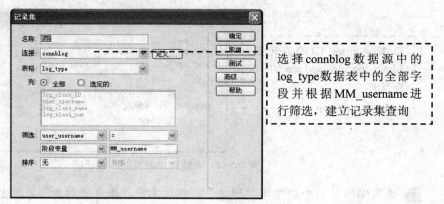

图 9-166 "记录集"对话框

选择 connblog 数据源中的 log_type 数据表中的全部字段并根据 MM_username 进行筛选，建立记录集查询

[15] 单击"确定"按钮完成记录集 Rs2 的绑定，绑定记录集后，单击"分类"的列表/菜单，在其"属性"面板中，单击 动态 按钮，在打开的"动态列表/菜单"对话框中设置如表 9-38 所示数据，效果如图 9-167 所示。

表 9-38 "动态列表/菜单"的表格设定

属性	设置值
来自记录集的选项	Rs2
值	log_class_ID
标签	Log_class_name

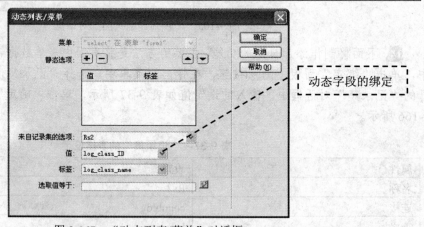

图 9-167 "动态列表/菜单"对话框

[16] 单击"确定"按钮，完成分类列表的数据绑定，然后将绑定面板中 Session 的变量 MM_username 绑定到页面中名为 user_username 的隐藏区域中，如图 9-168 所示。

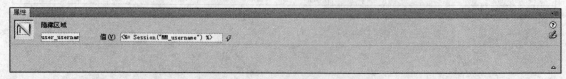

图 9-168 绑定字段到隐藏区域中

17 在 admin_log_class.asp 编辑页面，单击"应用程序"面板中的"服务器行为"面板标签中的■按钮，在弹出的菜单中，选择"插入记录"命令，在"插入记录"对话框中，输入如表 9-39 所示设定值，并设定新增数据后转到一般用户管理页面 user_admin.asp，如图 9-169 所示。

表 9-39 "插入记录"的表格设定

属性	设置值
连接	connblog
插入表格	blog_log
插入后，转到	user_admin.asp
获取值自	form1
表单元素	比对表单字段与数据表字段

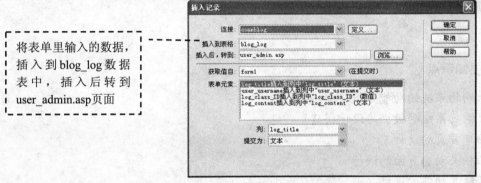

将表单里输入的数据，插入到 blog_log 数据表中，插入后转到 user_admin.asp 页面

图 9-169 "插入记录"对话框

18 选中表单，执行菜单"窗口"|"行为"命令，打开"行为"面板，单击"行为"面板中的■按钮，在弹出的菜单中，选择"检查表单"命令，打开"检查表单"对话框，设置 log_title 和 log_content 两个文本域的"值"都为"必需的"，"可接受"为"任何东西"，如图 9-170 所示。

图 9-170 "检查表单"对话框

19 单击"确定"按钮，回到编辑页面完成 admin_log_class.asp 页面的设计。

其他页面的设计不再赘述，请大家参考光盘内容，至此一个比较复杂的博客系统就开发完毕了，读者在开发后一定要进行测试，测试后方可上传到服务器上进行使用。

第 10 章　网上购物系统

本章主要介绍一个大型网上购物系统的建设实例。网上购物系统是由专业网络技术公司开发，拥有产品发布功能、订单处理功能、购物车功能等组合而成的复杂动态系统。它拥有会员系统、查询系统、购物流程、会员服务、后台管理等功能模块。网站所有者在登录后台管理模块后即可进行商品维护和订单管理。从技术角度来说主要是通过购物车实现电子商务功能。

本章重要知识点

- 网上购物系统的功能分析与模块设计
- 网上购物系统的数据库设计搭建
- 购物车首页的设计
- 商品相关动态页面的设计
- 商品结算功能的设计
- 订单查询功能的设计

10.1　网上购物系统的分析与设计

网上购物系统是一个比较庞大的系统，它拥有会员系统、查询系统、购物流程、会员服务、后台管理等功能模块。为了能系统化地介绍网上购物系统的建设过程，本章将以开发北京龙腾网上购物网站的建设过程为例来详细介绍购物系统的开发方法。

10.1.1　系统分析

商务实用型网站是在网络上建立一个虚拟的购物商场，让访问者在网络上实现购物的功能。网上购物以及网上商店的出现，避免了挑选商品的烦琐过程，让人们的购物过程变得轻松、快捷、方便。本实例的首页如图 10-1 所示。

第10章 网上购物系统

图 10-1 开发设计的网上购物系统首页效果图

对于该网站的功能说明如下。

- 采取会员制保证交易的安全性。
- 开发了强大的搜索查询功能,能够快捷地找到相应的商品。
- 会员购物流程:浏览商品、将商品放入购物车、去收银台结账。每个会员都有自己专用的购物车,可随时订购自己中意的商品,结账后完成购物。购物的流程是指导购物车系统程序编写的主要依据。
- 完善的会员服务功能:可随时查看账目明细、订单明细。
- 设计特价商品展示,能够显示企业近期所促销的一些特价商品。
- 后台管理使用本地数据库,保证购物订单安全,且能及时有效地处理强大的统计分析功能,便于管理者及时了解财务状况、销售状况。

10.1.2 模块分析

通过对系统功能的分析,可知网上购物系统主要由如下功能模块组成。

- 前台网上销售模块:指客户在浏览器中所看到的直接与店主面对面的销售程序,包括:浏览商品、订购商品、查询订购、购物车等功能。
- 后台数据录入模块:前台销售商品的所有数据,其来源都是后台所录入的数据。
- 后台数据处理功能模块:是相对于前台网上销售模块而言的,网上销售的数据都放在销售数据库中,对这部分的数据进行处理,是后台数据处理模块的功能。
- 用户注册功能模块:用户可以先注册,任何时候都可以来买东西,用户注册的好处在于买完东西后无须再输入一大堆个人信息,只须将账号和密码输入就可以了。
- 订单号模块:客户购买完商品后,系统自动分配一个购物号码给客户,以方便客户随时查询账单处理情况,了解现在货物的状态。

- 促销价模块：当有促销价时，结算是以促销价为准，如没有促销价，则以正常的价格为准。客户能得到详细的信息，真正做到处处为顾客着想。

10.1.3 设计规划

在制作网站之前首先要把设计好的网站内容放置在本地计算机的硬盘上，为了方便站点的设计及上传，设计好的网页都应存储在一个目录下，再用合理的文件夹来管理文档。在本地站点中应该用文件夹来合理构建文档的结构：首先为站点创建一个主要文件夹，然后在其中创建多个子文件夹，最后将文档分类存储到相应的文件夹下。读者可以打开光盘中的素材，设计完成的结构如图 10-2 所示。

图 10-2 网站文件结构

从站点规划的文件夹及完成的页面出发，分别对需要设计的主要页面功能分析如下。

1. 站点文件夹

站点文件夹下的 4 个文件及功能如下。

- index.asp：用于实现网上购物系统首页的页面。
- config.asp：被相关的动态页面调用，用来实现数据库连接。
- left_menu.asp：首页左边是会员系统及购物搜索功能组成的动态页面。单独制作也是为了方便其他动态页面的调用。
- main_menu.asp：网站的导航条，对于一个企业的网站来说，由于经常要修改栏目，网站页面很多，不可能每一个页面都进行修改，所以用 ASP 语言建立一个单独的页面，通过调用同一个页面实现导航条的制作，这样修改起来很方便。

2. about_us 文件夹

about_us 文件夹放置关于企业介绍的一些内容，页面只有一个——about_us.asp：关于企业的内容简介页面。

3．admin 文件夹

admin 文件夹放置的是关于整个网站的后台管理文件内容，又分别包括了 news_admin、order_admin 和 product_admin 共 3 个子文件夹。此模块是网上购物系统中的难点和重点。

（1）news_admin 文件夹

news_admin 文件夹是放置后台新闻管理的页面，这里就不再介绍。

（2）order_admin 文件夹

order_admin 文件夹用于放置后台订单处理的一些动态页面，例如本处分别放置了如下 5 个动态页面。

- del_order.asp：删除订单。
- mark_order.asp：标记已处理订单。
- order_list.asp：后台客户订单列表。
- order_list_mark0.asp：未处理客户订单列表。
- order_list_mark1.asp：已处理客户订单列表。

（3）product_admin 文件夹

product_admin 文件夹用来放置商品管理的页面，主要包括以下 10 个动态页面，这是购物的重点和难点，涉及到上传图片等高难度编程操作。

- del_product.asp：删除商品页面。
- insert_product.asp：插入商品页面。
- product_add.asp：添加商品信息页面。
- product_list.asp：后台管理商品列表。
- product_modify.asp：更新商品信息页面。
- update_product.asp：建立上传命令动态页面。
- upfile.asp：上传文件测试动态页面。
- upfile.htm：上传图片文件测试静态页面。
- upload_5xsoft.inc：上传文件 ASP 命令模板。
- check_admin.asp：用于判断后台登录管理员身份确认动态文件。

4．client 文件夹

client 文件夹用来放置客户中心的内容页面，仅包括一个页面——client.asp：制作与购物相关的一些说明。

5．images 文件夹

images 文件夹用来放置网站建设的一些相关图片。

6. incoming_img 文件夹

incoming_img 文件夹用来放置商品的图片。

7. mdb 文件夹

mdb 文件夹用来放置网站的 Access 数据库，所有的购物信息及数据全放在这里。

8. member 文件夹

member 文件夹是放置网站会员的一些相关页面，主要包括以下动态页面。

- login.asp：注册登录页面。
- logout.asp：注册失败页面。
- registe.asp：填写注册信息的页面。
- registe_know.asp：注册须知说明页面。

9. news 文件夹

news 文件夹用来放置网站新闻中心的一些动态页面，主要包括如下动态页面。

- news_content.asp：新闻细节页面。
- news_list.asp：显示所有新闻列表页面。

10. order_search 文件夹

order_search 文件夹用来放置用户订单查询的一些动态页面，主要包括以下两个动态页面。

- order_search.asp：用户订单查询输入页面。
- your_order.asp：用户订单查询结果页面。

11. product 文件夹

product 文件夹用来放置与销售商品相关的页面，主要包括如下 3 个动态页面。

- all_list.asp：所有商品罗列页面。
- product.asp：商品细节页面。
- search_result.asp：商品搜索结果页面。

12. service 文件夹

service 文件夹用来放置售后服务的一些说明页面，主要有一个说明页面——service.asp：用来说明售后服务的页面。

13. shop 文件夹

shop 文件夹主要用来放置结算的一些动态页面，主要包括如下页面。

- add2bag.asp：统计订单商品数量的动态页面。

- clear_bag.asp：清除订单信息的页面。
- order.asp：订单确认信息页面。
- order_sure.asp：订单最后确认页面。
- shop.asp：订单用户信息确认页面。

14．style 文件夹

style 文件夹用来放置页面的 CSS 文件，只有一个文件——index.css：用来控制页面属性的 CSS 样式文件。

从上面的分析可得出该网站总共由 43 个页面组成，涉及到了动态网站建设所有的功能设计。其中的用户注册系统、新闻系统已经在前面的章节中介绍过，本章重点介绍网上购物系统相关页面的分析与设计。

10.2 数据库的设计

网上购物系统的数据库是比较庞大的，在设计的时候需要从使用功能模块入手，分别创建不同名称的数据表，命名的时候也要与使用的功能命名相配合，方便后面相关页面制作时的调用。本节将要完成的数据库命名为 DBwebshop.mdb，在数据库中建立 7 个不同的数据表，如图 10-3 所示。

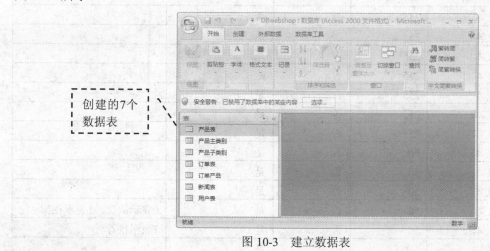

图 10-3 建立数据表

1．产品表

产品表是存储商品的相关信息表，设计的产品表如图 10-4 所示。具体字段的说明如表 10-1 所示。

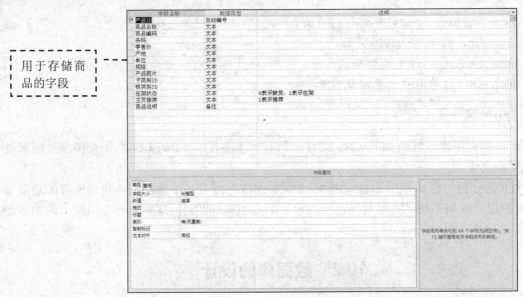

图 10-4　产品表

表 10-1　产品表的数据设计

字段名称	数据类型	字段大小	必填字段	允许空字符串	说明
产品ID	自动编号	长整型			
商品名称	文本	255	否	否	
商品编码	文本	255	否	是	
条码	文本	255	否	是	
零售价	文本	255	否	是	
产地	文本	255	否	是	
单位	文本	255	否	是	
规格	文本	255	否	是	
产品图片	文本	50	否	是	
子类别ID	文本	50	否	是	
根类别ID	文本	50	否	是	
在架状态	文本	50	否	是	0表示缺货，1表示在架
主页推荐	文本	50	否	是	1表示推荐
商品说明	备注		否	是	

2．产品主类别表

产品主类别表是把商品进行分类后的一级类别表，主要设计了"主类别 ID"和"主类别名称"两个字段名称，企业可以根据需要展示商品种类，在数据表中加入商品的类别，如图 10-5 所示。

图 10-5　建立的产品主类别表

3. 产品子类别表

产品子类别表是把商品进行分类后的二级类别表,主要设计"子类别 ID"、"子类别名称"及"主类别 ID"等 3 个字段名称,根据需要展示详细商品种类,在数据表中加入商品的名称,如图 10-6 所示。

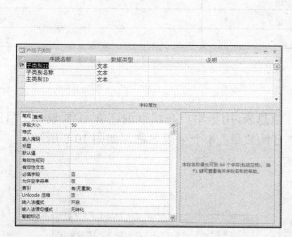

图 10-6　建立的产品子类别表

4. 订单表

订单表是存储网上用户订购的相关信息表,如图 10-7 所示。各字段的具体说明如表 10-2 所示。

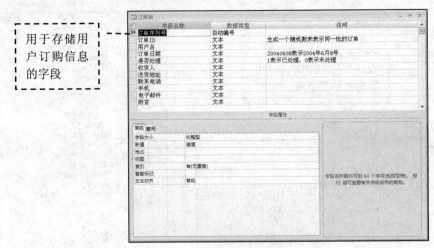

图 10-7 订单数据表

表 10-2 订单表的数据设计

字段名称	数据类型	字段大小	必填字段	允许空字符串	说明
订单序列号	自动编号	长整型			
订单ID	文本	50	是	否	生成一个随机数来表示同一批的订单
用户名	文本	50	是	否	
订单日期	文本	50	否	是	20040608表示2004年6月8号
是否处理	文本	50	否	是	1表示已处理，0表示未处理
收货人	文本	50	否	是	
送货地址	文本	50	否	是	
联系电话	文本	50	否	是	
手机	文本	50	否	是	
电子邮件	文本	50	否	是	
附言	文本	255	否	是	

5．订单产品表

订单产品表是记录用户在网上订购的商品信息表，用于用户在线查询订单，主要设计了"订单产品 ID"、"订单 ID"、"产品 ID"及"订购数量"4 个字段名称，如图 10-8 所示。

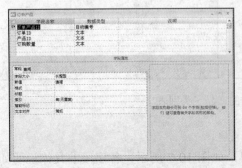

图 10-8 建立的订单产品表

6. 新闻表

新闻表是存储新闻用的数据表,主要设计了"新闻ID"、"新闻标题"、"新闻出处"、"新闻内容"、"新闻图片"及"新闻日期"6个字段名称,如图10-9所示。

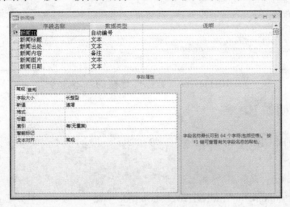

图 10-9 建立的新闻表

7. 用户表

用户表是存储注册用户的数据表,主要设计了"用户ID"、"用户名"、"密码"、"真实姓名"、"性别"、"电话"、"手机"、"电子邮件"、"住址"、"说明"及"属性"11个字段名称,如图10-10所示。

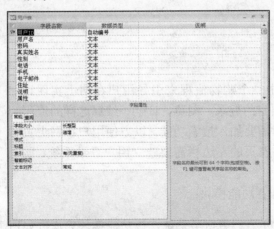

图 10-10 建立用户表

上面设计的数据表可以应用于较庞大的网上购物系统。

10.3 首页的设计

对于一个购物系统来说,需要一个主页面来让用户进行注册、搜索需要采购的商品、浏览网上商品等操作。首页 index.asp 主要由 config.asp、left_menu.asp、main_menu.asp 共 3 个嵌套的页面组合而成,所以在设计之前先要完成这 3 个页面的制作。

10.3.1 数据库的连接

利用 ASP 开发的网站，习惯上通过 config.asp 页面来实现网站数据库的连接。页面比较简单，就是设置数据库连接的基本命令，如图 10-11 所示。

```
<%@LANGUAGE="VBSCRIPT" CODEPAGE="936"%>
<%
'以下为数据库连接代码
connstr="DBQ="+server.mappath("/mdb/DBwebshop.mdb")+";DefaultDir=;DRIVER={Microsoft Access Driver (*.mdb)};"
set conn=server.createobject("ADODB.CONNECTION")
conn.open connstr
%>
```

图 10-11　设置数据库连接的基本命令

对本连接的程序说明如下：

<%@LANGUAGE="VBSCRIPT" CODEPAGE="936"%>
<%
//以下为数据库连接代码
connstr="DBQ="+server.mappath("/mdb/DBwebshop.mdb")+";
//设置 DBQ 服务器的物理路径
DefaultDir=;DRIVER={Microsoft Access Driver (*.mdb)};"
//定义为 Access 数据库
set conn=server.createobject("ADODB.CONNECTION")
//设置为 ADODB 连接
conn.open connstr
//打开数据库
%>

10.3.2 注册及搜索功能的制作

网上购物系统需要由一个购物流程来引导用户在网上实现订购，一般都是通过用户自身的登录、浏览、订购、结算这样的流程来实现网上购物的，同时需要加入搜索功能，以方便用户在网上直接进行搜索订购，所以在首页的左边栏需要建立用户登录系统、购物车及搜索功能模块。

由功能出发分别设计各功能模块：

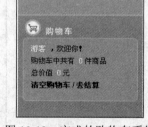

图 10-12　完成的购物车系统

1 首先分析核心部分——购物车系统，该功能模块完成后如图 10-12 所示。该购物车系统主要有实现写入用户名、统计购物车的商品、统计商品总价值、清空购物车、连接到结算功能页面这几个主要的小功能。此段程序如下所示。

```
<table width="80%" border="0" cellspacing="0" cellpadding="2">
    <tr>
    <td><font color="#FF3300">
        <%
        if session("user")<>"" then
        response.Write(session("user"))
```

```
            else
                response.Write("游客")
            end if
            %>
//这段程序的意思是如果用户登录了则显示用户名，如果没有登录则显示游客
            </font><font color="1A3D05">，欢迎你！</font></td>
    </tr>
    <tr>
        <td><font color="1A3D05">购物车中共有<font color="#FF3300">
            %
            if session("all_number")="" then
            %>
            0
            <%
            else
            %>
            <%=session("all_number")%>
            <%
            end if
            %>
//这段程序的功能是统计商品的总数量
            </font>件商品</font></td>
    </tr>
    <tr>
        <td><font color="1A3D05">总价值<font color="#FF3300">
            <%
            if session("all_price")="" then
            %>
            0
            <%
            else
            %>
            <%=session("all_price")%>
            <%
            end if
            %>
//统计商品的总价
            </font>元</font></td>
    </tr>
    <tr>
        <td>
            <%
```

```
            if session("all_number")="" then
            %>
    <strong><font color="1A3D05">清空购物车
</font></strong><font color="1A3D05"> / <strong>
去结算</strong></font>
            <%
            else
            %>
            <a href="shop/clear_bag.asp">
//本段程序是调用 clear_bag.asp 页面功能来清空购物车
<strong>清空购物车</strong></a> / <a href="shop/shop.asp"><strong>
去结算</strong></a>
//调用 shop.asp 页面进行结算
            <%
            end if
            %>
            </td>
    </tr>
    </table>
```

2 购物车系统的下面为用户注册与登录系统，该系统在前面的章节中已经具体介绍过，这里不再介绍，完成的最终效果如图 10-13 所示。

3 搜索功能的设计与制作主要是通过 SQL 的查询语句来实现的，完成的搜索模块如图 10-14 所示。该功能代码嵌套在单独的一个表单 FromSearch 之间，命令如下：

图 10-13　用户注册与登录系统界面　　　　图 10-14　搜索模块

```
<%
set rs_class=server.createobject("adodb.recordset")
sql="select * from 商品主类别 order by 主类别 ID"
rs_class.open sql,conn,1,1
    %>
//建立 SQL 查询语句，通过商品主类别及主类别 ID 来查询商品数据库
        <table width="84%" border="0" cellspacing="0" cellpadding="3">
   <form name="FromSearch" method="post" action="product/search_result.asp" onSubmit=
"return check()">
//提交后由 search_result.asp 页面显示搜索效果
```

```
    <tr>
    <td><img src="/images/Spacer.gif" width="1" height="6"></td>
    </tr>
    <tr>
     <td><font color="#FFFFFF"> 关键词：</font> </td>
    </tr>
    <tr>
     <td><input name="search_key" type="text" class="input1" size="26">
//设置搜索关键词文本域
    </td>
    </tr>
     <tr>
      <td><font color="#FFFFFF">类别：</font></td>
     </tr>
     <tr>
     <td>
  <select name="search_class" class="input1">
       <option value="" selected>-----所有商品类别-----</option>
       <%for i=1 to rs_class.RecordCount-1%>
       <option value="<%=rs_class("主类别ID")%>"><%=rs_class("主类别名称")%></option>
       <%
              if rs_class.eof then
              exit for
              end if
              rs_class.movenext
              next
              rs_class.MoveFirst '把记录集游标移到第一条记录
              %>
      </select>
//通过商品主类别ID和主类别名称进行分类查询
    </td>
    </tr>
     tr valign="middle">
     <td><table width="100%" border="0" cellspacing="0" cellpadding="0">
     <tr>
      <td><input name="imageField2" type="image" src=
"/images/index_search_bt.gif"
  width="57" height="21" border="0"></td>
     </tr>
    </table></td>
    </tr>
```

```
    <tr>
    <td><img src="/images/Spacer.gif" width="1" height="6"></td>
    </tr>
</form>
```

4 在页面中添加"如何购买"及"订购热线"等链接,设计如图10-15所示。

图 10-15 添加链接

10.3.3 导航条的制作

这里将用 ASP 语言建立导航条,完成的命令如下:

```
<%
if session("user_prop")="admin" then
main_menu="<a href=''>首页</a> |
<a href='/product/all_list.asp'>采购中心</a> |
<a href='/about_us/about_us.asp'>关于我们</a> |
<a href='/news/news_list.asp'>新闻中心</a> |
<a href='/client/client.asp'>客服中心</a> |
<a href='/service/service.asp' >服务条款</a> |
<a href='/order_search/order_search.asp'>订单查询</a> |
<a href='/admin/news_admin/news_add.asp'>网站管理</a>"
//如果登录用户是 admin 则显示的导航内容
else //否则导航条显示如下的内容
main_menu="<a href=''>首页</a> |
<a href='/product/all_list.asp'>采购中心</a> |
<a href='/about_us/about_us.asp'>关于我们</a> |
<a href='/news/news_list.asp'>新闻中心</a> |
<a href='/client/client.asp'>客服中心</a> |
<a href='/service/service.asp' >服务条款</a> |
<a href='/order_search/order_search.asp'>订单查询</a>"
end if
%>
```

这个页面设置了导航条的内容及链接情况，并根据条件选择的结果进行显示，即如果登录者是 admin 则显示"网站管理"功能链接，方便管理者进入后台进行管理，如果不是后台管理者则显示正常的导航链接。

10.3.4 首页的制作

index.asp 是网上购物系统的首页，即用户在 IE 栏输入网上购物网站的地址后直接可以打开的页面，也有些企业制作了网站篇头动画，即用 Flash 开发的一段动画，对于网上购物系统来说，为了提高访问速度一般不建议使用 Flash 动画。

首页的设计如下：

1 把光盘中的素材 shop 文件夹下的网上购物系统复制到本地计算机硬盘上，由前面所学知识创建本地站点 web，并设置浏览主页面。

2 双击"文件"面板中的 index.asp 页面，打开的页面效果如图 10-16 所示。

图 10-16　设计好的 index.asp 页面

3 该页面的代码比较长，这里仅给出一些重要的 ASP 命令。在导航条调入如图 10-17 所示的地方加入如下 ASP 命令：

图 10-17　导航条的调入位置

```
<%=main_menu%>
//调用 main_menu.asp
```

4 左侧内容和 left_menu.asp 的页面功能相同，这里不再介绍，中间由新闻系统、特价商品及商品展示功能模块组成，如图 10-18 所示。

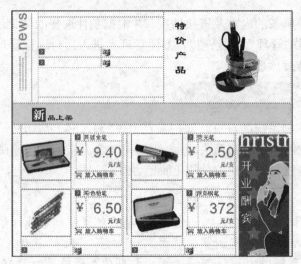

图 10-18　展示商品功能模块

5 新品上架模块的代码比较简单，大部分是静态代码，所有的命令如下：

```html
<table width="100%" border="0" cellpadding="0" cellspacing="0" class= "rightA">
 <tr>
   <td width="3%" height="0"><img src="images/Spacer.gif" width="15" height="13"></td>
   <td colspan="4"> </td>
</tr>
 <tr>
   <td height="329"> </td>
   <td width="37%" valign="top"><table width="210" border="0" cellspacing="0" cellpadding="0">
 <tr>
   <td width="86"><table width="102" border="0" cellpadding="0" cellspacing="1" bgcolor="A6A6A6">
 <tr>
    <td bgcolor="#FFFFFF"><a href="product/product.asp?productID=3855" target="_blank">
//单击特价商品的名称能链接到商品详细说明页面
<img src="incoming_img/newgoods04.jpg" width="102" height="95" border="0"></a></td>
 </tr>
</table></td>
   <td width="124" rowspan="2" align="right" valign="top"><table width="92%" border="0" cellspacing="0" cellpadding="0">
   <tr>
     <td width="19%"><img src="images/index_title.gif" width="19" height="12"></td>
     <td width="81%"><a href="product/product.asp?productID=3855" target="_blank">
```

```html
英雄高级金笔</a></td>
    </tr>
     </table>
    <table width="91%" border="0" cellpadding="0" cellspacing="0" >
      <tr>
        <td width="20%" align="left" valign="middle" class="price-td">
<img src="images/index_m.gif" width="21" height="52"></td>
        <td width="80%" align="right" valign="top" class="price-td">
<span class="price">9.40<br>
        </span><font color="#FFBC2C"><strong>元/支</strong></font>
        </td>
      </tr>
    </table>
    <table width="92%" border="0" cellspacing="0" cellpadding="0">
      <tr>
        <td align="left">
<a href="shop/add2bag.asp?productID=3855">
```
//单击"放入购物车"图标按钮连接到 add2bag.asp 页面，实现放入购物车的功能
```html
<img src="images/index_dinggou.gif" width="84" height="16" border="0"></a></td>
      </tr>
    </table></td>
  </tr>
  <tr>
    <td> </td>
  </tr>
</table>
    <table width="210" border="0" cellspacing="0" cellpadding="0">
      <tr>
        <td width="86"><table width="102" border="0" cellpadding="0" cellspacing="1"
  bgcolor="A6A6A6">
          <tr>
            <td bgcolor="#FFFFFF"><a href="product/product.asp?productID=3468"
  target="_blank"><img src="incoming_img/newgoods01.jpg" width="102" height="95"
  border="0"></a></td>
          </tr>
        </table></td>
        <td width="124" rowspan="2" align="right" valign="top"><table width="92%" border="0"
  cellspacing="0" cellpadding="0">
```

```
        <tr>
          <td width="19%"><img src="images/index_title.gif" width="19" height="12"></td>
          <td width="81%"><a href="product/product.asp?productID=3468" target="_blank">
中华彩色铅笔</a></td>
        </tr>
      </table>
      <table width="91%" border="0" cellpadding="0" cellspacing="0" >
        <tr>
          <td width="12%" align="left" valign="middle" class="price-td">
<img src="images/index_m.gif" width="21" height="52"></td>
          <td width="88%" align="right" valign="top" class="price-td">
<span class="price">6.50<br>
          </span><font color="#FFBC2C"><strong>元/支</strong></font>
          </td>
        </tr>
      </table>
      <table width="92%" border="0" cellspacing="0" cellpadding="0">
        <tr>
          <td align="left"><a href="shop/add2bag.asp?productID=3468">
<img src="images/index_dinggou.gif" width="84" height="16" border="0"></a></td>
        </tr>
      </table></td>
      </tr>
      <tr>
        <td height="16"> </td>
      </tr>
    </table>
    <table width="100%" border="0" cellspacing="0" cellpadding="1">
      <%
          for i=1 to 6
      %>
        <tr>
    <td><img src="images/index_title.gif" width="19" height="12"></td>
      <td><a href="product/product.asp?productID=<%=rs_product("商品ID")%>" target="_blank"><%=rs_product("商品名称")%>
//通过商品 ID 实现商品细节页面 product.asp 的链接
</a></td>
        </tr>
          <%
```

```
                rs_product.MoveNext
                next
                %>
       //用循环命令实现商品的罗列
</table></td>
    <td width="3%" align="center" valign="top">
<table width="3" border="0" cellpadding="0" cellspacing="0" class="shu-xu-xian">
   <tr>
<td align="right"><img src="images/Spacer.gif" width="1" height="210"></td>
  </tr>
  </table></td>
<td width="37%" valign="top"> <table width="210" border="0" cellspacing="0" cellpadding="0">
   <tr>
    <td width="86"><table width="102" border="0" cellpadding="0" cellspacing="1" bgcolor="A6A6A6">
      <tr>
     <td bgcolor="#FFFFFF"><a href="product/product.asp?productID=3951" target="_blank">
<img src="incoming_img/newgoods02.jpg" width="102" height="95" border="0"></a></td>
      </tr>
    </table></td>
    <td width="124" rowspan="2" align="right" valign="top"><table width="91%" border="0" cellspacing="0" cellpadding="0">
     <tr>
     <td width="19%"><img src="images/index_title.gif" width="19" height="12"></td>
     <td width="81%"><a href="product/product.asp?productID=3951" target="_blank">
东洋荧光笔</a></td>
      </tr>
     </table>
     <table width="91%" border="0" cellpadding="0" cellspacing="0" >
      <tr>
      <td width="11%" align="left" valign="middle" class="price-td">
<img src="images/index_m.gif" width="21" height="52"></td>
      <td width="89%" align="right" valign="top" class="price-td"><span class="price">2.50<br>
      </span><font color="#FFBC2C"><strong>元/支</strong></font>
    </td>
```

```
      </tr>
    </table>
    <table width="92%" border="0" cellspacing="0" cellpadding="0">
      <tr>
        <td align="left"><a href="shop/add2bag.asp?productID=3951">
<img src="images/index_dinggou.gif" width="84" height="16" border="0"></a></td>
      </tr>
    </table></td>
  </tr>
  <tr>
    <td> </td>
  </tr>
</table>
  <table width="210" border="0" cellspacing="0" cellpadding="0">
    <tr>
      <td width="86"><table width="102" border="0" cellpadding="0" cellspacing="1"
 bgcolor="A6A6A6">
        <tr>
          <td bgcolor="#FFFFFF"><a href="product/product.asp?productID=3890" target="_blank"><img src="incoming_img/newgoods03.jpg" width="102" height="95"
 border="0"></a></td>
        </tr>
      </table></td>
        <td width="124" rowspan="2" align="right" valign="top"><table width="92% " border="0"
 cellspacing="0" cellpadding="0">
          <tr>
            <td width="19%"><img src="images/index_title.gif" width="19" height="12"></td>
            <td width="81%"><a href="product/product.asp?productID=3890" target="_blank">
派克卓尔钢笔</a></td>
          </tr>
        </table>
        <table width="91%" border="0" cellpadding="0" cellspacing="0" >
          <tr>
            <td width="14%" align="left" valign="middle" class="price-td">
<img src="images/index_m.gif" width="21" height="52"></td>
            <td width="86%" align="right" valign="top" class="price-td">
```

```
<span class="price">372<br>
    </span><font color="#FFBC2C"><strong>元/支</strong></font>
  </td>
</tr>
</table>
<table width="92%" border="0" cellspacing="0" cellpadding="0">
<tr>
<td align="left"><a href="shop/add2bag.asp?productID=3890"><img src="images/index_dinggou.gif" width="84" height="16" border="0"></a></td>
</tr>
</table></td>
</tr>
<tr>
<td> </td>
</tr>
</table>
<table width="100%" border="0" cellspacing="0" cellpadding="1">
<%
    for i=1 to 6
%>
<tr>
<td><img src="images/index_title.gif" width="19" height="12"></td>
<td><a href="product/product.asp?productID=<%=rs_product("商品ID")%>" target="_blank"><%=rs_product("商品名称")%></a></td>
</tr>
<%
    rs_product.MoveNext
    next
%>
</table> </td>
<td width="20%" align="center" valign="top">
<object classid="clsid:D27CDB6E-AE6D-11cf-96B8-444553540000" codebase="http://download.macromedia.com/pub/shockwave/cabs/flash/swflash.cab#version=6,0,29,0" width="108" height="329">
    <param name="movie" value="/incoming_img/ad.swf">
    <param name="quality" value="high">
    <embed src="/incoming_img/ad.swf" quality="high" pluginspage="http://www.macromedia.com/go/getflashplayer" type="application/x-shockwave-flash" width="108" height="329"></embed></object>
```

```
//嵌入flash动态广告
</td>
    </tr>
    </table>
```

6 商品分类模块应用 ASP 中的 for 循环语句，快速建立了所有商品的展示功能，该段动态程序如下：

```
<table width="90%" border="0" cellpadding="5" cellspacing="0" class="fenlei">
<%
if (rs_class.RecordCount mod 5)=0 then
line=Int(rs_class.RecordCount/5)
else
        line=Int(rs_class.RecordCount/5)+1
        end if
        for i=1 to line
if (i mod 2)<>0 then
        %>
//设置商品分类显示行数为5
  <tr>
  <td bgcolor="#FFFFFF">
        <%
        for k=1 to 5
        if rs_class.eof then
exit for
        else
        %>
//如果显示了所有的记录则关闭查询
<a href="product/all_list.asp"><%=rs_class("主类别名称")%></a>
<img src="/images/Spacer.gif" width="6" height="1">
//单击商品类别名称链接到显示全部商品内容页面（all_list.asp）
<%
        rs_class.MoveNext
        end if
        next
        %>
</td>
    </tr>
      <%
        end if
        if (i mod 2)=0 then
        %>
        <tr>
```

```
        <td>
            <% for k=1 to 5
            if rs_class.eof then
        exit for
            else
            %>
<a href="product/all_list.asp"><%=rs_class("主类别名称")%></a>
<img src="/images/Spacer.gif" width="6" height="1">
<%
rs_class.MoveNext
end if
    next
    %>
</td>
 </tr>
 <%
    end if
next
%>
</table>
```

至此，网上购物系统的首页分析结束，如果需要快速建立网上购物系统的首页，可以直接参考光盘中的完成页面并查看代码。

10.4 商品动态页面的设计

product 文件夹用于放置与销售商品相关的页面，主要包括所有商品罗列页面 all_list.asp、商品细节页面 product.asp 和商品搜索结果页面 search_result.asp。下面分别介绍这些页面的设计与制作。

10.4.1 商品罗列页面的设计

单击导航条中的"采购中心"或单击首页上的"商品分类"中的商品内容可以连接到此页面，主要用于显示数据库中的所有商品。

1 首先完成静态页面的设计，该页面的核心部分是"产品选购"中商品二级分类的显示，其他部分功能在首页设计中已经介绍过，完成的效果如图 10-19 所示。主要核心部分如下所示：

图 10-19 设计的商品罗列页面效果图

```
<table width="90%" border="0" cellpadding="5" cellspacing="0" class="fenlei">
 <%
for i=1 to rs.RecordCount
     %>
//设置记录集计算循环
<tr>
<td width="79%" bgcolor="#FFFFFF"><strong><%=rs("主类别名称")%></strong></td>
//显示主类别名称
<td width="21%" align="right" bgcolor="#FFFFFF"><a href="all_list.asp">
返回总分类</a>    </td>
</tr>
<tr>
<td colspan="2" class="line">
<%
for j=1 to rs_sub.RecordCount
if rs_sub.eof then
     rs_sub.MoveFirst
end if
if CInt(rs_sub("主类别 ID"))=CInt(rs("主类别 ID")) then
     %> <a href="search_result.asp?sub_classID=<%=rs_sub("子类别 ID")%>&name=<%=rs_sub
("子类别名称")%>">
<%=rs_sub("子类别名称")%></a>   <%
```

```
end if
rs_sub.MoveNext
next
    %>
//该段程序是在页面中显示所有子类别名称的代码
</td>
</tr>
<%
rs.MoveNext
next
    %>
</table>
```

❷ 在完成的页面中,加入产品选购的 ASP 命令很简单,这里不再赘述,效果如图 10-20 所示。

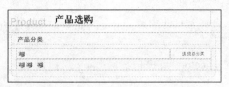

图 10-20 完成的产品选购

10.4.2 商品细节页面的制作

商品细节页面 product.asp 要能显示商品的所有详细信息,包括商品价格、商品售价、商品产地、商品单位及商品图片等,同时要显示是否在架(是否缺货)以及放入购物车等功能。

由所需要建立的功能出发,建立如图 10-21 所示的动态页面,页面中的 ASP 代码图标表示是通过加入动态命令来实现该功能的。

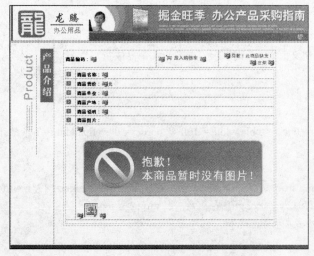

图 10-21 完成的设计页面效果图

下面对该模块的命令分析如下：

```asp
<table width="90%" border="0" cellpadding="5" cellspacing="0" class="fenlei">
<tr>
<td width="44%" bgcolor="#FFFFFF"><strong>商品编码：<%=rs
("商品编码")%></strong></td>
<td width="29%" bgcolor="#FFFFFF">
<%
if rs("在架状态")=0 then
else
    %>
<a href="/shop/add2bag.asp?productID=<%=rs("商品ID")%>">
<img src="../images/index_dinggou.gif" width="84" height="16" border="0"></a>
<%
end if
%>
//如果商品在架，单击"放入购物车"链接至 add2bag.asp 页面来实现购物功能
    </td>
<td width="27%" align="right" bgcolor="#FFFFFF">
    <%
    if rs("在架状态")=0 then
%>
<font color="#FF6600">抱歉！此商品缺货！</font>
    <%
    else
    %>
    font color="#FF6600">在架</font>
%
end if
    %>
//如果商品在架状态定义值为 0，则显示"抱歉！此商品缺货！"
</td>
</tr>
<tr valign="top">
<td colspan="3" class="line"><table width="100%" border="0" cellpadding="3" cellspacing="0"
 class="rightA">
  <tr>
    <td width="5%"><img src="../images/index_title.gif" width="19" height="12"></td>
<td><font color="#427012"><strong>商品名称：</strong></font>
<%=rs("商品名称")%>//显示商品名称
</td>
    </tr>
```

```
    <tr>
      <td bgcolor="#FFFFFF"><img src="../images/index_title.gif" width="19" height="12"></td>
      <td bgcolor="#FFFFFF"><font color="#427012"><strong>商品售价：</strong></font><%=rs("零售价")%>元//显示商品价格
</td>
    </tr>
    <tr>
      <td><img src="../images/index_title.gif" width="19" height="12"></td>
      <td><font color="#427012"><strong>商品单位：</strong></font><%=rs("单位")%>//显示商品单位</td>
    </tr>
    <tr>
      <td bgcolor="#FFFFFF"><img src="../images/index_title.gif" width="19" height="12"></td>
      <td bgcolor="#FFFFFF"><font color="#427012"><strong>商品产地：</strong></font><%=rs("产地")%>//显示商品产地</td>
    </tr>
    <tr>
      <td class="fenlei"><img src="../images/index_title.gif" width="19" height="12"></td>
      <td><font color="#427012"><strong>商品说明：</strong></font><%=rs("商品说明")%>//显示商品说明</td>
    </tr>
    <tr>
      <td class="fenlei"><img src="../images/index_title.gif" width="19" height="12"></td>
      <td><font color="#427012"><strong>商品图片：</strong></font></td>
    </tr>
    <tr>
      <td class="fenlei"> </td>
      <td valign="top">
        <%
        if rs("商品图片")="" then
        %>
        <img src="../incoming_img/no_photo.gif" width="500" height="186">
        <%
        else
        %>
        <img src="../incoming_img/<%=rs("商品图片")%>">
        <%
        end if
        %>
//显示商品图片
```

```
        </td>
      </tr>
      <tr>
        <td colspan="2" class="fenlei"><img src="../images/Spacer.gif" width="1" height="5"></td>
      </tr>
    </table></td>
  </tr>
</table>
```

商品细节页面的设计不是一成不变的，该页面实际是显示记录集的页面，在实际操作设计中建立数据库连接，建立查询记录集，最后绑定想要显示的字段，从而完成商品细节页面的设计。

10.4.3 商品搜索结果页面的制作

在首页中有一个商品搜索功能，通过输入要搜索的商品名称，单击"搜索"按钮后打开的页面即为商品搜索结果页面 earch_result.asp。该页面的功能为通过搜索页传送过来的字段搜索数据库中的数据，并显示该商品。在制作搜索结果页面的时候还需要考虑到一个问题，就是很可能在搜索的字段当中会有很多商品相似，如输入"打印机"，那么所有数据中带"打印机" 3 个字的商品都会列在该页面，所以要创建导航条和记录统计等功能。

由上面的功能分析出发，设计好的商品搜索结果页面如图 10-22 所示。

图 10-22　搜索的实际结果

对本页面相关的程序分析如下：

```
<table width="100%" border="0" cellspacing="0" cellpadding="0">
<tr>
<td> </td>
</tr>
  <tr>
    <td><img src="../images/index_pro011.gif" width="573" height="41"></td>
  </tr>
```

```
<tr>
<td align="center" valign="top" background="../images/index_pro03.gif"> <table width="90%" border="0" cellpadding="5" cellspacing="0" class="fenlei">
<tr>
<td width="77%" bgcolor="#FFFFFF">
    <%
    if Request("search_key")<>"" then
    %>
    <strong>您搜索的关键词是:</strong><font color="#FF3300"> 
<%=Request("search_key")%></font>
<%
else
    %>
<strong><%=Request("name")%>：</strong>
    <%
    end if
    %>
//在搜索的关键词后面显示前面输入搜索的阶段变量，即搜索的名称值
    </td>
<td width="23%" bgcolor="#FFFFFF"><a href="all_list.asp">&lt;&lt;
返回商品分类</a></td>
</tr>
</table>
<table width="90%" border="0" cellpadding="0" cellspacing="0" >
<tr>
<td><img src="../images/Spacer.gif" width="1" height="3"></td>
</tr>
</table>
<table width="90%" border="0" cellpadding="5" cellspacing="0" class="fenlei">
  <tr>
    <td width="48%" bgcolor="#FFFFFF"><strong>商品名</strong></td>
    <td width="17%" bgcolor="#FFFFFF"><strong>报价</strong></td>
    <td width="16%" bgcolor="#FFFFFF"><strong>在架状态</strong></td>
    <td width="19%" bgcolor="#FFFFFF"> </td>
  </tr>
   <%
     if rs.recordcount<>0 then
     for i=1 to pagesize
     if rs.eof then
exit for
end if
%>
```

```asp
<%
    if (i mod 2)=0 then
%>
<tr bgcolor="#EBEBEB">
<%
    end if
%>
//显示所有的搜索结果
<td><a href="product.asp?productID=<%=rs("商品 ID")%>" target="_blank"><%=rs("商品名称")%></a></td>
<td><%=rs("零售价")%></td>
//通过商品 ID 打开商品名称
<td>
  <%
    if rs("在架状态")=0 then
    response.Write("缺货")
    else
response.Write("在架")
    end if
  %>
//显示商品是否在架或者缺货
</td>
<td><font color="1A3D05"><a href="/shop/add2bag.asp?productID=<%=rs("商品 ID")%>"><img src="../images/index_dinggou.gif" width="84" height="16" border="0"></a></font></td>
</tr>
<%
rs.MoveNext
    next
    else
%>
<tr bgcolor="#EBEBEB">
<td colspan="4"><font color="#FF3300">抱歉！您选择的分类暂时没有货物，请您电话与我们联系！</font></td>
</tr>
 <%
    end if
rs.close
    set rs=nothing
    conn.close
    set conn=nothing
 %>
```

```
</table>
<table width="90%" border="0" cellpadding="8" cellspacing="0" class="fenlei">
 <tr>
   <td width="35%">第<%=page%>页/共<%=pageall%>页//统计搜索总数</td>
   <td width="32%"> </td>
   <td width="33%" align="right">
       <%if    Cint(page-1)<=0 then
       response.write "上一页"
       else%>
   <ahref="search_result.asp?page=<%=page-1%>&name=<%=Request("name")%>&sub_classID=<%=Request("sub_classID")%>&search_key=<%=request("search_key")%>&search_class=<%=request("search_class")%>">上一页</a>
<%end if%>
      / 
<%if    Cint(page+1)>Cint(pageall) then
     response.write "下一页"
     else%>
<ahref="search_result.asp?page=<%=page+1%>&name=<%=Request("name")%>&sub_classID=<%=Request("sub_classID")%>&search_key=<%=request("search_key")%>&search_class=<%=request("search_class")%>">下一页</a>
<%end if%>
</td>
</tr>
</table></td>
</tr>
<tr>
<td><img src="../images/index_pro02.gif" width="573" height="46"></td>
</tr>
</table>
```

至此，就完成了商品相关动态页面的设计。

10.5 商品结算功能的设计

购物车最核心的功能就是如何进行商品结算，通过这个功能用户在选择了自己喜欢的商品后可以通过网络确认所需要的商品，输入联系方法，提交后写入数据库，从而方便企业进行售后服务，即送货收钱等工作，这也是网上购物系统中最难实现的部分。

10.5.1 统计订单

该页面在前面的代码中经常应用到，即单击"放入购物车"图标按钮后调用到的页面，主要用于统计订单数量。

该页面完全是由 ASP 代码实现，设计分析如下。

```asp
<!--#include file="../config.asp"-->
//调用 config.asp 确认数据库连接
<%
productID=request("productID")
//定义阶段变量 productID
set rs=server.createobject("adodb.recordset")
//创建记录集
sql="select * from 商品表 where 商品 ID="&productID&" order by 商品 ID"
//用 SQL 查询功能通过商品 ID 与 productID 核对
rs.open sql,conn,1,1
if rs.recordcount<>0 then
    session("all_number")=session("all_number")+1
//通过 session 记录放入购物车的商品总个数
    session("product"&session("all_number"))=productID
    session("all_price")=session("all_price")+CDbl(rs("零售价"))
end if
rs.close
set rs=nothing
response.Redirect(request.serverVariables("Http_REFERER"))
%>
//如果是订购商品的总个数加 1，则购物总价加入刚订购商品的零售价
<%
for i=1 to CInt(session("all_number"))
%>
<%=session("product"&i)&"<br>"%>
<%
next
%>
```

Session 在 Web 技术中占有非常重要的份量。由于网页是一种无状态的连接程序，因此无法得知用户的浏览状态，必须通过 Session 记录用户的有关信息，以供用户再次以此身份对 Web 服务器提出要求进行确认。

10.5.2 清除订单

单击"清空"按钮将调用 clear_bag.asp 页面，用于清空购物车中的数据统计，清除订单的代码如下：

```asp
<%@LANGUAGE="VBSCRIPT" CODEPAGE="936"%>
```

```
<%
user=session("user")
user_type=session("user_prop")
session.Contents.RemoveAll()
session("user")=user
session("user_prop")=user_type
response.Redirect(request.serverVariables("Http_REFERER"))
%>
//通过 RemoveAll()命令实现清空 session 中的记录
```

10.5.3 用户信息确认订单

用户登录后选择商品放入购物车，单击首页上的"去结算"按钮，将打开用户信息确认订单页面 shop.asp，该页面用于显示选择的购物商品数量和总价，需要输入"送货信息"。

该页面完成后的效果如图 10-23 所示。

图 10-23　用户信息确认订单页面效果图

10.5.4 订单确认信息

在单击 shop.asp 页面上的"结算"按钮后打开订单确认页面 order.asp，该页面同 shop 页面的结构相同，在"送货信息"中显示了输入的送货详细信息，相当于在线留言管理系统中的查看留言板功能，效果如图 10-24 所示。

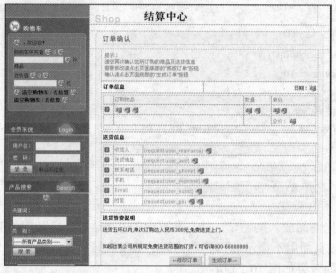

图 10-24　订单确认信息页面效果图

10.5.5　订单最后确认

单击订单确认信息页面 order.asp 上的"生成订单"按钮后，即可打开 order_sure.asp 页面，该页面是将订单写入数据库后弹出的完成购物页面，该页面的设计同 order.asp 相似，只是减少了"送货信息"的内容，具体的制作方法不再介绍，效果如图 10-25 所示。

图 10-25　订单最后确认页面效果图

10.6　订单查询功能的制作

用户在购物的时候还需要知道自己一共购买了多少商品，单击导航条上的"订单查询"命令，打开输入查询的页面 order_search.asp，在"查询"文本框中输入客户的订单编号，可以打开订单的处理情况页面 your_order.asp，从而方便与企业沟通。

10.6.1　输入订单查询

订单的查询功能和首页上的商品搜索功能的设计方法相同，需要在输入的查询页面设置好数据库连接，设置查询输入文本框，建立 SQL 查询命令，具体的设计方法与前面的搜索功能模块相同，因此不再具体介绍，完成的效果如图 10-26 所示。

图 10-26　输入订单查询页面效果图

10.6.2　订单查询结果

该页面是用户输入订单号后，单击"查询"按钮弹出的查询结果页面。设计分析同 search_result.asp，这里不再介绍，完成后的效果如图 10-27 所示。

图 10-27　订单查询结果效果图

10.7　后台管理页面的制作

网上购物系统的后台管理部分是整个网站建设的难点，它用到了几乎所有的常用 ASP 处理技术，包含了新闻系统的管理功能、订单的处理功能、商品的管理功能等。新闻系统的管理功能在前面的章节中已经介绍过，这里不再介绍，本节将重点介绍订单的处理功能和商品的管理功能。

10.7.1　后台登录

企业网站的拥有者需要登录后台对网上购物系统进行管理，由于涉及到很多商业机密，所以需要设计登录用户确认页面，通过输入唯一的用户名和密码来登录后台进行管理，用于判断后台登录管理身份的确认动态文件 check_admin.asp 的制作比较简单，完成的代码如下（本系统预设的用户名为 admin，密码为 admin）：

```
<%
if session("user_prop")<>"admin" then
    response.Redirect("/member/login.asp?error_inf=请用管理员账号登录进入后台管理！")
end if
%>
//判断用户是否为 admin，如果不是就打开出错信息页面
```

10.7.2 订单处理

order_admin 文件夹用于放置后台订单处理的一些动态页面，里面分别放置了 5 个动态页面。

- del_order.asp：删除订单。
- mark_order.asp：标记已处理订单。
- order_list.asp：后台客户订单列表。
- order_list_mark0.asp：未处理客户订单列表。
- order_list_mark1.asp：已处理客户订单列表。

下面将详细分析各页面的 ASP 命令。

1. del_order.asp

动态页面 del_order.asp 用于删除订单的命令如下。

```
<!--#include file="../../config.asp"-->
//通过 config.asp 页面建立数据库连接
<!--#include file="../check_admin.asp"-->
<%
if request("del_orderID")<>"" then
    Set rs_order_product = conn.execute("delete * from 订单商品 WHERE 订单 ID='"&request("del_orderID")&"'")
    // 通过 delete 命令删除订单
Set rs_order = conn.execute("delete * from 订单表 WHERE 订单 ID='"&request ("del_orderID")&"'")
  if Err.Number>0 then
      response.write "对不起，数据库处理有错误，请稍候再试..."
          response.end
//删除失败显示的信息
    else
          conn.close
          set conn=nothing
       response.redirect "order_list.asp"
      end if
```

```
else
    conn.close
    set conn=nothing
    response.Redirect(request.serverVariables("Http_REFERER"))
end if
%>
```

2. mark_order.asp

mark_order.asp 标记已处理订单的程序如下。

```
<!--#include file="../../config.asp"-->
<!--#include file="../check_admin.asp"-->
<%
if request("mark_orderID")<>"" then
    set rs=server.createobject("adodb.recordset")
    sql="update 订单表 set 是否处理='"&request("mark")&"' where 订单ID='"&request("mark_orderID")&"'"
    rs.open sql,conn,1,1
  if Err.Number>0 then
    response.write "对不起，数据库处理有错误，请稍候再试..."
        response.end
    else
        response.redirect(request.serverVariables("Http_REFERER"))
    end if
end if
rs.close
set rs=nothing
conn.close
set conn=nothing
%>
```

3. order_list.asp

后台客户订单列表的设计页面 order_list.asp 如图 10-28 所示。该页面中的大部分功能在前面的页面制作过程中已经介绍过，不同的地方在于"订单号："这一栏，里面有删除订单功能。

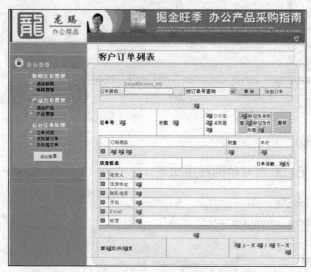

图 10-28 客户订单列表

下面将该行的代码列出，并进行分析说明。

```
<tr>
<td width="30%" bgcolor="#FFFFFF"><strong>订单号：<%=rs_order("订单ID")%>
//显示处理的订单编号
</strong></td>
  <td width="24%" bgcolor="#FFFFFF">日期：<%=rs_order("订单日期")%></td>
  <td width="16%" bgcolor="#FFFFFF"> <%
    if rs_order("是否处理")=1 then
    %> <font color="#FF6600">已处理</font>
<%
    else
    %> <font color="#0033FF">未处理</font> <%end if%> </td>
//如果查得 " 是否处理 " 的值为 1，那么显示为已处理，否则显示为未处理
<td width="30%" bgcolor="#FFFFFF"><table width="100%" border="0" cellspacing="3"
  cellpadding="0">
<tr>
<td width="65%" align="center" valign="middle" bgcolor="#C4DCB6"
onMouseOver="mOvr(this,'#79B43D');" onMouseOut="mOut(this,'#C4DCB6');" >
    <%
    if rs_order("是否处理")=1 then
    %>
    <a href="mark_order.asp?mark_orderID=<%= rs_order("订单ID")%>&mark=0">
标记为未处理</a>
    <%
    else
    %>
```

```
                <a href="mark_order.asp?mark_orderID=<%=rs_order("订单 ID")%>&mark=1">
标记为已处理</a>
                <%end if%>
        //标记是否处理的订单,并通过订单 ID 号设置连接页面
</td>
 <td width="35%" align="center" valign="middle" bgcolor="#C4DCB6"
 onMouseOver="mOvr(this,'#79B43D');" onMouseOut="mOut(this,'#C4DCB6');" >
 <a href="del_order.asp?del_orderID=<%=rs_order("订单 ID")%>" onClick="return confirm('
真的要删除这个订单吗? ')">删除
//通过订单 ID 删除选择的订单
</a></td>
 </tr>
 </table></td>
  </tr>
```

4．order_list_mark0.asp

未处理客户订单列表 order_list_mark0.asp 是显示所有未处理的客户订单页面,完成的设计效果如图 10-29 所示。该页面的制作同 order_list.asp 相比,除减少了搜索功能外,该页面中显示的是 rs_order("是否处理")=1 的所有未处理订单。具体的代码请查看光盘中的源代码,这里不再赘述。

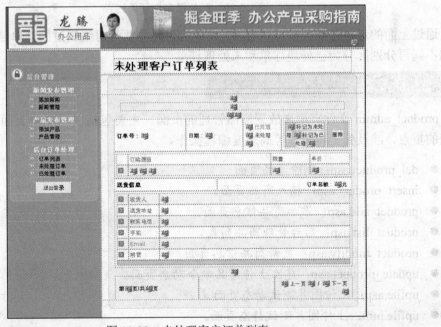

图 10-29　未处理客户订单列表

5．order_list_mark1.asp

已处理客户订单列表 order_list_mark1.asp 和未处理客户订单列表是相对的功能页面,当

rs_order("是否处理")的值不等于 1 的情况下的订单都会显示在该页面，完成后的效果如图 10-30 所示。具体的代码请查看光盘中的源代码，这里不再赘述。

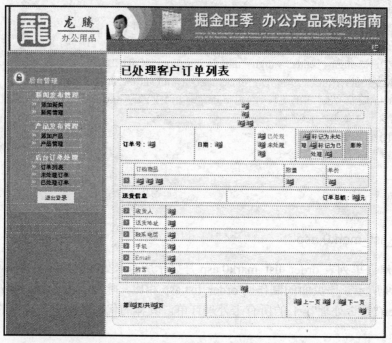

图 10-30　已处理客户订单列表

通过上面的订单处理页面可以看出，设计的思路主要是对编辑过的订单赋值，通过赋值情况的不同再分别区分为已处理订单和未处理订单。

10.7.3　商品管理

product_admin 文件夹用来放置商品管理的页面，主要包括以下 9 个页面，这是网上购物系统的重点，涉及到上传图片等高难度编程操作。

- del_product.asp：删除商品页面。
- insert_product.asp：插入商品页面。
- product_add.asp：添加商品信息页面。
- product_list.asp：后台管理商品列表。
- product_modify.asp：更新商品信息页面。
- update_product.asp：建立上传商品命令动态页面。
- upfile.asp：上传图片测试动态页面。
- upfile.htm：上传图片测试静态页面。
- upload_5xsoft.inc：上传文件 ASP 命令模板。

提示 技术难度主要在于图片的上传功能，在这 9 个页面中，上传图片测试动态页面（upfile.asp）和上传图片测试静态页面（upfile.htm）是与本系统不相关的页面，单独列出是为了说明如何上传图片，不再给出具体说明。

1. del_product.asp

删除商品页面 del_product.asp 只是一个删除商品的动态页面，代码在前面的删除功能中经常使用到，具体的代码如下：

```
<!--#include file="../../config.asp"-->
<!--#include file="../check_admin.asp"-->
<%
if request("del_productID")<>"" then
    conn.execute("delete * from 商品表 WHERE 商品ID="&CInt(request("del_productID")))
    conn.execute("delete * from 订单商品 WHERE 商品ID='"&request("del_productID")&"'")
    if Err.Number>0 then
        response.write "对不起，数据库处理有错误，请稍候再试..."
        response.end
    else
        conn.close
        set conn=nothing
        response.redirect "product_list.asp"
    end if
else
    conn.close
    set conn=nothing
    response.Redirect(request.serverVariables("Http_REFERER"))
end if
%>
```

2. insert_product.asp

插入商品页面 insert_product.asp 是一段插入记录的代码，当中引用了 upload_5xsoft.inc 的程序代码，具体的分析如下：

```
<!--#include file="../../config.asp"-->
<!--#include file="../check_admin.asp"-->
<!--#include file="../../main_menu.asp"-->
<!--#include FILE="upload_5xsoft.inc"-->
<%'OPTION EXPLICIT%>
```

```asp
<%Server.ScriptTimeOut=5000%>
<%
dim upload,file,formName,formPath,imageName
imageName=""
set upload=new upload_5xsoft
//建立上传对象
if upload.form("filepath")="" then    //得到上传目录
  set upload=nothing
  response.end
else
  formPath=upload.form("filepath")
  //在目录后加（/）
  if right(formPath,1)<>"/" then formPath=formPath&"/"
end if

for each formName in upload.objFile
//列出所有上传了的文件
  set file=upload.file(formName)
//生成一个文件对象
  if file.FileSize>0 then
//如果 FileSize > 0，说明有文件数据
    file.SaveAs Server.mappath(formPath&file.FileName)
  //保存文件
  'response.write file.FilePath&file.FileName&" ("&file.FileSize&") => 
"&formPath&File.FileName&" 成功!<br>"
      imageName=File.FileName
  end if
  set file=nothing
next
   //删除此对象
'sub HtmEnd(Msg)
' set upload=nothing
 'response.write "<br>"&Msg&" [<a href=""javascript:history.back();"">
返回</a>]</body></html>"
 'response.end
'end sub
'for each formName in upload.objForm
//列出所有 form 数据
' response.write "pro_chandi="&upload.form("pro_chand")&"<br>"
'next
%>
<%
```

```
Dim root_class,this_class
this_class=CStr(Left(CLng(upload.form("pro_bianma")),4))
root_class=CStr(Left(CLng(upload.form("pro_bianma")),2))
if upload.form("pro_mingcheng")<>"" then
    pro_mingcheng=upload.form("pro_mingcheng")
    pro_bianma=CStr(upload.form("pro_bianma"))
    pro_tiaoxingma=upload.form("pro_tiaoxingma")
    pro_jiage=upload.form("pro_jiage")
    pro_chandi=upload.form("pro_chandi")
    pro_danwei=upload.form("pro_danwei")
    pro_guige=upload.form("pro_guige")
    pro_zaijia=upload.form("pro_zaijia")
    pro_tuijian=upload.form("pro_tuijian")
    pro_shuoming=upload.form("pro_shuoming")
conn.execute("insert into 商品表(商品名称,商品编码,条形码,零售价,产地,单位,规格,商品图片,
子类别 ID,根类别 ID,在架状态,主页推荐,商品说明)
values ('"&pro_mingcheng&"','"&pro_bianma&"','
"&pro_tiaoxingma&"','"&pro_jiage&"','"&pro_chandi&"','"&pro_danwei&"','"&pro_guige&"','"
&imageName&"','"&this_class&"','"&root_class&"','"&pro_zaijia&"','"&pro_tuijian&"',
'"&pro_shuoming&"')")
//进行各数据的插入更新操作
end if
if Err.Number>0 then
    response.write "对不起，数据库处理有错误，请稍候再试..."
    response.end
else
    conn.close
    set conn=nothing
    set upload=nothing
    response.Redirect("product_add.asp?return_inf=添加商品信息成功，请继续添加！ ")
end if
%>
```

3. product_add.asp

添加商品信息页面 product_add.asp 和用户注册系统的用户信息输入页面的实现方法相差不多，只是多了商品图片的上传功能，设计的效果如图 10-31 所示。

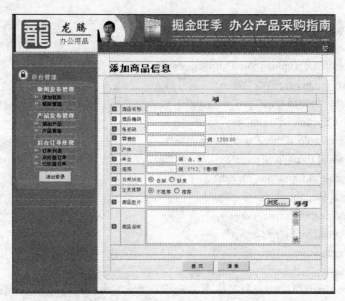

图 10-31　设计的添加商品信息页面

4．product_list.asp

该页面的完成效果如图 10-32 所示。页面中列出了商品的主要信息，如 ID、商品名、报价、商品编码、图片等，还可对商品信息进行"修改"及"删除"等操作。

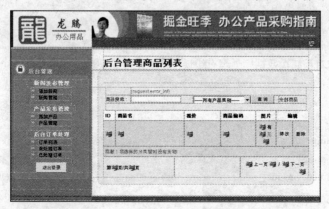

图 10-32　设计完成的后台管理商品列表

5．product_modify.asp

更新商品信息页面 product_modify.asp 的设计与新闻系统中的更新新闻功能相同。可以打开光盘中的源代码进行学习参考。完成的设计如图 10-33 所示。

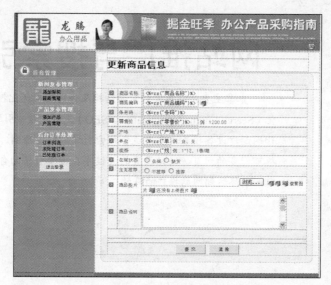

图 10-33 更新商品信息

6．product_modify.asp

单击更新商品信息页面 product_modify.asp 中的"提交"按钮后，将通过建立上传命令动态页面 update_product.asp 实现后续操作。该动态页面的功能与插入商品页面 insert_product.asp 相同，难点在于图片的上传更新。请打开光盘进行学习。

关于上传图片测试动态页面 upfile.asp、上传图片测试静态页面 upfile.htm、上传文件 ASP 命令模板 upload_5xsoft.inc 这 3 个页面是为了方便企业建立购物车时单独调用的，光盘中也有详细的程序解释说明，这里不再赘述。

第 11 章 网站推广与搜索引擎优化

本章主要介绍搜索引擎的结构及如何正确优化搜索引擎。搜索引擎优化（Search Engine Optimization，SEO）是针对搜索引擎对网页的检索特点，让网站建设各项基本要素适合搜索引擎的检索原则，从而使搜索引擎收录尽可能多的网页，网站设置的关键字在搜索引擎的自然检索结果中排名靠前，最终达到网站推广的目的。

本章重要知识点
- 搜索引擎的基础
- 正确制作 SEO 方案
- SEO 之站内优化
- 网站的关键字
- SEO 之站外优化
- SEO 的问题和解决方法

11.1 搜索引擎基础

早期的互联网只是一些用户可以下载（或上传）文件的 FTP（File Transfer Protocol，文件传输协议）站点。若要在这些站点中寻找某个文件，用户只能逐个浏览每个文件。而如今在互联网上寻找信息基本上都会在某个主流搜索引擎中输入需要查找的单词或短语，然后逐个点击搜索结果。

11.1.1 什么是搜索引擎

在搜索框中输入单词或短语，然后单击"搜索"按钮，就会看到成千上万的相关网页。打开这些网页就能寻找到所需要的内容，但是除了"搜索要寻找的东西"这个泛泛的概念外，搜索引擎的准确定义是什么呢？搜索引擎主要由两部分组成：在搜索引擎的后台，有一些用于搜集网页信息的程序，所收集的信息一般是能表明网站内容（包括网页本身、网页的 URL 地址、构成网页的代码以及进出网页的链接）的关键字或短语，接着将这些信息的索引存放到数据库中；而在前端，是供用户输入搜索词（单词或短语）的用户界面。当用户单击"搜索"按钮时，算法就会在后台的数据库中查找信息，将与用户输入的搜索词相匹配的网页呈现给用户。

11.1.2 搜索引擎的基本结构

现在读者应该对搜索引擎的工作原理有了简单的了解，但真正的搜索引擎远比您想象的复杂。实际上，搜索引擎是由多个部分组成的。

1．查询界面

查询界面（Query Interface）是人们最熟悉的部分。当人们提到"搜索引擎"时，想到的通常也是搜索引擎的查询界面。查询界面就是用户访问搜索引擎时输入搜索词的页面，如图11-1所示。

图 11-1　baidu.com 的查询界面

现在，网上很多搜索引擎的查询界面都加入了越来越多的个性化内容，以增强其功能。例如 Yahoo!，用户可以根据自己的需求自行定制搜索页面，包括免费电子邮箱账户、天气信息、时政新闻、体育新闻等各种能吸引用户使用搜索引擎的元素。

另一种定制搜索引擎界面的方式类似于 Google 提供的功能，用户可以根据自己的需求和喜好在 Google 搜索引擎的主页上添加一些实用小工具。

2．爬虫、蜘蛛和机器人

查询界面是用户唯一能看到的搜索引擎组件。搜索引擎的其他部分都隐藏在后台，藏在幕后的部分并非不重要，恰恰相反，这些看不到的部分才是搜索引擎最重要的部分。

如果对互联网有所了解，那么就应该听过爬虫、蜘蛛和机器人。这些小东西在互联网上抓取网页，并将其整理成可搜索的数据。从基本原理上讲，爬虫、蜘蛛和机器人这 3 种程序都是一样的，都是逐个"收集"每个 URL 信息，并把这些信息按照 URL 的位置进行整理且存放到数据库中。当用户在搜索引擎中进行查询时就会搜索数据库中的相关信息，并将搜索结果返回给用户。

3．数据库

每个搜索引擎都有自己的数据库系统，或是会连接到某个数据库系统。这个数据库中存放着网络中的各种 URL 信息（通过爬虫、蜘蛛和机器人搜集来的）。可以利用不同的方法存储这些数据，通常各个搜索引擎公司还会有自己的一套方法对这些数据进行排序。

4．搜索算法

搜索引擎的各个部分都非常重要，缺一不可，但其中的搜索算法（Search Algorithm）是使得各个部分能正常运行的关键所在。更确切地说，搜索算法是构建搜索引擎其他各个部分的基础。搜索引擎的工作方法或用户发现数据的方式都是以搜索算法为基础的。笼统地说，搜索算法就是一个解决问题的过程：获取问题，找出若干个可能的答案，然后将这些答案返回给提出问题的人。

不同的搜索算法在细节上存在着一些差异。搜索算法可以分为若干种不同的类型，而每个搜索引擎所使用的算法又或多或少地存在区别。这就解释了为什么同一个单词或短语在不同的搜索引擎中会得到不同的搜索结果。常见的搜索算法可以分为以下几种类型。

- 列表搜索（List Search）：列表搜索算法是在指定的数据中根据某一个关键字进行搜索。这种搜索数据的方法是一种完全性的、基于列表的方法。列表搜索的结果通常只有一个元素，这意味着用这种方法在数十亿的网站中进行搜索将会非常耗时，只能得到较少的搜索结果。
- 树搜索（Tree Search）：先在脑海中想象出一棵树，从这棵树的根部或者叶子开始巡视这棵树，这就是树搜索的工作方式。该算法可以从数据最宽广的叶子部分开始，一直搜索到最狭窄的根部；也可以从最狭窄的根部开始，一直搜索到最宽广的叶子部分。数据集就像一棵树：数据通过分支与其他数据发生联系，这很像网页的组织方式。树搜索并不是唯一一种能成功用于 Web 搜索的算法，但是它确实非常适用于 Web 搜索。
- SQL 搜索（SQL Search）：树搜索的一个缺陷是它只能逐层地进行搜索，也就是说，它只能根据数据的次序，从一项数据搜索到另一项数据。而 SQL 搜索就没有这种局限性，它允许以非层逐式搜索，这意味着可以从数据的任意一个子集开始搜索。
- 启发式搜索（Informed Search）：启发式搜索算法是在类似树结构的数据集中查找给定问题的答案。启发式搜索并不是 Web 搜索的最佳选择，但是，启发式搜索非常适用于在特定的数据集中执行特定的查询。
- 敌对搜索（Adversarial Search）：敌对搜索算法试图穷举问题的所有答案，这就像在游戏中试图寻找所有可能的解决方案。该算法很难用于 Web 搜索，因为在网络上，无论是一个单词还是一个短评，都会有几乎无穷多的搜索结果。
- 约束满足搜索（Constraint Satisfaction Search）：在网络上搜索某个单词或短语时，约束满足搜索算法的搜索结果最有可能满足您的需求。该搜索算法通过满足一系列的约束来寻找答案，并且可以以各种不同的方式搜索数据集，而不必局限于线性搜索。约束满足搜索非常适用于 Web 搜索。

在构建搜索引擎时只有很少几种搜索算法可供选择。搜索引擎通常都会同时使用多种搜索算法，并且在大部分情况下还会创建一些专有的搜索算法，因此了解一下搜索引擎的原理是很重要的，只有明白了它们的原理，才能知道如何满足搜索引擎的搜索要求，尽可能地增加网站的曝光率。

5. 检索和排序

网络搜索引擎的数据检索是由爬虫（也称为蜘蛛或机器人）、数据库以及搜索算法共同完成的。这三个部分相互配合，根据用户在搜索引擎用户界面中输入的单词或短语从数据库中检索出所需的数据。

真正棘手的事情是搜索结果的排序。网页在搜索引擎中的排序决定了人们能有多大的几率访问到该网页，这无疑会影响到包括收益和广告预算在内的所有事情。不过，想要确切地知道搜索引擎的排序方法几乎是不可能的。

在大部分情况下，我们能做的只是根据搜索结果，猜测搜索引擎对结果的排序方法，据此修改网页，从而提高网页的排名。不过，尽管数据检索和结果排序在本章中分为两个部分进行介绍，但是它们实际上都属于搜索算法的范畴。将两者分别单独列出来是为了帮助读者更好地理解搜索引擎的原理。

排序在搜索引擎优化中扮演着至关重要的角色，因此在本章中会很频繁地涉及到这个概念。不过现在先来看看有哪些因素会影响到网页在搜索结果中的排序。请务必谨记，各个搜索引擎所使用的排序标准是不一样的，所以下面这些因素在不同的搜索引擎中的重要性也是不一样的。

- 位置（Location）：这里所说的位置并不是网页的位置（也就是 URL），而是网页中关键单词或关键短语的位置。举个例子，如果用户搜索"puppies"这个单词，有些搜索引擎就会根据网页中单词"puppies"出现的位置对结果进行排序。显然，网页中这个单词出现的位置越靠前，其排名也就可能越高，所以，如果某个网站的 title 标签中含有"puppies"的网站，则其排名会比较靠前。从中可以看出，没有经过 SEO 的网站很难获得其应用的排名，例如 www.puppies.com，在 Google 的搜索结果中，它排在第 5 位而不是第 1 位，其 title 标签中没有关键字无疑是最值得怀疑的原因。
- 频率（Frequency）：关键字在网页中出现的频率也有可能会影响到网页在搜索结果中的排名。例如，某个网页使用了 5 次 puppies 单词，其排名就很可能高于只使用了两三次这个单词的网页。由于关键字出现的频率会影响排名，因此部分网站设计人员就将大量重复的关键字隐藏在网页中，企图人为地提高网页的排名。现在大部分的搜索引擎都将这种类型的关键字视为垃圾关键字，在排名时会忽略这些关键字，这种网页甚至有可能会被搜索引擎屏蔽。
- 链接（Links）：网页中链接的类型和数量是一种新出现的影响排名的因素。进出网站的以及网站内部的链接数量有可能影响排名结果。根据这个原理，如果网页中的链接越多，或是指向这个网页的链接越多，那么该网站的排名应该就会越高，但事实上并不是每个搜索引擎都是如此。更准确地说，指向该网页的链接数量与该网页内部的链接数量的比值，及其与网页指向外部的链接数量的比值，对网页在搜索中的排名是至关重要的。
- 点击次数（Click-throughs）：最后一个有可能影响网站在搜索结果中排名的因素就是网站的点击次数是否高于参与排序的其他网页。因为搜索引擎无法监视每个搜索结果所获得的点击次数。根据用户对搜索结果的反馈，点击次数的多少就有可能会对将来的搜索结果排序产生影响。

网页排序是一门非常严谨的科学，而各个搜索引擎的排序方法也存在着一些差别，所以，如果网站想要得到最好的搜索引擎优化效果，就必须对所关注的搜索引擎的网页排序方法有所了解。在创建、修改或更新要优化的网站时，就应该考虑到各种可能影响到网页排名的因素，并尽可能地利用这些因素来提高网页的排名。

11.2 正确制作 SEO 方案

在开始为搜索引擎优化网站之前，首先要制定一个搜索引擎优化方案，这将有助于设定 SEO 的目标，时刻将其作为网站修改的目的，并据此不断改进搜索引擎优化的策略。

11.2.1 设定 SEO 目标

明白了 SEO 的重要性后，现在来看看具体该怎么做。在实现目标之前，不要盲目地开始实施 SEO 策略。与各种技术方案一样，很多 SEO 方案失败的原因都是没有明确的目标。要根据业务需求设定 SEO 方案的目标，并不是所有的业务都需要 SEO。如果仅仅是运营一个简单的博客，就不值得做 SEO。

如果有更大的业务，如销售图书类的网站，那么扩大业务（有可能增加 50%的销售）的一个办法就是投入时间、金钱和足够的精力针对搜索引擎对网站进行优化。

优化的目标有两个：首先是增加网站的访问人数；其次是向外地的潜在客户展示产品和服务，所以在制定 SEO 方案之前，首先要确定您想要达到的目标，目标越具体，就越容易实现。

有些情况下，如果只是为了 SEO 而 SEO，就有可能一无所获，搜索引擎会不断地修改网站排名的规则，例如，最开始可能会考虑网站内部的链接数，所以有些网站管理员开始在网站上添加大量的无关链接。这样就会导致垃圾链接的数量大增，不用多久，搜索引擎就在链接规则中加入其他的要求，以消除这些垃圾链接对网站排名的影响。

现在的链接策略已经非常复杂，必须遵守一大堆的规则，否则网站就有可能会被搜索引擎屏蔽，这也被称为 SEO 作弊（SEO Spam）。仅仅追求搜索引擎中的某一个排名因素是不可能获得最高排名的。只有正确地设定好 SEO 的目标，才有可能获得均匀的流量增长，自然就会提高网站在搜索引擎中的排名。

除了明确目标外，还要考虑如何才能使 SEO 目标契合商业目标，商业目标才是网站的最终目的，所以，如果 SEO 的目标与商业目标相冲突，那就注定会失败。

最后，还要时刻根据具体情况调整目标。SEO 目标具有一定的灵活性，要根据实际情况的变化而变化。从这点考虑，应该有计划地对 SEO 目标和方案进行评估，至少每六个月要评估一次，如果能每季度进行一次评估就更好了。

11.2.2 制定 SEO 方案

在明确网站的目标后就可以开始制定 SEO 方案了。SEO 方案是对网站实施 SEO 策略的书面依据。

1. 确定网页的优先次序

先从细节方面来看 SEO，但不是看整个网站，而是只关注网站中的一个个网页，先确定每个网页的等级，然后根据各个网页的等级来制定 SEO 方案。等级最高的网页应该是那些访问者最多的页面，例如网站的首页，或是流量最大、有三个优先级最高的页面，那么在进行 SEO 和市场营销时，绝大部分的时间、经费和努力都会投入到这三个网页上。

2. 网站评估

在确定了网页的优先级之后，就要对网站的现状进行评估，确定哪些地方应该保持不变、哪些地方需要针对搜索引擎进行优化。要逐个地对网页进行评估，而不是对整个网站进行评估。在 SEO 中，单个网页的重要性与整个网站的重要性是等同的，有时甚至比整个网站还重要。最终目的就是要让某个网页在搜索结果中获得最好的排名。要根据具体的商业需求才能确定最重要的网页是哪个。

SEO 评估应该罗列出每个网页上各个主要 SEO 元素的现状，包括所评估的元素名称、当前的状态、需要做哪些改进、改进完成的期限。因为 SEO 是没有终点的，所以每个项目都应该有一个相应的复选框，用来标记该项改进是否完成，同时还应该有一列表格用于记录后续信息。在进行评估时应该考虑到以下这些元素。

- 网站和网页的标签：网站代码中的标签是搜索引擎对网站进行分类的基本依据。其中需要特别关注的是标题标签（Title Tag）和描述标签（Description Tag），这两者对于搜索引擎是最重要的。
- 网页内容：对于搜索结果来说，内容还是很重要的。无论人们要寻找的是一个产品还是一条信息，这都属于网页的内容。如果网站的内容过于陈旧，搜索引擎最终会忽略您的网站，而偏向于那些内容及时更新的网站。但也有例外，如网站的内容很充实，而且这些内容并不需要经常更新。因为这些内容永远都是有用的，所以即使是不经常更新也有可能获得很好的排名。但是很难判断我们的网站是否存在这种情况。在大部分情况下网站的内容还是越新鲜越好。
- 网站链接：网站链接是 SEO 过程中必须考虑的因素。爬虫和蜘蛛就是通过进出网站的链接对网站进行遍历，并收集各个 URL 的信息。不过它们还会根据上下文对链接进行分析，链接必须来自或指向与当前被索引网页相关的网站。失效链接会严重影响搜索引擎的排名，所以要仔细检查每个链接，确保每个链接在整个评估过程中都是可以访问的。
- 网站地图：可能有人不相信，网站地图有助于网站被准确地链接。但这里说的网站地图并不是那种帮助访问者快速寻找网站内容的普通网站地图，这里所说的网站地图是一份位于 HTML 根目录下的 XML 文档，其中含有网站中每个网页的信息（包括 URL、最近更新日期、与其他网页的关系等）。这个 XML 文档可以确保网站中深层次的网页也能顺利地被搜索引擎索引。

3. 制定方案

在完成对网站的评估之后，就能知道哪些地方需要改进、哪些地方可以保持现状，从而确定 SEO 的工作重点。但是，SEO 计划并不仅仅是标明哪些地方要修改，或者哪些地方要保持原状。所有的信息（当前的状况、市场营销、所需资金、时间安排等）都要整合到这份文档中。

SEO 方案跟商业方案没有什么区别。在方案中要包括背景信息、市场信息、业务增长计划以及如何应对可能出现的问题等。SEO 方案也是如此，其中要包括当前的状况、计划实现的目标、每个网页的营销计划（或者是整个网站的营销计划），甚至还应该包括实施该 SEO 方案所需的经费开支。

11.3 站内优化

在方案中，还需列出计划使用的策略。这些策略可以是将网站或网页人工提交到网页分类目录中、添加能吸引搜索爬虫的内容，或者是使用关键字来营销、竞价排名，还要为这些策略的测试和实施以及对落实情况的监督安排好时间。

一个完整的 SEO 优化方案主要有以下几个方面。

1. 站内结构优化

站内结构优化包括合理规划站点结构、内容页结构设置等。

2. 代码优化

对 SEO 来说代码优化非常重要，常用的几个代码优化包括以下几个。

（1）Robot.txt

搜索引擎通过一种程序 robot 自动访问互联网上的网页并获取网页信息。可以在网站中创建一个纯文本文件 robots.txt，在这个文件中声明该网站中不想被 robot 访问的部分，这样，该网站的部分或全部内容就可以不被搜索引擎收录了，或者指定搜索引擎只收录指定的内容。其实 robots 是为有特别情况的站长准备的，因为有些网站的部分页面是站长不想被任何搜索引擎收录的，所以才有了这个 robots 文件。

例如：禁止所有搜索引擎访问网站的任何部分，代码如下。

```
User-agent: *
Disallow: /
```

例如：允许所有的 robot 访问，代码如下。

```
User-agent: *
Disallow:
```

例如：假设某个网站有 3 个目录对搜索引擎的访问做了限制，代码如下。

```
User-agent: *
Disallow: /cgi-bin/
Disallow: /tmp/
Disallow: /joe/
```

需要注意的是，对每一个目录必须分开声明，而不要写成："Disallow: /cgi-bin/ /tmp/"。

robots.txt 的主要作用是保障网络安全与网站隐私，例如百度蜘蛛遵循 robots.txt 协议，通过根目录中创建的纯文本文件 robots.txt，网站就可以声明哪些页面不想被百度蜘蛛爬行并收录，每个网站都可以自主控制网站是否愿意被百度蜘蛛收录，或者指定百度蜘蛛只收录指定的内容。当百度蜘蛛访问某个站点时，它会首先检查该站点根目录下是否存在 robots.txt，如果该文件不存在，那么爬虫就沿着链接抓取，如果存在，爬虫就会按照该文件中的内容来确定访问的范围。

（2）次导航

如果网站导航是 flash，搜索引擎是无法读取的，这对于搜索引擎抓取信息极为不利，因为蜘蛛进入网站后就开始通过链接来深入每个页面，如果导航是 flash 就无法读取链接。有些网站为了美观一定要使用 flash，这时可以在次导航上加上栏目，这样就可以让搜索引擎蜘蛛顺利进入栏目页面。次导航是相对于网站主导航而言，一般放在网站的页脚位置。当因为某些原因主导航不能放置关键词的时候，可以在网站页脚做关键词锚文本指向对应的 URL。做好次导航对于提升网站关键词在搜索引擎上的优化排名有着推动作用，不仅可以增加页面的关键词密度，还可以略微的增加首页权重。

（3）404 页面设置

404 页面是客户端在浏览网页时，服务器无法正常提供信息，或是服务器无法回应，且不知道原因。404 错误信息通常是在目标页面被更改或移除，或客户端输入页面地址错误后显示的页面。404 页面是网站必备的一个页面，它承载着用户体验与 SEO 优化的重任。404 页面通常是用户访问了网站上不存在或已删除的页面，服务器返回的 404 错误。如果站长没有设置 404 页面，会出现死链接，蜘蛛爬行这类网址时，不利于搜索引擎收录，如图 11-2 所示。

图 11-2　404 错误页面

（4）网站地图

网站地图是一个网站所有链接的容器。很多网站的连接层次比较深，蜘蛛很难抓取到，网站地图可以方便搜索引擎蜘蛛抓取网站页面，通过抓取网站页面，清晰了解网站的架构，网站地图一般存放在根目录下并命名为 sitemap，为搜索引擎蜘蛛指路，从而增加网站重要内容页面的收录。网站地图就是根据网站的结构、框架、内容生成的导航网页文件。大多数人都知道网站地图对于提高用户体验有好处：它们为网站访问者指明方向，并帮助迷失的访问者找到他们想看的页面。

（5）alt 标签

alt 标签实际上是网站中图片的文字提示。在 alt 标签中加入关键词是提升关键词排名的方法，但需要注意的是并不能提高关键词密度。

alt 标签在 HTML 语言中的写法如下：

```
<img src="图片路径" alt="图片描述"/>
```

11.4 网站的关键字

关键字可以用于网站的分类、索引，用户也能通过关键字查找其所需的网站，SEO 产业的核心就是关键字及其使用。SEO 顾问需要花费大量的时间为客户寻找合适的关键字。

容易被大众接受的有效关键字能使网站在成千上万的搜索结果中脱颖而出。关键字研究工具能帮助站长寻找适合网站的关键字，有助于搜索引擎优化。只有理解关键字的用途，知道如何查找和选择关键字，学会如何在网站中使用关键字，才能构建出具有吸引力的成功网站。

11.4.1 选择合适的关键字

关键字确实是 SEO 中最关键的部分之一。关键字在很大程度上决定了网站在搜索引擎中的排名，同时还决定了用户能否找到您的网站，所以在选择关键字时，一定要确保选择了适合网站的关键字。

1．关键字的分类

关键字的选择是否正确合理，决定了网站是默默无闻还是成为用户在搜索结果中的首选。关键字可以分为两种：第 1 种是品牌关键字（Brand Keyword），即与公司品牌直接相关的关键字，这类关键字本身就已经跟网站紧密地绑定在一起了；第 2 种关键字就是通用关键字，通用关键字是与公司品牌没有直接联系的关键字。例如，TeenFashions.com 网站，其所销售的是年轻人的服饰，所以诸如服饰、时尚品牌、牛仔裤、服装之类的词语就有可能成为该网站的通用关键字。

品牌关键字如果未使用业务名称、描述和种类中包含的关键字，那就是遗漏了品牌关键字。表面上并不一定要使用这些关键字，因为网站本身就已经跟这些关键字密切地联系在一起了，但如果其他人使用了这些关键字呢？那么原本属于您的访问量就会被别人轻易地夺走。

关键字还可以另外分为两类：需要付费的关键字（竞价排名）；无需付费的关键字（自然关键字）。

如果想要付费购买关键字，那就是竞价排名的范畴；如果偶然发现某个关键字适合网站，那就是自然关键字。

在为网站寻找合适的关键字时，首先应该从网站的业务开始。无论是什么业务，当人们想到这种业务时脑海中总会浮现出一些与产品和服务有关的单词，然后逐步地选择出最具体的单词和短语，从而提高网站访问量的针对性。

2．竞价排名对 SEO 的影响

关于竞价排名营销和自然关键字营销的选择存在很大的争议。

- 第 1 种观点认为竞价排名会破坏关键字排名。持这种观点的人认为，付费购买排名的行为肯定会降低自然关键字的排名，所以对竞价持反对态度。
- 第 2 种观点认为竞价排名对 SEO 没有影响。这似乎有点难以理解，因为付费购买搜索结果中的排名自然就会降低没有付费的网站的排名，这是显而易见的（这是支持第 1 种观点的）。支持第 2 种观点的人认为，即使不使用竞价排名，光是依靠自然关键字也能在搜索结果中获得一样的排名，只是需要更长的时间。

不过，在大多数人看来，同时使用竞价排名和自然关键字才是最佳答案，这样做的好处是显而易见的。大量的研究表明，在使用竞价排名的同时也对自然关键字进行优化对宣传的效率大有裨益。例如，出价购买的关键字排名在搜索结果的第 2 或第 3，而且自然关键字的排名也不低，这样的效果比单独使用两者中的任何一种都要好。

有一点要注意，几乎所有的搜索引擎对竞价排名和自然关键字都是区别对待的。竞价排名对自然排名不会有任何影响。只有网站标签正确、关键字使用合理、内容丰富实用才能有助于自然排名。竞价排名只是一种搜索营销策略。

11.4.2 关键字密度

关键字密度实际上就是网页中关键字的数量和网页中单词总数的比值，所以，如果网页中有 1000 个单词，其中关键字（假设都是单个的关键字，而不是关键短语）出现了 10 次，那么关键字密度就是 1%。

合适的关键字密度是多少呢？部分专家认为关键字密度应该在 2%~8%之间。

如果在网页上毫无意义地滥用关键字，就会被搜索引擎视为堆砌关键字（Keyword Stuffing），这将会给网页的排名带来负面影响。

 通过竞争对手网站的源代码也能知道对方所使用的关键字。在最开头的几行源代码中就能找到网页的关键字。

在 Internet Explorer 中查看网页源代码的步骤如下：

❶ 打开 Internet Explorer，访问想要查看源代码的网页。
❷ 执行菜单"查看"|"源文件"命令，如图 11-3 所示。

图 11-3　查看网页中的源文件

❸ 选择"源文件"后，系统会打开一个新窗口显示正在浏览的网页的源代码，如图 11-4 所示。

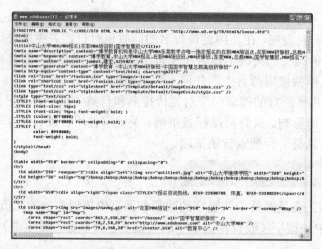

图 11-4　网页的源代码在一个新的"记事本"窗口中打开

这种方法不仅仅是查看竞争对手所使用的关键字的最好方法，还能知道对方是如何使用关键字的，以及关键字在其网页中的密度，从而向对手学习。

11.5　网站外部优化

站外优化主要针对的是网站的外链工作。外链在整个网站的优化排名中非常重要，现在很多的网站在后期维护推广时都在寻找合适自己的外链，由此可见外链的重要性。网站的外部优化主要有以下几个方面。

1. 友情链接

友情链接也称为网站交换链接、互惠链接、互换链接、联盟链接等，是具有一定资源互补优势的网站之间的简单合作形式，即分别在自己的网站上放置对方网站的 LOGO 图片或文字的网站名称，并设置对方网站的超链接，使得用户可以从合作网站中发现自己的网站，达到互相推广的目的，因此常作为一种网站推广的基本手段。

2. 论坛

一般的论坛外链分为论坛签名、灌水、论坛回帖等，针对论坛回帖需要注意的是，要真心回复别人的问题，适当加入自己的网站链接。

3. 博客

现在博客是最好的外链方法之一，不用审核，可以在博客中加上自己网站的链接，且很少会被删除。

4. 分类信息网平台

现在的分类信息网很多，如 58 同城、赶集网等，可以去发布招聘信息、生活服务信息等，在发布信息的同时要记住自己的目的，即在信息里面加入自己的网站链接。

5. 问答平台

虽然现在问答平台的审核比较严格，一问一答，做起来很繁琐，但是对于提供网站的权重，增加网站外链还是有很大帮助的。推荐"百度知道"、"搜搜问问"这两个平台，这两个平台中的信息大多比较及时，人数相对其他的问答平台也较多，质量较高。

6. 友情链接平台

可以去搜索一些友情链接平台，现在有很多的站长都加入了友情链接平台的搭建，为做外链提供了一个资源，可以在网站里发布信息，很多的平台收录都不错。

7. 资源站和软文发布

资源站就是可以发布信息的网站，在文章里加入自己的网站链接，可以自己建立网站，也可以是在其他的网站发布文章，但需要文章有质量或者原创文章，审核通过后就是一个不错的外链，还有可能直接由其他网站转载的，也能带来一定数量的外链，这也是我经常做的外链工作之一。

11.6 SEO 的问题和解决方法

SEO 实施肯定都会遇到各种各样的问题。有些问题并不会带来大麻烦，例如关键字和元标签过期，但有些问题则会对 SEO 造成严重的影响。

11.6.1 避免关键字堆砌

本章前面已经提到过关键字堆砌,即在网页里加载大量的关键字,试图人为地提升网站在搜索引擎中的排名。根据网页类型的不同,关键字堆砌的衡量标准也不同,通常都是指在一个网页中数十次、甚至上百次地重复使用某个关键字或关键短语。其结果就是使网站的排名下降,或是彻底被搜索引擎屏蔽。

关键字堆砌是一种应该避免的黑帽 SEO 技术。为了避免在不经意的情况下触及关键字堆砌的红线,在选择关键字时需要格外小心。在网站或是网站的元标签中放置关键字时也要小心。只有在必要的时候才使用关键字。如果没有必要,就不要为了提升网站排名而使用关键字,其最终后果必然是事与愿违。

11.6.2 网站被屏蔽

网站被搜索引擎(尤其是 Google)屏蔽应该是最让人头疼的问题了。如果网站的客户和销售都依赖于网站在搜索引擎中的排名,那网站被搜索引擎屏蔽无疑是一场灭顶之灾。就算只是被搜索引擎屏蔽一天,所带来的损失都是不可估量的,更何况同时损失的还有客户的忠诚度。

尽管关于网站被搜索引擎屏蔽的情况屡见不鲜,但实际上这种情况很少发生。只有很严重的作弊行为(例如动态网页、关键字堆砌或其他的黑帽 SEO 技术)才会导致网站被屏蔽。

如果突然有一天在搜索引擎的搜索结果中找不到自己的网站,怎么办呢?首先要确认网站是不是真的被搜索引擎屏蔽。可以在 Google 上搜索这个字符串:www.你的网站域名.com,如果网站还在 Google 的索引数据库中,那就能在搜索结果中看到网站中的几个网页,网站就没有被屏蔽;如果在搜索结果中没有看到自己网站中的任何页面,那就很有可能是被屏蔽了。最好的方法就是马上发一封电子邮件给搜索引擎。

11.6.3 内容被剽窃

在 SEO 过程中可能遇到的另一个问题就是网站内容被剽窃。网站内容剽窃通常都是利用剽窃机器人(Scraper Bot)实现的。剽窃机器人也会查看网站的 XML 网站地图,如果找到了网站地图,其收集网站内容就更容易了。这就跟前面说过的 SEO 策略产生了矛盾。

即使没有 XML 网站地图,机器人也能从网站上窃取内容,但难度将会增加,因此,如果担心网站内容被剽窃,就不要使用 XML 网站地图。在部分情况下这确实有效,但对于部分网站,XML 网站地图是确保网站中各个页面被正确检索所必须的。

如果 XML 网站地图是网站被搜索引擎索引所必不可少的,那也可以在网站被检索之后就将其删除。查看服务器的日志文件就能知道网站是否已经被检索。在日志中应该能看到对 robots.txt 文件的请求。在这个请求中应该能看到请求网站地图的爬虫名称。如果找到了目标搜索引擎的爬虫,就可以将 XML 网站地图删除。但要记住,这只是增加了内容剽窃的难度,但并不能完全阻止这种行为。

11.6.4 点击欺诈

点击欺诈问题已经基本上得到了解决,但还是有必要在这里简要地介绍一下:点击欺诈是

SEO 中最棘手的问题。最大的难点就在于这种行为很难控制。如果怀疑自己的竞价排名广告已经成为了点击欺诈的对象，应该立即联系您的竞价排名服务提供商。

不仅仅是点击欺诈，还有很多问题都会提高 SEO 的成本。无论是不小心的 SEO 作弊行为，还是这里列出的各种问题，这些麻烦随时都有可能发生。但仅仅只是有可能，发生的几率还是很小的，至少比您现在想象的要小。

保护自己的最好方法就是完全根据搜索引擎或分类目录所制定的规则来实施 SEO。不要使用黑帽 SEO 手段，尽可能地熟悉各项 SEO 工作。